Wissenschaftliche Taschenbücher WTB

TEXTE

D. M. Brink

Kernkräfte

Einführung und Originaltexte

Akademie-Verlag · Berlin
Pergamon Press · Oxford
Vieweg + Sohn · Braunschweig

J. H. SANDERS
Die Lichtgeschwindigkeit. Einführung und Originaltexte

JEAN KUNTZMANN
Unendliche Reihen
Mathematische Hilfsmittel der Physik und Chemie
Mit 94 Übungen und 29 Aufgaben

JEAN KUNTZMANN
Systeme von Differentialgleichungen
Mathematische Hilfsmittel der Physik und Chemie
Mit 88 Übungen und 40 Aufgaben

JEAN KUNTZMANN
Komplexe Veränderliche
Mathematische Hilfsmittel der Physik und Chemie
Mit 90 Übungen und 37 Aufgaben

FERDINAND CAP
Einführung in die Plasmaphysik
I. Theoretische Grundlagen
— insgesamt 3 Bände —

J. A. ROSANOW
Wahrscheinlichkeitstheorie

HARRY PFEIFER
Theorie linearer Bauelemente
Elektronik für den Physiker I

HARRY PFEIFER
Die Elektronenröhre
Elektronik für den Physiker II

HARRY PFEIFER
Schaltungen mit Elektronenröhren
Elektronik für den Physiker III

HARRY PFEIFER
Leitungen und Antennen
Elektronik für den Physiker IV

HARRY PFEIFER
Mikrowellenelektronik
Elektronik für den Physiker V

HARRY PFEIFER
Halbleiterelektronik
Elektronik für den Physiker VI

SIEGFRIED HAUPTMANN
Über den Ablauf organisch-chemischer Reaktionen

GERHARD HÜBNER / KLAUS JUNG / ECKART WINKLER
Die Rolle des Wassers in biologischen Systemen

STEPHEN G. BRUSH
Kinetische Theorie, Teil I und II.
Einführung und Originaltexte

PETER KRUMBIEGEL
Isotopieeffekte

EBERHARD HOFMANN
Enzyme und energieliefernde Stoffwechselreaktionen
Dynamische Biochemie, Teil II

D. M. BRINK
Kernkräfte. Einführung und Originaltexte

Vorschau auf die nächsten Bände:

HERBERT GOERING
Elementare Methoden zur Lösung von Differentialgleichungsproblemen

DIETER ONKEN
Steroide
Zur Chemie und Anwendung

WTB

BAND 80

D. M. Brink

Kernkräfte

Einführung und Originaltexte

Mit 29 Abbildungen und 8 Tabellen

AKADEMIE-VERLAG · BERLIN

PERGAMON PRESS · OXFORD

VIEWEG + SOHN · BRAUNSCHWEIG

WTB TEXTE

Verantwortlicher Herausgeber dieses Bandes:

Dr. Siegfried Matthies

Zentralinstitut für Kernforschung der DAW Dresden-Rossendorf

Übersetzung aus dem Englischen:

Dr. H.-R. Kissener

Übersetzung des Bandes „Nuclear Forces“
aus der Reihe „Selected Readings in Physics“
(herausgegeben von D. ter Haar)

ISBN 3 528 06080 8

1971

Lizenznummer: 202 · 100/441/71
Bestellnummer: Akademie-Verlag 761 405 0 (7080)
ES 18 B 1, 18 B 7
Pergamon Press 08 017562 7
Vieweg + Sohn 6080
Printed in German Democratic Republic

Vorwort

In den letzten Jahren hat sich die Physik zu einem sehr komplexen Gebiet entwickelt, und selbst in einem Teilgebiet wie der Kernphysik ist so viel bekannt, daß es für einen Studenten unmöglich ist, das gesamte Gebiet zu erfassen. Es besteht die Gefahr, daß der Student in dem Bestreben, zu viel zu lernen, überhaupt nichts richtig versteht und sich bei dem Versuch, zu viele Fakten zu assimilieren, enttäuscht sieht. Unter diesen Umständen mag es für den Studenten interessant sein, im späteren Stadium einer Vorlesung über Kernphysik irgendein begrenztes Thema zu verfolgen, die zentralen Ideen zu erkennen, herauszufinden, wann und in welchem Zusammenhang sie entstanden und sich entwickelten, und eine Vorstellung über den Stand der Kenntnisse zum gegenwärtigen Zeitpunkt zu erhalten.

Unser Band über „Kernkräfte" wurde mit dieser Absicht zusammengestellt. Er kann auch für einen allgemeiner interessierten Leser von Interesse sein, der einige Grundkenntnisse in der Kernphysik besitzt und gern etwas über die Geschichte und die Entwicklung unserer Vorstellungen über die Kernkräfte erfahren will.

Das Buch enthält die Übersetzung von Originalarbeiten, die wichtige Abschnitte in der Entwicklung der Ideen über die Kernkräfte markieren, sowie eine Einführung, in der die den Artikeln zugrunde liegenden Ideen und spätere Ergebnisse und Theorien diskutiert sind. Vier ursprünglich in deutsch geschriebene Arbeiten sind im Original wiedergegeben. Der Umfang des Buches machte es erforderlich, die Artikel sorgfältig auszuwählen, und es war unumgänglich, einige wichtige Arbeiten im Reprint-

Teil wegzulassen. Folgende Kriterien wurden für die Auswahl der Arbeiten zugrunde gelegt: Die Artikel sollten wichtig und interessant, weder zu schwierig noch zu lang sein. Die letzten beiden Punkte schlossen mehrere wichtige Artikel wie die von WHITE (1936) und TUVE, HEYDENBERG und HAFSTAD (1936) aus, welche den ersten Nachweis einer starken anziehenden Kernkraft zwischen Protonen enthielten, sowie WIGNERS Artikel (1937), der einige Konsequenzen der Hypothese der Ladungsunabhängigkeit ableitete.

Die meisten unserer Nachdrucke betreffen frühere Artikel. Das liegt zum Teil daran, daß die grundlegenden Prinzipien frühzeitig in der Geschichte des Gegenstands gefunden wurden, und zum Teil daran, daß neuere theoretische Artikel für einen Studenten zu schwierig zu lesen sind. Die Entwicklungen während des letzten Jahrzehnts wurden im Teil 1 zusammengefaßt, der, wie wir hoffen, auch einen Leitfaden für das weitere Lesen von Originalarbeiten geben wird.

Unlängst wurden von M. MORAVCSIK (1963) und R. WILSON (1963) zwei Bücher über die Nukleon-Nukleon-Wechselwirkung veröffentlicht. Diese Bücher beabsichtigen, ein ziemlich vollständiges Bild über den gegenwärtigen Stand zu diesem Thema zu geben, und sind beide moderner und spezialisierter als der vorliegende Band. MORAVCSIK behandelt das Problem der Nukleon-Nukleon-Streuung vom theoretischen Standpunkt, während WILSON über experimentelle und phänomenologische Aspekte berichtet. Ein Leser, der sich mit der neueren Entwicklung auf dem Gebiet der Kernkräfte im Zusammenhang mit der Nukleon-Nukleon-Streuung vertraut machen will, wird diese beiden Bücher sehr nützlich finden.

Der Autor möchte den Herausgebern der Zeitschriften „The Physical Review“, „Zeitschrift für Physik“, „The Proceedings of the Physico-Mathematical Society of Japan“, „The Proceedings of the Royal Society, London“, „The Proceedings of the Chemical Society, London“ und

„Nature“ für die Genehmigung des Nachdrucks bzw. der Übersetzung der Originalarbeiten und ebenfalls den Autoren der verschiedenen Artikel für die Bestätigung dieser Genehmigung danken. Ich danke Herrn Prof. W. Heisenberg für eine Diskussion über die Frühgeschichte des Gegenstands und Herrn Prof. T. Lauritsen für Diskussionen über Ladungsunabhängigkeit sowie für das Lesen eines Teils des Manuskripts.

D. M. Brink

Inhaltsverzeichnis

Teil 1

Teil 1

Kapitel I

Die Kernphysik im Jahre 1932

Im Jahre 1931 erging an NIELS BOHR die Einladung, die Faraday Lecture vor der Chemical Society in London zu halten. In dieser Lektion gab er einen Überblick über die Situation in der Atom- und Kernphysik zum damaligen Zeitpunkt und stellte die sich ihm darstellenden rätselhaftesten Probleme in der Theorie der Kernstruktur heraus. Damals konnte auf diese Fragen keine Antwort gegeben werden. Durch Untersuchungen der Radioaktivität, der α-Strahlung, durch Messungen des Massendefekts und durch Kernreaktionen war ein großer Teil an Informationen über die Atomkerne zusammengetragen worden. Man erkannte zwar, daß die Kräfte, die in den Kernen wirken, viel stärker als die elektromagnetischen sind, aber über Details ihrer Beschaffenheit war nichts bekannt.

Das Jahr 1932 war ein Wendepunkt in der Entwicklung der Kernphysik: Das Neutron wurde entdeckt, und zum ersten Male wurden Beschleuniger bei Untersuchungen nuklearer Prozesse eingesetzt. Am 28. April 1932 führte die Royal Society eine Tagung speziell zur Struktur der Atomkerne durch (s. Teil 2, S. 165). Lord RUTHERFORD, der die Eröffnungsansprache hielt, gab einen Überblick über den Fortschritt auf dem Gebiet der Kernphysik, der seit der vorangegangenen Tagung im Februar 1929 zum gleichen Thema erreicht worden war. Er berichtete über die einige Monate vorher erfolgte Entdeckung des Neutrons durch CHADWICK und teilte die Resultate der ersten Kernspaltungsexperimente von COCKCROFT und WALTON (1932) mit, die durch künstlich beschleunigte Ionen ausgelöst wurden. Danach beschrieb CHADWICK die Entdeckung des Neutrons.

Im zweiten Teil des vorliegenden Buches sind die Beiträge von Rutherford und Chadwick sowie die Lektion von Bohr vor der Chemical Society wiedergegeben.

1.1. Kernmassen

Es war bekannt, daß viele Elemente aus einer Mischung von Isotopen bestehen und daß das Atomgewicht jedes Isotops einer ganzen Zahl sehr nahekommt. Die Isotopenzusammensetzung eines Elements und das Atomgewicht einzelner Isotope konnte mit Hilfe von Massenspektrographen bestimmt werden. Im Jahre 1932 waren — hauptsächlich durch die Arbeit von Aston (1927) — die Atomgewichte von etwa 250 Isotopen bekannt. Der Massenspektrograph zeigte, daß das Atomgewicht jedes Kerns annähernd gleich einer ganzen Zahl ist, die als Massenzahl A bezeichnet wurde. Die Differenz zwischen dem genauen Atomgewicht M und der Massenzahl wurde Massendefekt genannt. Die Massendefekte interpretierte man mit einem Modell, das von der Annahme ausging, daß die Kerne aus Protonen und Elektronen bestehen. Die Idee, die Rutherford dazu auf einer Tagung der Royal Society 1929 darlegte, bestand in folgendem:

> „Die Massendifferenz zwischen dem freien und dem im Kern gebundenen Proton ist einem Packungseffekt zuzuschreiben, d. h. der Wechselwirkung des elektromagnetischen Feldes der Protonen und Elektronen im hochgradig kondensierten Kern (mit großer Dichte). Nach den letzten Erkenntnissen wissen wir, daß eine enge Beziehung zwischen Masse und Energie (Einsteins Relation $E = mc^2$) besteht. Das freie Proton besitzt eine Masse von 1,0073, während die Masse des Protons im Atomkern sehr nahe bei 1 liegt. Dieser anscheinend geringe Massenverlust bedeutet, daß beim Eintreten des freien Protons in die Struktur des Kerns

ein großer Energiebetrag freigesetzt wird, der etwa 7 MeV entspricht.“

(Vgl. RUTHERFORD, 1920, S. 395, SOMMERFELD, 1919.)

Die Bindungsenergie je Proton ist fast konstant über das gesamte Periodensystem, was aus der Tatsache folgt, daß ASTONS Packungsverhältnis (außer bei den leichtesten Elementen) nahezu konstant ist. Die Bedeutung dieses wichtigen Umstandes wurde wohl zuerst von GAMOW (1930) erkannt. Wir werden seinen Beitrag im Abschnitt 1.2. diskutieren.

1.2. Kernradien

1911 zeigte RUTHERFORD in seinem fundamentalen Artikel über die Atomstruktur, daß die radiale Ausdehnung der Atomkerne kleiner als 10^{-12} cm ist. RUTHERFORDS Berechnungen basierten auf den Experimenten von GEIGER und MARSDEN, in denen α-Teilchen an Goldatomen in dünnen Folien gestreut wurden. Er zeigte, daß die zwischen den Goldkernen und α-Teilchen wirkende Kraft die gleiche ist wie die Kraft zwischen zwei Punktladungen, d. h. die COULOMB-Kraft, vorausgesetzt, daß der räumliche Abstand beider Teilchen größer als 10^{-12} cm ist. Eine Streuung, die diesem Gesetz gehorcht, wird „COULOMB-Streuung“ bzw. „RUTHERFORD-Streuung“ genannt.

Im Jahre 1919 beobachtete RUTHERFORD erstmalig eine mögliche Abweichung von der „RUTHERFORD-Streuung“ in einem Experiment, bei dem α-Teilchen an Wasserstoffatomen gestreut wurden. Dieses Ergebnis wurde durch sorgfältige Untersuchungen von CHADWICK und BIELER 1921 bestätigt. Ihre Resultate zeigten, daß das COULOMBsche Kraftgesetz zwischen α-Teilchen und Protonen für Abstände größer als $4 \cdot 10^{-13}$ cm gültig ist, daß jedoch bei kleineren räumlichen Abständen die Wechselwirkung viel stärker wird. Dieses Experiment zeigte die Existenz starker „Kernkräfte“, die zwischen den Kernen wirken. Es wurden jedoch noch viele Jahre lang Versuche unternommen, sie als eine Art elektrischer Polarisationskräfte zu interpretieren.

Einige Jahre später (1924) wurden von Bieler bei der Streuung von α-Teilchen an Magnesium und Aluminium Abweichungen von der Rutherford-Formel beobachtet. Die Meßergebnisse konnten erklärt werden, wenn man annahm, daß das Coulombsche Gesetz ungültig wird, sobald die Abstände zwischen den Zentren des Kerns und des α-Teilchens etwa $3{,}4 \cdot 10^{-13}$ cm betragen. Dieser Abstand wurde als Kernradius betrachtet. Ähnliche Experimente wurden während der nächsten Jahre weitergeführt, jedoch konnten mit den damals verfügbaren α-Quellen nur bei leichten Kernen Abweichungen von der Rutherford-Formel gefunden werden.

1927 lenkte Rutherford die Aufmerksamkeit auf folgendes Paradoxon: Streuexperimente mit α-Teilchen an schweren Kernen zeigten keine Abweichung von der Rutherfordschen Streuformel. Die Radien dieser Kerne schienen daher kleiner als $3{,}2 \cdot 10^{-12}$ cm zu sein. Andererseits erforderte die Geschwindigkeit der langsamsten, von Urankernen spontan emittierten α-Teilchen, auf der Grundlage klassischer Vorstellungen, Radien von mindestens $6{,}5 \cdot 10^{-12}$ cm. Wenn das Gesetz der abstoßenden Coulomb-Wechselwirkung (umgekehrte Proportionalität zum Abstandsquadrat) bei diesen Abständen zwischen α-Teilchen und Urankern nicht ungültig wurde, so würden die α-Teilchen innerhalb des Kerns durch einen Potentialwall festgehalten, und der α-Zerfall könnte nicht erfolgen. Gamow (1928) und unabhängig davon Condon und Gurney (1928) erklärten dieses Paradoxon durch den Hinweis, daß in der Quantenmechanik ein Teilchen einen Potentialwall durchdringen kann. Quantitative Berechnungen ergaben Werte für die Radien schwerer Kerne, die alle in der Größenordnung von $8 \cdot 10^{-13}$ cm lagen.

Wir wissen heute, daß die Dichteverteilung der Materie eines Kerns in seinem Inneren annähernd konstant ist und an seiner Oberfläche rasch gegen Null geht. Neuere Experimente zeigen, daß die Radien aller Kerne näherungsweise durch die Formel

$$R = 1{,}2\,A^{1/3}\cdot 10^{-13}\,\text{cm}$$

dargestellt werden können, wobei A die Massenzahl ist. Das Volumen des Kerns ist annähernd proportional zu A, mit anderen Worten, die Dichte der „Kernmaterie" im Inneren des Kerns ist im gesamten Periodensystem fast konstant.

Dieser Umstand war im Jahre 1932 bei weitem nicht so klar. Über die Größe leichter Kerne war einiges aus der α-Streuung und über schwere Kerne aus Lebensdauern bezüglich des α-Zerfalls bekannt. Bereits im November 1928 hatte GAMOW vermutet, daß der Kernradius proportional zu $A^{1/3}$ bzw. daß das Kernvolumen proportional zu A sei. Er wies darauf hin, daß BIELERS (1924) Wert für den Radius des Aluminiumkerns ($R = 3{,}4\cdot 10^{-13}$ cm) und seine eigenen Werte für die Radien schwerer Kerne (z. B. RaEm (^{222}Rn), $R = 7{,}35\cdot 10^{-13}$ cm) mit der Hypothese vereinbar sind, daß der Kernradius R mit der Massenzahl A näherungsweise durch

$$R = 1{,}2\,A^{1/3}\cdot 10^{-13}\,\text{cm}$$

verknüpft ist.

Es gab kaum ausreichende Daten, um GAMOWS Hypothese zu beweisen (gerade zwei Punkte auf einer Kurve), aber die Idee stand im Einklang mit dem α-Teilchenmodell des Kerns, das er zwei Monate später im Februar 1929 in der Royal Society (GAMOW, 1929) zur Diskussion stellte. In dieser Theorie nahm er an, daß der Kern als eine Ansammlung von α-Teilchen behandelt werden kann, die sich wie harte Kugeln verhalten und durch stark anziehende Kräfte, die mit wachsendem Abstand rasch abnehmen, sowie durch relativ schwache COULOMB-Kräfte miteinander wechselwirken. Eine solche Ansammlung von α-Teilchen würde ähnliche Eigenschaften wie ein kleiner Flüssigkeitstropfen besitzen, in dem die Teilchen durch die Oberflächenspannung zusammengehalten werden. Auf der Grundlage dieses Modells würde man erwarten, daß das Volumen des Kerns proportional zu der Zahl der in ihm enthaltenen α-Teilchen sein sollte. Es ist ferner zu erwarten, daß die totale Bindungsenergie (unter Vernachlässigung der Coulomb-Kräfte und der Oberflächenenergie) proportional zur Zahl der α-Teilchen ist. Dieses Resultat ist konsistent mit Messungen des Massendefekts. Gamows Hypothese von der Proportionalität des Kernvolumens und der Massenzahl wurde 1932 allgemein akzeptiert, und Heisenberg benutzte sie in seiner Diskussion der Kernstabilität (siehe S. 204).

1933 schrieb Majorana in seiner Arbeit zum Proton-Neutron-Modell des Kerns: ,,Man findet so im Zentrum des Atoms eine Art von Materie wieder, die mit denselben Eigenschaften von Ausdehnung und Undurchdringlichkeit versehen ist wie die makroskopische Materie. Aus einer solchen Materie sind die leichten und schweren Kerne ebenfalls konstituiert, und der Unterschied zwischen den einen und den anderen hängt vor allem von ihrem verschiedenen Inhalt von ,,Kernmaterie" ab." Obgleich Gamows α-Teilchenmodell des Kerns schon bald durch das Proton-Neutron-Modell abgelöst wurde, spielte es eine wichtige Rolle, da es die Idee der Kernmaterie einführte. Diese war notwendig für die nachfolgenden Theorien von Heisenberg und Majorana. Die konstante Dichte der Kernmaterie und die Proportionalität der Bindungsenergie zur Massenzahl A sind wichtige Tatbestände, die den Kernkräften einige Bedingungen auferlegen. Kräfte, die diese Eigenschaften reproduzieren, erfüllen die *Sättigungsbedingung*.

1.3. Spin und Statistik

In der Diskussion der Royal Society im April 1932 über Kernstruktur betonte Fowler das Rätsel des Spins und der Statistik von ^{14}N. Man war allgemein überzeugt davon, daß die Kerne aus Protonen und Elektronen mit

α-Teilchen als Untereinheiten bestehen. Eine Schwäche dieser Theorie bestand in der falschen Voraussage des Spins und der Statistik von ^{14}N.

Es war bekannt, daß sowohl Protonen als auch Elektronen der FERMI-Statistik gehorchen und ein Spinmoment von $^1/_2\,\hbar$ besitzen. Es gab zwei Faustregeln bezüglich des Spins und der Statistik von Systemen, die sich aus FERMI-Teilchen mit dem Spin $^1/_2\,\hbar$ zusammensetzen:

1. Das zusammengesetzte System gehorcht der BOSE- bzw. FERMI-Statistik in Abhängigkeit davon, ob die Zahl der systembildenden Teilchen gerade oder ungerade ist. Diese Regel wurde 1931 von EHRENFEST und OPPENHEIMER bewiesen.

2. Das zusammengesetzte System besitzt einen Drehimpuls, der ein ganz- oder halbzahliges Vielfaches von $\hbar$ ist, in Abhängigkeit davon, ob die Zahl der systembildenden Teilchen gerade oder ungerade ist.

Wenn ^{14}N aus 14 Protonen und 7 Elektronen besteht, so sollte es nach diesen Regeln der FERMI-Statistik gehorchen und einen Drehimpuls besitzen, der ein halbzahliges Vielfaches von $\hbar$ ist. In Wirklichkeit hat ^{14}N den Spin $\hbar$ und gehorcht der BOSE-Statistik. Der Spin von ^{14}N wurde 1928 durch ORNSTEIN und VAN WIJK gemessen. KRONIG (1928) wies darauf hin, daß das experimentelle Resultat nicht mit der Regel *2* vereinbar ist, wenn der Kern aus Protonen und Elektronen besteht. HEITLER und HERTZBERG (1929) zeigten, daß auch die Statistik mit der Regel *1* unvereinbar ist, nachdem das RAMAN-Spektrum von ^{14}N-Molekülen durch RASSETTI (1929) untersucht worden war.

Die niedrigsten Energieniveaus des homonuklearen N_2-Moleküls bilden eine Rotationsbande, deren Zustände durch die Bahndrehimpulsquantenzahl L gekennzeichnet werden. Jeder orbitale Zustand besitzt eine bestimmte Spinentartung bzw. ein statistisches Gewicht, das vom Spin und von der Statistik des Stickstoffkerns abhängt. Der Gesamtkernspin des Stickstoffmoleküls ist gleich der Summe der Spins der beiden einzelnen Kerne. Wenn der Kernspin I beträgt, ist die Zahl der geraden Spinzustände der beiden Kerne im Molekül gleich $(I + 1) \cdot (2I + 1)$ und die Zahl der ungeraden Spinzustände gleich $I(2I + 1)$. Wenn die Stickstoffkerne der FERMI-Statistik gehorchen, so muß die Gesamtwellenfunktion nach dem PAULI-Prinzip antisymmetrisch gegenüber der Vertauschung der beiden Kerne sein. Daher muß bei geradzahligem Bahndrehimpuls L die Spinsymmetrie ungerade sein und umgekehrt. Zustände mit geradem L würden dann ein statistisches Gewicht von $I(2I + 1)$ und Zustände mit ungeradem L ein statistisches Gewicht von $(I + 1)(2I + 1)$ besitzen. Wenn der Stickstoffkern der BOSE-Statistik gehorcht, so sind die statistischen Gewichte zu vertauschen. Die RAMAN-Übergänge befolgen die Auswahlregel $L = \pm 2$, und eine Untersuchung des Prozesses zeigt, daß die Intensität der Linien des RAMAN-Spektrums proportional den statistischen Gewichten der beteiligten Zustände ist. Deshalb alterniert die Stärke der Spektrallinien mit einem Intensitätsverhältnis von $(I + 1)/I$. Wenn die Linien, die Zuständen mit geradem L entsprechen, stärker sind, so gehorchen die Kerne der BOSE-Statistik. Sind die ungeraden Linien stärker, dann gehorchen die Kerne der FERMI-Statistik. Die Intensitäten der RAMAN-Linien erlauben, sowohl den Spin als auch die Statistik der Stickstoffkerne zu bestimmen.

RASSETTI unternahm die ersten Messungen des RAMAN-Spektrums von N_2 im Jahre 1929. Er bemerkte, daß H_2 und N_2, obwohl sie eine ähnliche Elektronenstruktur besitzen, sich in bezug auf die relativen Gewichte der ungeraden und geraden Rotationszustände gegensätzlich verhalten. Zwei Monate später wiesen HEITLER und HERTZBERG in ihrem Kommentar zu RASSETTIS Ergebnissen darauf hin, daß daraus die Gültigkeit der BOSE-Statistik für Stickstoff folgt, im Gegensatz zu den Erwartungen, die sich auf das Proton-Elektron-Modell des Kerns stützten.

1.4. *Das kontinuierliche β-Spektrum*

Das Energiespektrum von β-Teilchen, die von einem radioaktiven Kern emittiert werden, ist komplexer Natur. Am häufigsten treten Gruppen von β-Teilchen mit definierter Energie auf, die einem Untergrund mit kontinuierlicher Energieverteilung überlagert sind. RaE (^{210}Bi) besitzt nur ein kontinuierliches Spektrum und bildet insofern eine Ausnahme zu dieser allgemeinen Regel. Die Gruppen mit definierter Energie wurden 1911 zuerst von Bayer, Hahn und Meitner beobachtet; im Jahre 1914 entdeckte Chadwick einen kontinuierlichen Untergrund. Rutherford und seine Mitarbeiter zeigten, daß die diskreten Energiegruppen sekundären Ursprungs sind und durch eine Konversion von γ-Strahlen gebildet werden. Sie schlugen zur Erklärung vor, daß vom Kern herrührende γ-Strahlen von den Elektronen des Atoms absorbiert werden und diese aus ihren Bahnen werfen. Die Elektronen besitzen danach eine definierte Energie, die gleich der γ-Energie minus der Bindungsenergie des Elektrons auf seiner Atombahn ist. Die primären β-Strahlen besitzen das von Chadwick entdeckte kontinuierliche Energiespektrum.

1922 machte Meitner darauf aufmerksam, daß ein Kern, der sich in einem quantenmechanischen Zustand befindet, keine Elektronen veränderlicher Energien emittieren sollte. Sie schlug vor, daß die Inhomogenität erst nach der Emission der β-Strahlung aus dem Kern entsteht. Die durchgeführten Experimente gaben keinen Hinweis zugunsten dieser Idee, und ein Experiment von Ellis und Wooster (1927) widersprach ihr sogar. Ellis und Wooster bestimmten den mittleren Energiebetrag pro Zerfallsakt durch die Messung der Wärmemenge, die erzeugt wird, wenn eine bekannte Zahl von Atomen in einem Kalorimeter zerfällt, das so dick ist, daß keine β-Strahlen entweichen können. Sie wählten RaE für ihr Experiment, da es nur ein kontinuierliches Spektrum besitzt und da ferner bekannt war, daß hierbei keine durchdringende γ-Strahlung zusammen mit der β-Strahlung entsteht.

Wenn MEITNERS Überlegung zutraf und alle Zerfälle die gleiche Energie lieferten, so müssen die Atome, die langsamere Elektronen emittieren, ihre Energie auf andere Weise verlieren. ELLIS und WOOSTER wußten, daß kein bedeutender Betrag an durchdringender γ-Strahlung vorhanden war, so daß die überschüssige Energie im Kalorimeter absorbiert werden sollte. Die Zerfallsenergie mußte mindestens so groß wie das Maximum der β-Strahlungsenergie (1,05 MeV für RaE) sein. Deshalb sollte die mit der Kalorimetermethode gemessene mittlere Zerfallsenergie pro Zerfall auch mindestens 1,05 MeV betragen. Wenn im Gegenteil die Zerfallselektronen vom Kern mit unterschiedlicher Energie emittiert würden, dann müßte die mittlere Zerfallsenergie pro Zerfall der mittleren Energie des kontinuierlichen Spektrums, d. h. $(0{,}39 \pm 0{,}06)$ MeV, entsprechen. ELLIS und WOOSTER fanden als Wert für die durchschnittliche Zerfallsenergie $(0{,}35 \pm 0{,}04)$ MeV, bestätigten damit die zweite Hypothese und widerlegten die erste.

Diese Eigenschaft des β-Zerfalls stand im offenen Gegensatz zum bekannten Bild des α-Zerfalls. Frühere Experimente hatten gezeigt, daß von einem gegebenen Kern die α-Teilchen alle mit ungefähr der gleichen Energie (ausgenommen die α-Strahler mit großer Reichweite) emittiert werden. 1930 wurde die Feinstruktur des α-Spektrums entdeckt, und man fand, daß die α-Teilchen in Gruppen emittiert werden, wobei jede Gruppe eine definierte Energie besitzt. Weiterhin schienen die Differenzen zwischen den α-Gruppen sehr gut den Energien der γ-Strahlen zu entsprechen, die in Verbindung mit dem α-Zerfall auftreten (s. Teil. 2, S. 169). Diese Ergebnisse führten zu der Überlegung, daß der α-Zerfall manchmal zu angeregten Quantenzuständen des Endkerns führt, die danach durch Emission von γ-Strahlen zerfallen. Sie bestätigten auch die Anwendbarkeit des

Energieerhaltungssatzes für Kernzerfälle, in denen α- und γ-Strahlen erzeugt werden.

Niels Bohr diskutierte die aktuellen Probleme der Kernphysik in seiner Faraday-Lektion 1931 (s. Teil 2, S. 187) und außerdem auf der Konferenz über Kernphysik im Oktober 1931 in Rom. Bei beiden Gelegenheiten beschäftigte er sich mit den theoretischen Folgerungen aus den eigentümlichen Eigenschaften des β-Zerfalls und speziell mit dem Prinzip der Energieerhaltung. Nach einer gründlichen Diskussion des vorhandenen Materials schlußfolgerte er (s. Teil 2, S. 193):

> „Beim heutigen Stand der Atomtheorie können wir jedoch sagen, daß wir kein Argument, weder empirischer noch theoretischer Natur, haben, um das Prinzip der Energieerhaltung für β-Zerfälle aufrechtzuerhalten und daß wir bei dem Versuch, dies zu tun, sogar in Verwicklungen und Schwierigkeiten geraten."

Das Prinzip der Energieerhaltung wurde durch die Neutrinotheorie des β-Zerfalls gewahrt. Pauli stellte eine Hypothese auf, nach der der Energieerhaltungssatz gültig bleibt und die Emission der β-Teilchen von einer äußerst durchdringenden Strahlung neutraler Teilchen begleitet wird, die noch nicht beobachtet worden waren. Die Summe der Energien des β-Teilchens und des neutralen Teilchens (bzw. der Teilchen, wenn es mehr als eins sind), die bei jedem Zerfall vom Kern emittiert werden, müßte gleich der oberen Grenze des β-Zerfallsspektrums sein, und die neutralen Teilchen würden dem Kalorimeter im Experiment von Ellis und Wooster entweichen und deshalb nicht zur Erwärmung beitragen.

Pauli erwähnte diese Hypothese zuerst 1930 in einem Brief an Geiger und Meitner von der Tübinger Universität. Er brachte seinen Vorschlag auf einer Tagung der American Physical Society im Juni 1931 in Pasadena vor und erwähnte ihn vermutlich in der Diskussion der Konferenz in Rom im Oktober 1931. Die erste veröffentlichte Darlegung der Hypothese erschien in der Diskussion von HEISENBERGS Arbeit über das Proton-Neutron-Modell des Kerns auf dem Solvay-Kongreß im Oktober 1933. FERMI war bei dieser Konferenz anwesend und veröffentlichte seine auf der PAULI-Hypothese basierende Theorie des β-Zerfalls einige Monate später. Es gibt vollständigere Berichte über die Frühgeschichte des Neutrinos in einer Lektion von PAULI (1957), von C. S. WU (1960) in einem PAULI-Gedenkband und von F. RASSETTI (1962) in den „Gesammelten Werken" von FERMI. Der Name „Neutrino" wurde von FERMI vorgeschlagen.

Wir führen diese geschichtlichen Details an, um ein Bild von dem Hintergrund zu haben, vor dem HEISENBERGS Theorie der Kernstruktur entwickelt wurde. HEISENBERG veröffentlichte seine erste Arbeit zu dieser Thematik im Juni 1932. Zu diesem Zeitpunkt war PAULIS Hypothese vielen Physikern bekannt, aber sie war noch nicht allgemein anerkannt. BOHR war von ihrer Gültigkeit gewiß nicht überzeugt, als er seine Lektion im Oktober 1931 in Rom hielt (PAULI und HEISENBERG waren anwesend). Nach HEISENBERGS erster Arbeit zu urteilen, schien er bei ihrer Niederschrift hinsichtlich eines möglichen Zusammenbruchs des Energieprinzips noch unschlüssig gewesen zu sein. Die veröffentlichten Berichte über die Diskussion auf dem Solvay-Kongreß zeigen jedoch, daß HEISENBERG und andere gegen Ende des Jahres 1933 PAULIS Ideen wesentlich unterstützten. Besonders bemerkenswert an HEISENBERGS Untersuchungen der Kernstruktur war der Umstand, daß sie zu einer Zeit durchgeführt wurden, als die Grundlagen aller geltenden Theorien zweifelhaft erschienen. Er hatte mit seinem Programm Erfolg, indem er eine Diskussion des Mechanismus des β-Zerfalls vermied und die geltende Theorie auf die Bewegung der Protonen und Neutronen im Kern anwandte.

1.5. Neutron und Positron

Vor der Entdeckung des Neutrons gab es viele Spekulationen, die seine Existenz voraussagten. Dieses hypothetische Teilchen stellte man sich im allgemeinen als eine fest gebundene Kombination aus einem Proton und einem Elektron vor, und es gab Vorschläge, daß es eine Strukturkomponente der schweren Kerne (RUTHERFORD, 1920) bildet. Im Februar 1932 publizierte CHADWICK einen Brief in der „Nature", in dem er den Beweis für die Existenz des Neutrons erbrachte. In der Diskussion zur Kernstruktur in der Royal Society im April (siehe S. 181) gab er einen Überblick über die Ereignisse, die zu seinen Experimenten führten, und diskutierte die Ergebnisse. Das Neutron wurde zuerst in einer Strahlung entdeckt, die durch das Einwirken von α-Strahlen auf Beryllium und Bor ausgelöst wurde. CHADWICK zeigte, daß die experimentellen Ergebnisse zu erklären sind, wenn man annimmt, daß die Strahlung aus Teilchen ohne Ladung mit einer Masse zwischen 1,005 und 1,008 Atomgewichtseinheiten besteht. Dieser Wert für die Neutronenmasse war kleiner als der heute anerkannte (1,00898 AME). Das war hauptsächlich auf Ungenauigkeiten in ASTONS massenspektrographischen Daten (1927) zurückzuführen. Diese machten sich später in mangelnder Übereinstimmung zwischen den Massendifferenzen bemerkbar, die durch massenspektrographische Messungen und aus Kernreaktionen bestimmt wurden.

HEISENBERG, der zu dieser Zeit in Leipzig tätig war, brachte seine fundamentale Arbeit über das Neutron-Proton-Modell des Kerns im Juni 1932 heraus. In der Einleitung wies er darauf hin, daß das Problem des Spins und der Statistik von ^{14}N gelöst werden kann, wenn das Neutron einen Spin von $^1/_2\,\hbar$ besitzt und der FERMI-Statistik gehorcht. Dieses Argument ist ausreichend, um zu zeigen, daß der Neutronenspin ein halbzahliges Vielfaches von $\hbar$ ist. HEISENBERG wählte aus Gründen der

Einfachheit den Wert $^1/_2\,\hbar$. Der Spin des Deuterons, der gleich $\hbar$ ist, läßt einen Neutronenspin von $^1/_2\,\hbar$ oder $^3/_2\,\hbar$ zu. Der erste direkte Beweis, der die Möglichkeit von $^3/_2\,\hbar$ ausschloß, wurde erst 1937 veröffentlicht. Er gründet sich auf Neutronenstreuexperimente an Ortho- und Parawasserstoff (SCHWINGER, 1937).

Im Jahre 1930 fand man, daß harte γ-Strahlung in schweren Elementen viel stärker als erwartet absorbiert wird, und man beobachtete sekundäre γ-Strahlen, die durch den Absorptionsprozeß ausgelöst wurden. Diese konnten in zwei Komponenten mit Energien von etwa 0,5 und 1 MeV aufgelöst werden (s. Teil 2, S. 173 und 210). Die Ursache der sekundären γ-Strahlen war einige Jahre ungeklärt und bildete noch immer eine Quelle von Mißverständnissen, als HEISENBERG 1932 seine ersten Ideen über die Kernstruktur entwickelte. Die Schwierigkeiten lösten sich auf, nachdem ANDERSON im September 1932 das Positron entdeckt hatte. Bald darauf erkannte man, daß harte γ-Strahlen bei der Wechselwirkung mit Materie Elektron-Positron-Paare erzeugen und daß ein Positron mit einem Elektron in Materie vernichtet werden kann, wobei zwei 0,5-MeV-γ-Quanten bzw. ein 1-MeV-γ-Quant entstehen.

1.6. Beschleuniger

In seiner Ansprache auf der Tagung der Royal Society 1932 beschrieb RUTHERFORD die Entwicklung von Beschleunigern positiver Ionen durch Forschungsgruppen des Cavendish Laboratory in Cambridge, des Department of Terrestrial Magnetism in Washington und der University of California in Berkeley und informierte über erste in Cambridge durchgeführte Experimente, bei denen Beschleuniger für kernphysikalische Untersuchungen benutzt wurden. Die anderen beiden Gruppen führten (binnen weniger Monate) ähnliche Experimente durch.

Die Entwicklung von Beschleunigern war ein großes

Ereignis in der Kernphysik und eine der Hauptursachen für die raschen Fortschritte, die in den folgenden Jahren auf diesem Gebiet erzielt wurden. Bis zu dieser Zeit erhielt man die meisten Informationen über die Kernstruktur aus Experimenten mit α-Teilchen; die Beschleuniger eröffneten eine zusätzliche Forschungsmöglichkeit, die viele Vorteile versprach. Die Intensität der Quellen wurde beträchtlich größer — so entsprach ein Strom von 1 μA positiver Ionen einer Radiummenge von 180 g —, der Teilchenstrahl war frei von β- und γ-Strahlung, die in vielen Experimenten Komplikationen hervorrief, und die Energie der Teilchen konnte nach Belieben variiert werden.

Cockcroft und Walton begannen ihre Arbeit am Cavendish Laboratory im Jahre 1929. 1930 benutzten sie einen Einweggleichrichter, um ein konstantes Potential zu erhalten, und erzeugten mit einer einfachen Beschleunigungsröhre Protonen mit einer Energie von 300 keV. Danach entwickelten sie eine stärkere Anlage mit einem Spannungsvervielfacher und einer Doppelröhre, die Protonen mit einer Energie bis zu 700 keV lieferte. Über das erste mit Hilfe dieser Apparatur durchgeführte Kernspaltungsexperiment,

$$^{7}\mathrm{Li} + \mathrm{p} \rightarrow {}^{4}\mathrm{He} + {}^{4}\mathrm{He},$$

wurde in der Diskussion der Royal Society über Kernstruktur im April 1932 berichtet.

E. O. Lawrence an der University of California begann 1929 mit dem Entwurf des Zyklotrons. Im Jahre 1930 verfügte er über ein kleines Funktionsmodell und erhielt Protonen mit einer Energie von 80 keV. Gegen 1931 hatten Lawrence und Livingston eine größere Anlage konstruiert und erzeugten Protonen mit Energien bis zu 1 MeV. Die Ergebnisse der ersten kernphysikalischen Untersuchungen wurden 1932 publiziert. Diese Experimente dehnten die Arbeiten von Cockcroft und Walton bis auf 910 keV aus.

Bereits im Jahre 1926 hatte G. Breit Untersuchungen der Tesla-Spule als Mittel zur Erzeugung hoher Spannungen begonnen. Ihm schloß sich Tuve vom Department of Terrestrial Magnetism in Washington an. In den Jahren bis 1930 machten sie große Fortschritte bei der Entwicklung von Beschleunigungsröhren. Die Tesla-Spule war jedoch wegen des Impulscharakters des Potentials und der Fluktuation des Spitzenspannungswertes als Hochspannungsquelle unbefriedigend. 1929 baute R. G. van de Graaff in Princeton den ersten elektrostatischen Generator des nach ihm benannten Typs. In einem sehr frühen Stadium erkannten Tuve und seine Mitarbeiter den Vorzug des Van-de-Graaff-Generators als Hochspannungsquelle und bauten 1932 ein kleines Modell mit einer aus Glas- und Metallsektionen bestehenden Beschleunigungsröhre, die vorher in der Arbeit mit der Tesla-Spule verwendet worden war. 1933 veröffentlichten sie Ergebnisse von Kernzerfallsexperimenten, bei denen man Ionen benutzte, die auf dieser Anlage bis zu Energien von 600 keV beschleunigt wurden. Dies war die erste erfolgreiche Anwendung des Van-de-Graaff-Generators für kernphysikalische Untersuchungen.

Kapitel II

Die Theorien von Heisenberg, Wigner und Majorana

Die Entdeckung des Neutrons im Jahre 1932 führte zu neuen Überlegungen über die Kernstruktur. Die Existenz von Neutronen war schon früher von Rutherford (1920) vermutet worden, als er die Möglichkeit diskutierte, daß die schweren Kerne aus Protonen und Neutronen bestehen. Nachdem die Existenz der Neutronen experimentell nachgewiesen war, erschien es natürlich, diese Idee nun ernsthafter zu untersuchen. Schon bald wiesen mehrere Physiker, IWANENKO (1932), CHADWICK (1932) und HEISENBERG (1932), darauf hin, daß die Schwierigkeiten mit dem Spin und der Statistik von ^{14}N (siehe Kap. I, Abschnitt 1.5.) entfallen, wenn die Atomkerne aus Protonen und Neutronen bestehen und wenn das Neutron einen halbzahligen Spin besitzt und der FERMI-Statistik gehorcht.

Drei Vorschläge über die Natur der zwischen den Kernteilchen wirkenden Kräfte spielten für die nachfolgenden kernphysikalischen Untersuchungen die wichtigste Rolle. Kurz nach der Entdeckung des Neutrons veröffentlichten HEISENBERG, WIGNER und MAJORANA Artikel zu diesem Problem. Jeder dieser drei Autoren stellte spezifische Postulate bezüglich der Natur der Kernkräfte auf und studierte deren Konsequenzen für einige charakteristische Züge der Kernstruktur. Die Vorstellung vom Kern, die sie vorschlugen, blieb seitdem im wesentlichen unverändert, und die drei Typen von Kräften, die HEISENBERG-, WIGNER- und MAJORANA-Kräfte, wurden in vielen Rechnungen benutzt. Wir diskutieren die drei Artikel in diesem Kapitel. Die Originaltexte sind im Teil 2 wiedergegeben.

2.1. HEISENBERGS *Austauschwechselwirkung*

In einer Serie von drei Arbeiten entwickelte HEISENBERG eine Reihe von Ideen, die die Basis für spätere Untersuchungen der Kernkräfte und der Kernstruktur bildeten. Im zweiten Teil des vorliegenden Buches geben wir den ersten dieser Artikel und einen Teil des dritten wieder, der für die Diskussion der Kernkräfte wichtig ist.

In seinen Arbeiten vertrat HEISENBERG die Ansicht, daß die Atomkerne aus Protonen und Neutronen bestehen und daß die Kernstruktur nach den Gesetzen der Quantenmechanik durch die Wechselwirkung zwischen den Kernteilchen beschrieben werden kann. Er brachte die erste Arbeit der Serie im Juni 1932 heraus, vier Monate nach Chadwicks Veröffentlichung über die Entdeckung des Neutrons.

Heute sind wir davon überzeugt, daß sowohl die Protonen als auch die Neutronen Elementarteilchen sind. Heisenberg drückte diesen Standpunkt am Anfang seines ersten Artikels aus und benutzte ihn als eine Grundlage für seine Diskussion der Kernstruktur. Andererseits war er bestrebt, einen möglichen Mechanismus für die Wechselwirkung zwischen den Kernteilchen vorzuschlagen, und zu diesem Zweck hielt er noch an der Idee fest, daß die Neutronen aus einer bestimmten Kombination von Protonen und Elektronen bestehen. Dieses Bild deutete auf eine Austauschwechselwirkung zwischen Protonen und Neutronen hin, die der Resonanzwechselwirkung zwischen einem H^+-Ion und einem Wasserstoffatom analog ist. Wegen der großen Bedeutung dieser Analogie für die nachfolgende Entwicklung der Ideen über die Austauschwechselwirkung geben wir im folgenden eine kurze Übersicht über das Problem der Wechselwirkung eines Wasserstoffatoms mit einem H^+-Ion durch den Austausch eines Elektrons.

Wir haben die Bewegung eines Elektrons im Feld zweier Wasserstoffkerne zu untersuchen, die in den Raumpunkten A und B fixiert sind. Wir nehmen an, daß der Abstand zwischen A und B größer als der Radius des Wasserstoffatoms ist, die Wechselwirkung somit schwach ist und einfache Näherungsmethoden hinreichend genau sind. Es existieren zwei Näherungslösungen für das Problem eines sich um zwei Kerne bewegenden Elektrons, die beide die gleiche mittlere Energie besitzen. Die erste Lösung mit einer Wellenfunktion φ_A entspricht einem Wasserstoffatom am Ort A, welches durch den Wasserstoffkern am Ort B nicht gestört wird, und die zweite Näherungslösung mit der Wellenfunktion φ_B beschreibt ein Wasserstoffatom bei B und einen Wasserstoffkern bei A. Die nichtdiagonalen Matrixelemente der Coulomb-Wechselwirkung des Elektrons mit den beiden Kernen heben die Entartung zwischen diesen beiden Zuständen auf, und die Eigenfunktionen φ_1 und φ_2 können näherungsweise durch Linearkombinationen der Wellenfunktionen φ_A und φ_B dargestellt werden. Diese Kombinationen müssen wegen der Symmetrie des Kraftfeldes um die beiden Kerne entweder symmetrisch oder antisymmetrisch sein:

$$\varphi_1 = B_1(\varphi_A + \varphi_B), \quad \varphi_2 = B_2(\varphi_A - \varphi_B).$$

B_1 und B_2 sind Normierungskonstanten. Wenn der Abstand zwischen A und B so groß ist, daß die Überlappung von φ_A und φ_B klein ist, so gilt $B_1 \simeq B_2 \simeq 1/\sqrt{2}$. Den Zuständen φ_1 und φ_2 entsprechen die Energien $-J(r)$ bzw. $J(r)$ (mit $J(r) > 0$), wobei $J(r)$ vom Abstand r zwischen den beiden Kernen abhängt. Die Restwechselwirkung zwischen dem Atom und dem Ion ist daher je nach der Symmetrie der Elektronenwellenfunktion anziehend oder abstoßend.

In Kap. VI benötigen wir eine Formel für die Austauschenergie $J(r)$. V_A und V_B seien die COULOMB-Potentiale der Kerne A und B. Wenn T die kinetische Energie des Elektrons ist, so ist die Gesamtenergie $H = T + V_A + V_B$. Die Wellenfunktionen φ_A und φ_B genügen den SCHRÖDINGER-Gleichungen

$$(T + V_A)\varphi_A = -\varepsilon\varphi_A, \quad (T + V_B)\varphi_B = -\varepsilon\varphi_B. \quad (2.1)$$

Um die Austauschenergie zu berechnen, bestimmen wir die mittleren Energien $\langle E_1\rangle$ und $\langle E_2\rangle$ der Zustände φ_1 und φ_2:

$$\begin{aligned}\langle E_1\rangle &= \int \varphi_1(r) H \varphi_1(r)\, d\boldsymbol{r}\\ &= B_1^2 \int (\varphi_A + \varphi_B)(T + V_A + V_B)(\varphi_A + \varphi_B) d\boldsymbol{r}\\ &= B_1^2 \int (\varphi_A + \varphi_B)[(T + V_A)\varphi_A + (T + V_B)\varphi_B]\, d\boldsymbol{r}\\ &\quad + B_1^2 \int (\varphi_A + \varphi_B)(V_A\varphi_B + V_B\varphi_A) d\boldsymbol{r}. \qquad (2.2)\end{aligned}$$

Mit Hilfe der Schrödinger-Gleichung (2.1) für φ_A und φ_B reduziert sich der erste Term der Gleichung (2.2) zu $-\varepsilon$, und der zweite Term ist gleich $K - J$, wobei

$$\begin{aligned} J &= -B_1^2[\int \varphi_A V_A \varphi_B \,\mathrm{d}\boldsymbol{r} + \int \varphi_B V_B \varphi_A \,\mathrm{d}\boldsymbol{r}] \\ &= -2B_1^2 \int \varphi_A V_A \varphi_B \,\mathrm{d}\boldsymbol{r} \end{aligned}$$

ist wegen der Symmetrie zwischen A und B. Analog ist

$$K = 2B_1^2 \int \varphi_A V_B \varphi_A \,\mathrm{d}\boldsymbol{r}.$$

Bei großem Abstand zwischen A und B gilt $|K| \ll |J|$ und $B_1^2 \simeq {}^1/_2$. In diesem Grenzfall ist

$$\langle E_1 \rangle = -\varepsilon - J, \quad \langle E_2 \rangle = -\varepsilon + J$$

und das Austauschintegral

$$J \simeq -\int \varphi_A V_A \varphi_B \,\mathrm{d}\boldsymbol{r}. \tag{2.3}$$

Bringt man ein Wasserstoffatom an einen Punkt A in der Nähe eines im Punkt B befindlichen Wasserstoffions, so wird sich das Elektron vom Ion A zum Ion B und wieder zurück bewegen. Dabei muß das Elektron einen Potentialwall durchdringen, weil die Gesamtenergie des Elektrons kleiner als die potentielle Energie in der Mitte zwischen den Ionen ist, außer wenn sich die Ionen sehr dicht beieinander befinden. Die Stärke der Wechselwirkung zwischen den Ionen ist verknüpft mit der Wahrscheinlichkeit dafür, daß das Elektron diese Barriere durchdringt und von A zu B springt. Wir erinnern daran, daß die Wellenfunktion eines stationären Zustandes mit der Energie E eine Zeitabhängigkeit $\mathrm{e}^{-iEt/\hbar}$ mit $\hbar = h/2\pi$ besitzt. Wir betrachten einen Zustand $\varphi(t)$, der eine Superposition der stationären Zustände φ_1 und φ_2 darstellt und durch den Ausdruck

$$\begin{aligned} \varphi(t) &= B_1[\varphi_1 \exp(iJt/\hbar) + \varphi_2 \exp(-iJt/\hbar)] \\ &= \varphi_A \cos\big(J(r)t/\hbar\big) + i\varphi_B \sin\big(J(r)t/\hbar\big) \end{aligned}$$

definiert wird. Bei $t = 0$ ist die Wellenfunktion gleich φ_A und stellt die Anfangssituation eines Wasserstoffatoms bei A und eines Ions am Punkt B dar. Für $Jt/\hbar = \pi/2$ ist $\varphi(t) = \varphi_B$ und stellt ein Ion in A und ein Atom in B dar. Somit oszilliert das Elektron mit einer Frequenz $J(r)/h$ zwischen den beiden Ionen durch den Potentialwall, der beide trennt, hindurch. Die Austauschfrequenz ist proportional der Wechselwirkungsenergie.

Zusätzlich zu der Austauschwechselwirkung zwischen Neutronen und Protonen berücksichtigte HEISENBERG noch eine schwächere Wechselwirkung zwischen den Neutronen. Er nahm weiterhin an, daß zwischen den Protonen nur die COULOMB-Abstoßung wirkt. Das scheint eine Konsequenz seiner Auffassung gewesen zu sein, das Proton als Elementarteilchen und das Neutron als zusammengesetztes Teilchen zu betrachten. In späteren Arbeiten ließen MAJORANA und WIGNER die Neutron-Neutron-Wechselwirkung fallen und wiesen nach, daß die COULOMB-Abstoßung in leichten Kernen vernachlässigt werden kann. Während einer Reihe von Jahren wurde in den meisten Untersuchungen angenommen, daß die Kernwechselwirkung zwischen gleichartigen Teilchen nicht existiert oder sehr schwach im Vergleich zur Neutron-Proton-Wechselwirkung ist. Diese Annahme wurde durch experimentelle Untersuchungen der Proton-Proton-Streuung von WHITE und TUVE, HEYDENBERG und HAFSTAD 1936 widerlegt. Später fand man heraus, daß die Kernwechselwirkung zwischen gleichartigen Kernteilchen nahezu die gleiche Stärke wie die Neutron-Proton-Wechselwirkung besitzt. Diese Eigenschaft der Kernkräfte wird als *Ladungsunabhängigkeit* bezeichnet. Wir werden sie in Kap. IV ausführlicher diskutieren.

In den ersten beiden Artikeln benutzte HEISENBERG seine Ideen, um qualitative Regeln für die Stabilität der Kerne gegenüber dem α- oder dem β-Zerfall zu finden. In seiner dritten, im Dezember 1932 erschienenen Arbeit versuchte er, eine Näherungslösung für die Bewegungsgleichungen der Protonen und Neutronen im Kern zu finden. Diese Arbeit enthüllte eine Schwierigkeit: HEISENBERG wandte die THOMAS-FERMI-Approximationsmethode auf die Atomkerne an und zeigte, daß die Bindungsenergie der Kerne als Funktion des Atomgewichts A stärker als A^2 ansteigt, wenn die Stärke der Austauschwechselwirkung $J(r)$ für alle Werte von r positiv ist. ASTONS Massendefektmessungen hatten empirisch gezeigt, daß die Bindungsenergie bei kleinen A proportional zu A ist und für große A sogar noch langsamer ansteigt. Somit lieferte HEISENBERGS Austauschwechselwirkung nicht den Sättigungseffekt. HEISENBERG fand, daß dieselbe Schlußfolgerung für ein gewöhnliches anziehendes Wechselwirkungspotential gilt. Um eine Sättigung zu erhalten, kehrte er zu GAMOWS Tröpfchenmodell zurück und nahm an, daß die Kraft zwischen den Kernteilchen stark abstoßend wirkt, sobald deren Abstand einen bestimmten kritischen Wert unterschreitet, mit anderen Worten, er postulierte, daß die Wechselwirkung zwischen den Kernteilchen einen abstoßenden Core besitzt. Ein anderer Ausweg aus dieser Schwierigkeit wurde von MAJORANA im März 1933 vorgeschlagen. Er wird im Abschnitt 2.4. dieses Kapitels diskutiert.

2.2. *Der Isospinformalismus*

Es ist interessant, daß HEISENBERG bereits in seiner ersten Veröffentlichung zur Proton-Neutron-Theorie der Kernstruktur den ϱ-Spin- oder, wie er heute genannt wird, den Isospinformalismus einführte. Er behandelte das Proton und Neutron als zwei Zustände des gleichen Kernteilchens oder *Nukleons*, die sich durch die Quantenzahl ϱ^{ζ} unterscheiden. Diese Quantenzahl hat den Wert $+1$ für Neutron und -1 für ein Proton. Anstelle von HEISENBERGS ϱ ist heute die Bezeichnung τ üblich. Die allgemein übliche Vorzeichenkonvention ist ebenfalls entgegengesetzt: $\tau^\zeta = +1$ bedeutet, daß das Nukleon ein Proton, und $\tau^\zeta = -1$, daß es ein Neutron ist (siehe S. 197).

Der Isospinformalismus war für HEISENBERGS Theorie der Kernstruktur nicht unbedingt erforderlich, und in einem Vortrag auf dem Solvay-Kongreß im Oktober 1933 zeigte HEISENBERG, daß dieser einem Formalismus äquivalent ist, der die Neutronen und Protonen als verschiedenartige Teilchen behandelt. (Wir werden dies die gewöhnliche Methode nennen.) Die Isospinmethode wurde später von FERMI (1934) in seiner Theorie des β-Zerfalls und von YUKAWA (1935) in seiner Mesonentheorie der Kernkräfte benutzt, aber in diesen frühen Jahren empfanden sie die Physiker als zu kompliziert und zogen ihr die gewöhnliche Methode vor. So war z. B. MAJORANA in seiner Arbeit im Jahre 1933 erfreut darüber, daß er die unbequemen ϱ-Spinkoordinaten vermeiden konnte. Nachdem 1936 die Ladungsunabhängigkeit der Kernkräfte postuliert worden war, lebte der Isospinformalismus wieder auf und bildete die natürliche mathematische Darstellung dieser physikalischen Symmetrie. Wir wollen diese beiden Methoden diskutieren und die Wellenfunktionen eines Systems, das aus einem Proton und einem Neutron besteht, vergleichen:

1. In der gewöhnlichen Methode besitzt jedes Proton (Neutron) vier Koordinaten, drei Ortskoordinaten $\boldsymbol{r}_p$ ($\boldsymbol{r}_n$) und eine Spinkoordinate $\sigma_p (\sigma_n)$. Zur Vereinfachung der Schreibweise werden wir zuweilen die vier Koordinaten des Protons $(\boldsymbol{r}_p, \sigma_p)$ durch einen Buchstaben u_p (u_n für das Neutron) bezeichnen. Die Wellenfunktion des Neutron-Proton-Systems ist irgendeine Funktion $\psi(u_p, u_n)$ dieser Koordinaten.

2. Im Isospinformalismus besitzt jedes Teilchen fünf Koordinaten, die Spin- und Ortskoordinaten $(\boldsymbol{r}_k, \sigma_k) = u_k$ und eine neue Koordinate τ_k mit dem Wert $+1$ für das Proton und -1 für das Neutron. Das Zweiteilchensystem wird durch die Koordinaten $(u_1, \tau_1; u_2, \tau_2)$ charakterisiert.

Dabei tritt jedoch eine Mehrdeutigkeit auf, da die Indizes 1 und 2 keine physikalische Bedeutung haben und die beiden Koordinatensätze ($u_1, \tau_1; u_2, \tau_2$) und ($u_2, \tau_2; u_1, \tau_1$) dieselbe physikalische Situation beschreiben. Diese Mehrdeutigkeit verschwindet, wenn die Wellenfunktion für die beiden Koordinatensätze — abgesehen von einem konstanten Phasenfaktor — denselben numerischen Wert besitzt. Man erhält ein konsistentes Schema, wenn man fordert, daß alle Wellenfunktionen dem erweiterten Pauli-Prinzip genügen, d. h., wenn sie antisymmetrisch bezüglich des Austausches aller fünf Koordinaten zweier beliebiger Teilchen sind. In einem Zweiteilchensystem gilt deshalb

$$\varphi(u_1, \tau_1; u_2, \tau_2) = -\varphi(u_2, \tau_2; u_1, \tau_1).$$

In unserem Beispiel besteht das System aus einem Proton und einem Neutron. Deshalb ist entweder das Teilchen 1 ein Proton und das Teilchen 2 ein Neutron ($\tau_1 = 1,\ u_1 = u_p$ und $\tau_2 = -1,\ u_2 = u_n$) oder umgekehrt ($\tau_1 = -1,\ u_1 = u_n$ und $\tau_2 = 1,\ u_2 = u_p$). Die Wellenfunktionen der beiden Fälle sind verknüpft durch die Gleichung

$$\varphi(u_1, +1; u_2, -1) = -\varphi(u_2, -1; u_1, +1) = \psi(u_1, u_2)$$

$$\varphi(u_1, \tau_1; u_2, \tau_2) = 0, \quad \text{wenn } \tau_1 = \tau_2 = \pm 1.$$

Diese Gleichung stellt eine eineindeutige Beziehung zwischen den Wellenfunktionen der beiden Darstellungen her. Zum Abschluß dieser Diskussion soll nachdrücklich betont werden, daß die Methode des Isospins der gewöhnlichen Methode völlig äquivalent ist. Sie ist lediglich eine andere Beschreibungsweise eines Systems, das aus Protonen und Neutronen besteht, und benötigt keine anderen physikalischen Annahmen als jene, daß sowohl Neutronen als auch Protonen der Fermi-Statistik gehorchen.

Heisenbergs Austauschwechselwirkung zwischen einem Nukleonenpaar k und l ist im zweiten Term seiner

HAMILTON-Funktion enthalten und kann als

$$J(r_{kl})\,(P'_c)_{kl}$$

geschrieben werden, wobei $r_{kl} = |\boldsymbol{r}_k - \boldsymbol{r}_l|$ der Abstand zwischen den Nukleonen ist. $J(r_{kl})$ ist die Stärke der Austauschwechselwirkung, und der Operator

$$(P'_c)_{kl} = \frac{1}{2}\left(\tau_k^\xi \tau_l^\xi + \tau_k^\eta \tau_l^\eta\right)$$

ist ein Ladungsaustauschoperator.[1]) Wenn die Nukleonen k und l beide Protonen oder beide Neutronen sind, so ist dieser Operator gleich Null. Wenn eins der Teilchen ein Proton und das andere ein Neutron ist, so vertauscht er ihre Isospinkoordinaten und verwandelt somit das Proton in ein Neutron und umgekehrt, genauer, wenn $\varphi(\ldots, u_k\tau_k, u_l\tau_l, \ldots)$ eine Vielteilchenwellenfunktion in der Isospindarstellung ist, dann kann der Ladungsaustauschoperator durch die Gleichungen

$$(P'_c)_{kl}\,\varphi(\ldots, u_k\tau_k, u_l\tau_l, \ldots) \begin{cases} = 0 \text{ für } \tau_k = \tau_l \\ = \varphi(\ldots, u_k\tau_l, u_l\tau_k, \ldots) \\ \qquad \text{für } \tau_k \neq \tau_l \end{cases}$$

definiert werden.

In seinem Vortrag auf dem Solvay-Kongreß zeigte HEISENBERG, daß seine Ladungsaustauschwechselwirkung einer kombinierten Orts- und Spinaustauschwechselwirkung äquivalent ist. Wir veranschaulichen dies in Abb. 1, wobei ein Punkt ein Proton und ein Kreis ein Neutron darstellt. Die Pfeile zeigen die Spinorientierung der Teilchen an. Abb. 1a stellt ein Proton und ein Neutron mit entgegengesetzten Spins dar.

---

[1]) Die Austauschoperatoren, die in diesem Abschnitt verwendet werden, unterscheiden sich insofern etwas von den allgemein üblichen, als sie bestimmte Koordinaten eines Paares ungleicher Teilchen austauschen und beim Austausch gleicher Teilchen Null ergeben. Wir haben sie mit einem Strich versehen, um sie von den allgemein üblichen zu unterscheiden.

Abb. 1*b* zeigt die Wirkung eines Ladungsaustausches zwischen den beiden Nukleonen, wobei sich das erste Teilchen in ein Neutron und das zweite in ein Proton umwandelt, während die Spinorientierungen unverändert bleiben. Analog zeigt Abb. 1*c* einen Spinaustausch und Abb. 1*d* einen Austausch der räumlichen Koordinaten.

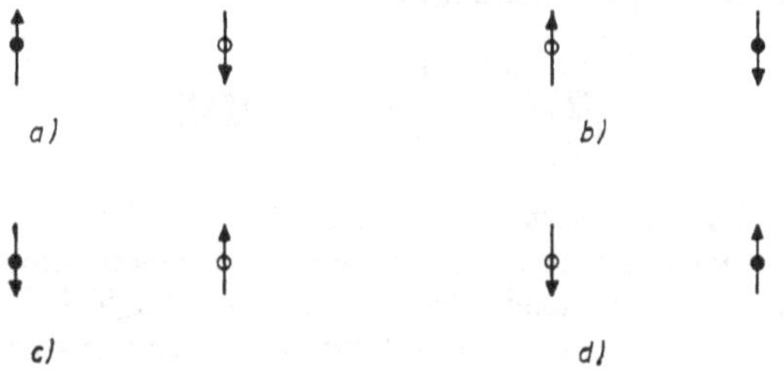

Abb. 1. Illustration der Austauschprozesse
Protonen sind durch Punkte, Neutronen durch Kreise dargestellt, die Pfeile markieren die Spinorientierungen der Teilchen
a) Ausgangszustand: ein Proton und ein Neutron mit entgegengesetzten Spins, *b*) Wirkung des Ladungsaustausches, *c*) des Spinaustausches, *d*) des Ortswechsels

Wir stellen fest, daß jeder beliebige Austauschprozeß durch eine Kombination der beiden anderen erzeugt werden kann. Zum Beispiel ist ein Spinaustausch, gefolgt von einem räumlichen Austausch, einem Ladungsaustausch äquivalent.

Die Äquivalenz des Ladungsaustausches mit einem Spinaustausch, gefolgt von einem räumlichen Austausch, kann analytisch mit dem erweiterten Pauli-Prinzip gezeigt werden. Wenn P'_M und P'_σ die Orts- und Spinaustauschoperatoren für ein Proton-Neutron-Paar sind, dann tauscht der Operator $(P'_M)_{kl}(P'_\sigma)_{kl}$ die Positionen und Spinkoordinaten u_k und u_l der beiden Nukleonen aus. Darum gilt

$$\begin{aligned}(P'_M)_{kl}(P'_\sigma)_{kl}\,\varphi(\ldots\, u_k\tau_k,\, u_l\,\tau_l,\,\ldots) &= \varphi(\ldots,\, u_l\tau_k,\, u_k\tau_l,\,\ldots)\\ &= -\,\varphi(\ldots,\, u_k\tau_l,\, u_l\tau_k,\,\ldots)\\ &= -\,(P'_c)_{kl}\,(\ldots,\, u_k\tau_k,\, u_l\tau_l,\,\ldots).\end{aligned}$$

Der zweite Schritt dieser Ableitung folgt aus dem erweiterten PAULI-Prinzip, welches fordert, daß die Wellenfunktion φ ihr Vorzeichen ändert, wenn alle fünf Koordinaten zweier Teilchen ausgetauscht werden. Der dritte Schritt folgt aus der Definition von P'_c. Die Gleichung gilt, wenn k und l ein Proton-Neutron-Paar darstellen, d. h., wenn $\tau_k \neq \tau_l$ ist. Falls die Nukleonen k und l identisch sind, so sind P'_M, P'_σ und P'_c gleich Null, und die Gleichung ist identisch erfüllt. Somit ist der Ladungsaustauschoperator

$$(P'_c) = -P'_M P'_\sigma .$$

In der obigen Diskussion haben wir den Isospinformalismus benutzt. Orts- und Spinaustauschoperatoren können jedoch im gewöhnlichen Formalismus definiert werden, der Protonen und Neutronen wie unterschiedliche Teilchen behandelt. Da der HEISENBERGsche Ladungsaustauschoperator P'_c dem Operator $-P'_M P'_\sigma$ äquivalent ist, kann die Ladungsaustauschwechselwirkung auch im gewöhnlichen Formalismus beschrieben werden, in dem man die Orts- und Spinaustauschoperatoren benutzt. Alle seine Berechnungen konnte HEISENBERG auch ohne den Isospinformalismus ausführen.

2.3. Wigners Problem

Eine der auffallenden Besonderheiten des Massendefektes leichter Kerne ist die sehr große Bindungsenergie des α-Teilchens (^{4}He). Die Bindungsenergien des Deuterons und des α-Teilchens sind 2,2 MeV bzw. 28 MeV. Somit ist die Bindungsenergie des α-Teilchens etwa 13mal größer als die des Deuterons.

1932 versuchte WIGNER, eine einfache Erklärung dieses experimentellen Fakts zu finden. Indem er ein Potential $V(r)$ zwischen dem Proton und dem Neutron annahm, das von ihrem räumlichen Abstand r abhängt, und die

Kräfte zwischen zwei Neutronen und zwei Protonen vernachlässigte, zeigte er, daß die Bindungsenergie der leichten Kerne mit Hilfe der üblichen quantenmechanischen Methoden abgeschätzt werden kann. Er stellte Berechnungen für das α-Teilchen und das Deuteron an und zeigte, daß die Bindungsenergie des α-Teilchens viel größer als die des Deuterons sein kann, wenn das Potential $V(r)$ eine hinreichend kurze Reichweite besitzt. In seinen Schlußfolgerungen hob WIGNER die physikalischen Ursachen des Effekts (vgl. Teil 2, S. 246) hervor: „Die Differenz der Massendefekte von He und ^{2}H kann auf die große Empfindlichkeit der Gesamtenergie gegenüber einer virtuellen Vergrößerung des Potentials zurückgeführt werden, die dadurch zustandekommt, daß jedes Teilchen im He unter dem Einfluß von zwei anziehenden Teilchen, anstelle von einem im Falle des ^{2}H, steht." Der Grund für diese Empfindlichkeit liegt darin, daß das Deuteron ein sehr schwach gebundenes System bildet, dessen mittlere potentielle Energie fast den gleichen Betrag, jedoch das umgekehrte Vorzeichen wie seine mittlere kinetische Energie besitzt und viel größer als seine Bindungsenergie ist. In einer solchen Situation führt eine verhältnismäßig kleine Veränderung der Stärke der Wechselwirkung zu einer großen relativen Änderung der Bindungsenergie.

WIGNERS Theorie des Massendefektes des Heliums und HEISENBERGS dritter Artikel über die Kernstruktur wurden beide im Dezember 1932 zur Veröffentlichung eingereicht, und weder WIGNER noch HEISENBERG kannten zu diesem Zeitpunkt die Ergebnisse des anderen. In seiner Diskussion über die Bindungsenergien der Atomkerne zeigte HEISENBERG, daß eine Kraft des von WIGNER betrachteten Typs die Sättigungsbedingung nicht erfüllt und deshalb nicht für die Kernbildung verantwortlich sein kann. Die physikalische Idee, die der Erklärung der Stabilität des α-Teilchens zugrunde lag, war jedoch allgemeinerer Art, und die Argumente konnten auf den Beweis desselben Resultates mit ganz anderen Wechselwirkungen ausgedehnt werden, insbesondere auf die von MAJORANA im März 1933 eingeführte Austauschwechselwirkung.

Es ist amüsant, daß die theoretischen Physiker fünf Jahre nach der Veröffentlichung von WIGNERS Argument zu verstehen suchten, warum die Bindungsenergie von ^{4}He nur 28 MeV beträgt und nicht größer ist. WIGNER vernachlässigte die Kräfte zwischen zwei Protonen oder zwei Neutronen, aber 1936 erkannte man, daß sie genau so stark wie die Neutron-Proton-Kräfte sind. Somit hatte man jetzt sechs Bindungen im ^{4}He anstelle von nur vier, die potentielle Energie stieg um den Faktor 3/2 und die Bindungsenergie um einen noch größeren Faktor. Die im Jahre 1939 entdeckten Tensorkräfte trugen mit dazu bei, die theoretische Bindungsenergie von ^{4}He auf den experimentellen Wert zu reduzieren.

2.4. Majoranas Austauschwechselwirkung

HEISENBERG war von einer Analogie ausgegangen, als er versuchte, eine geeignete Wechselwirkung zwischen den Kernteilchen zu finden. Er behandelte das Neutron als ein zusammengesetztes Teilchen und nahm eine Austauschwechselwirkung zwischen dem Proton und dem Neutron an, die der für die molekulare Bindung zwischen H und dem H^+-Ion verantwortlichen ähnlich ist.

MAJORANA stellte die Gültigkeit dieser Analogie in Zweifel und wies darauf hin, daß HEISENBERGS Theorie ohne die ad hoc gemachte Annahme, daß die Kernkräfte für kleine Abstände stark abstoßend werden, die Sättigung der Kernbindungsenergien nicht erklärt. Er zog ein alternatives Herangehen vor: Er versuchte, das einfachste Wechselwirkungsgesetz zwischen den Kernteilchen zu finden, welches die Sättigung lieferte. Am Anfang seiner Arbeit verwarf er den Gedanken, daß die Kräfte bei kleinen Abständen stark abstoßend werden, aus dem

Grund, da „eine solche Lösung des Problems vom ästhetischen Standpunkt aus unbefriedigend ist, denn man muß nicht nur Anziehungskräfte von unbekanntem Ursprung zwischen den Elementarteilchen annehmen, sondern noch, bei kleinem Abstand, Abstoßungskräfte von ungeheurer Größenordnung, die von einem Potential von etwa einigen hundert Millionen Volt abhängen". (Vgl. Teil 2, S. 222.)

In HEISENBERGS Theorie wurde die Stärke der Austauschwechselwirkung $J(r)$ als positiv für alle Werte des Proton-Neutron-Abstandes r angenommen. Das war eine natürliche Annahme, wenn man der Analogie zwischen den Kernkräften und den Molekularkräften folgte. Die Wechselwirkung lieferte jedoch keine Sättigung. MAJORANA gab einen ersten wichtigen Beitrag, als er bemerkte, daß HEISENBERGS Austauschwechselwirkung die Sättigungsbedingung ohne abstoßenden Core befriedigt, wenn man das Vorzeichen der Wechselwirkungskräfte umkehrt, d. h., wenn $J(r) < 0$ für alle r ist.

Im Abschnitt 2.3. dieses Kapitels haben wir gezeigt, daß HEISENBERGS Austauschwechselwirkung zwischen Proton und Neutron

$$V(r) = J(r) P'_M P'_\sigma$$

durch die Orts- und Spinaustauschoperatoren P'_M und P'_σ für das Teilchenpaar ausgedrückt werden kann. Daher wäre die Wechselwirkungsenergie des Proton-Neutron-Paares $J(r) > 0$ (HEISENBERGS Theorie) positiv, wenn die Wellenfunktion symmetrisch gegenüber dem Austausch der Orts- und Spinkoordinaten ist, und negativ, wenn sie antisymmetrisch ist. Der Grundzustand des Kerns wird dann so viele antisymmetrische Proton-Neutron-Paare wie möglich besitzen. Wenn andererseits. wie von MAJORANA vorgeschlagen, $J(r) < 0$ ist, so hat der Grundzustand die größtmögliche Zahl von symmetrischen Proton-Neutron-Paaren. Die Struktur des Grundzustandes eines Kerns wird deshalb in beiden Theorien völlig unterschiedlich sein.

Obwohl diese einfache Modifikation der Theorie von HEISENBERG die Sättigungsbedingung befriedigte, war sie noch verbesserungsbedürftig. MAJORANA wies darauf hin, daß diese Wechselwirkung die große Bindungsenergie des α-Teilchens nicht erklären konnte. Die Wechselwirkung $J(r) P'_M P'_\sigma$ mit $J(r) < 0$ ist anziehend, wenn die Wellenfunktion eines Proton-Neutron-Paares vollständig symmetrisch bezüglich des Austausches der Orts- und Spinkoordinaten ist. Die Orbitalfunktion des Deuterons ist mit großer Sicherheit ein S-Zustand und daher symmetrisch. Daraus folgt, daß die Spinwellenfunktion ebenfalls symmetrisch und der Spin des Grundzustandes $S = 1$ sein muß. (Das stimmt mit den Meßergebnissen überein, aber diese Experimente waren noch nicht durchgeführt, als MAJORANA seinen Artikel schrieb.) MAJORANA zeigte, daß es vernünftig ist, anzunehmen, daß der Grundzustand des α-Teilchens völlig symmetrisch in den Ortskoordinaten aller Protonen und Neutronen ist. HEISENBERGS Wechselwirkung mit $J(r) < 0$ lieferte dann eine Anziehung zwischen Neutronen und Protonen mit parallelen Spins und keine resultierende Kraft zwischen solchen mit entgegengesetzten Spins. Es gab somit im α-Teilchen nur zwei anziehende Bindungen, und seine mittlere potentielle Energie mußte dann gerade das doppelte der potentiellen Energie des Deuteron betragen. Andererseits sollte die mittlere kinetische Energie merklich größer als der doppelte Betrag der mittleren kinetischen Energie des Deuterons sein, da vier Nukleonen in einem Gebiet gebunden sind, welches etwa dieselbe Größe wie das Deuteron besitzt. So schien es wahrscheinlich, daß die Bindungsenergie des α-Teilchens kleiner als das doppelte der Bindungsenergie des Deuterons sein sollte und daß das α-Teilchen instabil gegenüber dem Zerfall in zwei Deuteronen sein müßte. In jedem Fall wäre die Bindungsenergie klein, was im Widerspruch zu den experimentellen Ergebnissen stand.

Dieser Widerspruch veranlaßte MAJORANA, eine räumliche Austauschwechselwirkung

$$V(r) = -J(r)P'_M$$

mit der Stärke $J(r) > 0$ zu betrachten, die in symmetrischen Orbitalzuständen anziehend und in antisymmetrischen abstoßend ist. Bei diesem Ansatz wechselwirkt jedes Proton im α-Teilchen mit beiden Neutronen anstatt mit nur einem, und umgekehrt. Somit gibt es vier anziehende Bindungen anstelle von nur zwei. Das ist gerade die physikalische Forderung für die Gültigkeit der Wignerschen Theorie, und die Stabilität des α-Teilchens konnte erklärt werden.

Majoranas Theorie war ästhetisch so befriedigend, daß sie sofort akzeptiert wurde. Heisenberg verwarf seine Kraft mit einem „abstoßenden Core“, und sie wurde für etwa 20 Jahre vergessen. Im Jahre 1952 konnten einige Eigenschaften der hochenergetischen Proton-Proton-Streuung nicht durch rein anziehende Kräfte erklärt werden, und Heisenbergs Idee gewann wieder an Aktualität. Man ist sich heute allgemein darüber einig, daß sich zwei Nukleonen stark abstoßen, wenn sie sich nahe beieinander befinden.

Kapitel III

Das Zweikörperproblem

Die ersten theoretischen Untersuchungen der Kernstruktur, die in Kap. II beschrieben wurden, erklärten wesentliche qualitative Züge der Kernkräfte. Berechnungen der Bindungsenergie und Größe der Kerne durch Heisenberg und Fermi (1933) lieferten Abschätzungen für die Stärke und Reichweite der Wechselwirkung zwischen den Nukleonen. Wegen der ungenügenden Genauigkeit der Methoden zur Berechnung der nuklearen Energien war es jedoch nicht möglich, zuverlässige quantitative Informationen zu erhalten. Seit dieser Zeit wurde nahezu unsere gesamte detaillierte Kenntnis der Kernkräfte aus dem Studium des Zweikörperproblems, d. h. aus den Eigenschaften des Deuterons und den Proton-Proton- oder Neutron-Proton-Streuexperimenten gewonnen.

In den Jahren 1932 und 1933 schrieb WIGNER zwei grundlegende Arbeiten über das Deuteron und die Streuung von Neutronen an Protonen. Wir diskutierten seine Untersuchung „Über den Massendefekt des Heliums" in Kap. II. In der gleichen Veröffentlichung betrachtete er jedoch ausführlich Eigenschaften des Deuterons. In einer anderen Publikation zeigte er, daß der Wirkungsquerschnitt für die Streuung von Neutronen an Protonen aus der Bindungsenergie des Deuterons vorausgesagt werden kann. Diese beiden Originalarbeiten sind im zweiten Teil dieses Buches wiedergegeben.

3.1. Bindungsenergie und Größe des Deuterons

WIGNERS Arbeit über den Massendefekt des Heliums begann mit einer Untersuchung des Deuterons. Er stellte die Neutron-Proton-Wechselwirkung durch ein Potential $V(r)$ dar, das nur vom Abstand r zwischen den beiden Teilchen abhängt. Die aus diesem Potential abgeleitete Kraft war für alle Werte von r anziehend und stark genug, um zu gewährleisten, daß das Deuteron gerade einen gebundenen Zustand mit der beobachteten Bindungsenergie besaß. WIGNER benutzte das ECKART-Potential (1930), für das die SCHRÖDINGER-Gleichung einfache analytische Lösungen hat. Er zog jedoch den Schluß, daß die von ihm hergeleiteten Ergebnisse unempfindlich in bezug auf die detaillierte Form der Potentialfunktion $V(r)$ waren, vorausgesetzt, daß diese die gleichen charakteristischen Eigenschaften wie das ECKART-Potential besitzt.

Wigner zeigte, daß die Bindungsenergie des Deuterons einen Zusammenhang zwischen der Reichweite und der Tiefe von $V(r)$ herstellt. Verringert man die Reichweite des Potentials, so kann man durch Vergrößerung seiner Tiefe die Bindungsenergie konstant halten. Ein Diagramm in Abb. 2 von Wigners Arbeit (s. Teil 2, S. 238) veranschaulicht die Art, wie man die Potentialtiefe variieren muß, um bei einer Änderung der Reichweite die gleiche Deuteronbindungsenergie zu erhalten. Andererseits ist die Größe des Deuterons ziemlich unempfindlich gegenüber der Reichweite der Neutron-Proton-Wechselwirkung und nähert sich einem konstanten Wert, der bei einer Wechselwirkung kurzer Reichweite vollständig durch die Deuteronbindungsenergie bestimmt wird.

Benutzt man zur Berechnung der Bindungsenergie des ^{4}He als Funktion der Reichweite der Wechselwirkung eine Anzahl von Potentialen mit unterschiedlichen Reichweiten und Stärken, die so gewählt sind, daß sich die korrekte Deuteronbindungsenergie ergibt, so findet man, daß die ^{4}He-Bindungsenergie mit abnehmender Reichweite wächst und für eine Wechselwirkung genügend kurzer Reichweite beliebig groß gemacht werden kann. Wigner hat dieses Resultat abgeleitet (s. Teil 2, S. 232) und gezeigt, daß sein Modell die im Vergleich zum Deuteron (2,2 MeV) sehr große Bindungsenergie des ^{4}He (28,1 MeV) erklären kann, wenn die Reichweite der Neutron-Proton-Wechselwirkung genügend klein (noch merklich kleiner als die Abmessungen des Deuterons) ist.

Obwohl Wigner vermutete, daß die Eigenschaften des Neutron-Proton-Systems bei niedrigen Energien unempfindlich gegenüber der Form des Wechselwirkungspotentials sind, und er seine Vermutung durch ein Beispiel bekräftigte, dauerte es doch bis zum Jahre 1947, ehe diese Idee in der Theorie der effektiven Reichweite durch Schwinger (1947), Bethe (1949) sowie Blatt und Jackson (1949) klar formuliert wurde. Die Theorie der effektiven Reichweite wird im Abschnitt 2.3. dieses Kapitels diskutiert; hier beschäftigen wir uns mit einigen

Ergebnissen von WIGNER, die unter der Voraussetzung, daß das Deuteron ein „schwach gebundenes" System ist, von der Form der Potentialfunktion unabhängig sind.

Um einen schwach gebundenen Zustand zu definieren, betrachten wir eine Schar anziehender Potentiale $V(r) = -Uf(r)$. Bei fixierter Radialabhängigkeit $f(r)$ wird die Stärke des Potentials durch die Zahl U bestimmt. Wenn U positiv und klein genug ist, so hat das Neutron-Proton-System keinen gebundenen Zustand. Mit wachsendem U wird ein gebundener Zustand auftreten, sobald U einen kritischen Wert U_0 überschreitet. Es ist zweckmäßig, die Stärke des Potentials durch einen dimensionslosen Parameter $s = U/U_0$ zu charakterisieren. Für $s < 1$ gibt es keinen gebundenen Zustand, für $s > 1$ mindestens einen. Wir finden einen „schwach gebundenen" Zustand, wenn U gerade größer als U_0 (s etwas größer als 1) ist.

Wir nehmen nun an, daß das Potential $V(r)$ eine endliche Reichweite besitzt, d. h., daß es für Entfernungen, die einen gewissen Abstand b überschreiten, vernachlässigbar ist. Wenn nur ein gebundener Zustand vorkommt, so muß dieser ein S-Zustand mit dem Bahndrehimpuls Null sein. Die Wellenfunktion $u(r)$ genügt der SCHRÖDINGER-Gleichung

$$-\frac{\hbar^2}{M}\frac{d^2u}{dr^2} + V(r)u = -\varepsilon u \tag{3.1}$$

mit den Randbedingungen

$$u(0) = 0, \quad u(\infty) = 0,$$

M bezeichnet die Nukleonenmasse (die für Neutron und Proton als gleich angenommen wird), ε die Bindungsenergie des Deuterons. Für $r > b$ ist $V(r)$ zu vernachlässigen, und

$$u(r) = A\,e^{-\gamma r} \tag{3.2}$$

mit $\hbar^2\gamma^2/M = \varepsilon$ oder $\gamma = (M\varepsilon)^{1/2}/\hbar$. Die Größe γ^{-1} besitzt die Dimension einer Länge und hat für das Deuteron den Wert $\gamma^{-1} = 4{,}33$ fm (1 fm $= 10^{-13}$ cm). Wenn dieser Zustand schwach gebunden ist, d. h., wenn s genügend nahe bei 1 liegt, so ist γ sehr klein $(\gamma b \ll 1)$.

Der mittlere quadratische Radius des gebundenen Zustandes ist durch

$$\langle r^2 \rangle = \frac{\int\limits_0^\infty r^2 u(r)^2 \, \mathrm{d}r}{\int\limits_0^\infty u^2 \, \mathrm{d}r} \tag{3.3}$$

gegeben. Für $\gamma b \ll 1$ liefert der Bereich $r > b$ den Hauptbeitrag zu den Integralen in (3.3), und für deren Berechnung kann man die Wellenfunktion durch ihre asymptotische Form $u(r) = A\,\mathrm{e}^{-\gamma r}$ ersetzen. Der relative Fehler ist dabei von der Größenordnung γb. In dieser Näherung ist $\langle r^2 \rangle \approx {}^1/_2\gamma^{-2} \gg b^2$, mit anderen

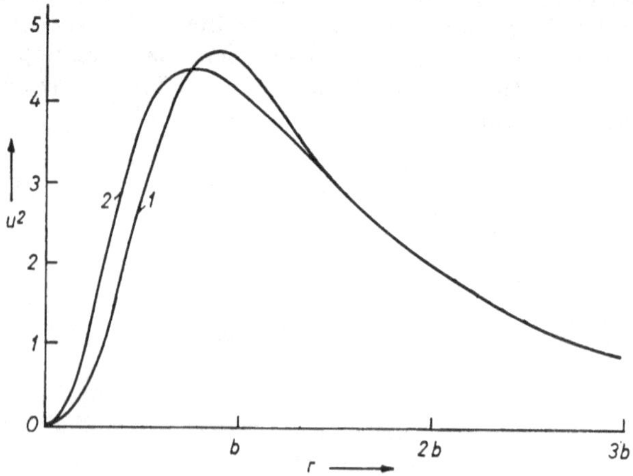

Abb. 2a. Quadrat der Deuteronwellenfunktion $u^2(r)$, berechnet mit
1 einem Kastenpotential der Reichweite b;
2 dem ECKART-Potential mit dem Reichweiteparameter $\varrho = b/4$.

Worten, die „Größe" eines schwach gebundenen Zustandes wird durch seine Bindungsenergie bestimmt und ist groß gegen die Reichweite der Wechselwirkung, die zum gebundenen Zustand führt. Man kann dieses Resultat auch aus einer anderen Sicht betrachten: Da der Hauptbeitrag zum Normierungsintegral $\int u^2 \, dr$ in (3.3)

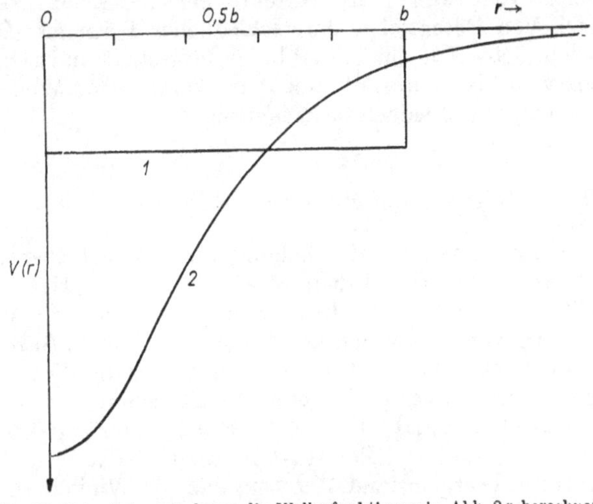

Abb. 2*b*. Potentiale, mit denen die Wellenfunktionen in Abb. 2*a* berechnet wurden

1 Kastenpotential; *2* ECKART-Potential

von dem Gebiet $r > b$ herrührt, ist die Chance, das Proton und Neutron außerhalb der Reichweite ihrer Wechselwirkung anzutreffen, sehr groß.

Der tatsächliche Wert von γb für das Deuteron ist etwa 1/3, und die Wahrscheinlichkeit dafür, Proton und Neutron außerhalb der Wechselwirkungsreichweite anzutreffen, beträgt etwa 3/4. Das Deuteron ist schwach, aber nicht sehr schwach gebunden. Abb. 2*a* zeigt das Quadrat der Deuteronwellenfunktion $u^2(r)$ für zwei verschiedene Potentiale. Die Kurve *1* wurde mit einem Kastenpotential $V(r) = -V_0$, $r < b$ und $V(r) = 0$,

$r > b$ berechnet, dessen Reichweite so gewählt wurde, daß $\gamma b = 1/3$ ist. Kurve *2* wurde mit dem ECKART-Potential berechnet, dessen Reichweite ϱ mit der des Kastenpotentials durch $4\varrho = b$ verknüpft ist. Diese beiden Potentiale besitzen die gleiche „innere Reichweite". BLATT und JACKSON (1950) haben gezeigt, daß die „innere Reichweite" der korrekte Parameter zum Vergleich von Potentialen unterschiedlicher Form ist. Die beiden Potentiale sind in Abb. 2*b* dargestellt und sehen ganz verschieden aus, die mit ihnen berechneten Wellenfunktionen sind jedoch fast identisch.

3.2. *Streuung von Neutronen an Protonen*

Kurz nach der Veröffentlichung seiner Arbeit über die Deuteronbindung und den Massendefekt des Heliums stellte WIGNER eine theoretische Untersuchung der Streuung von Neutronen an Protonen (s. Teil 2, S. 247) an. Er machte die gleichen Annahmen über die Wechselwirkung wie in seiner früheren Arbeit, benutzte jedoch ein Kastenpotential $V(r) = 0$, $r > b$; $V(r) = -V_0$, $r < b$ anstelle des ECKART-Potentials.[1]) Für niedrige Neutronenenergien fand WIGNER, daß die Winkelverteilung der gestreuten Neutronen im Schwerpunktsystem isotrop sein sollte. Die Winkelverteilung ist näherungsweise gegeben durch (s. Teil 2, S. 252, Gleichung (6*a*))

$$W(\Theta) = (1 + \gamma b + 0{,}4\, k^2 b^2 \cos\Theta)$$
$$= \left(1 + \gamma b + 0{,}2\,\frac{E}{\varepsilon}\,(\gamma b)^2 \cos\Theta\right). \quad (3.4)$$

Hierbei ist $E = 2\hbar^2 k^2/M$ die im Laborsystem gemessene Energie des Neutrons und ε die Deuteronbindungsenergie. Die Untersuchung des Heliums zeigte, daß das Deuteron

[1]) WIGNER bezeichnete die Reichweite der Kernkraft in seiner Arbeit durch a. Wir ziehen es vor, dafür b zu benutzen, da a die übliche Bezeichnung für die „Streulänge" ist (siehe Kap. III, Abschnitt 3.3.).

schwach gebunden ist ($\gamma b \ll 1$). Daher sollte der zu $\cos\Theta$ proportionale Term vernachlässigbar sein, außer wenn $E \gg \varepsilon$ ist. Andererseits gaben die Experimente von MEITNER und PHILIPPS keinerlei Hinweise auf einen $\cos\Theta$-Term in der Winkelverteilung und bestätigten damit die Schlußfolgerung der Arbeit über das Helium, daß das Wechselwirkungspotential eine kurze Reichweite hat.

WIGNERS Näherungsformel für den Wirkungsquerschnitt läßt sich wie folgt schreiben:

$$\sigma = 4\pi \frac{1 + \gamma b}{\gamma^2 + k^2}. \tag{3.5}$$

(Diese Formel erhält man aus WIGNERS Gleichung (7) durch eine Transformation der Variablen $\varepsilon, E \to \gamma, k$.)

Für $\gamma b \ll 1$ sollte der Gesamtquerschnitt für die Streuung niederenergetischer Neutronen durch γ bestimmt sein, d. h. durch die Deuteronbindungsenergie und nicht durch die Reichweite der Kräfte. Eine Messung des Wirkungsquerschnittes könnte WIGNERS Theorie testen. Wenn sie sich als richtig erweisen sollte, so könnten sehr genaue Messungen die Größe γb und damit die Reichweite der Kräfte bestimmen.

Der experimentelle Wert der Deuteronbindungsenergie ist $\varepsilon = 2{,}2$ MeV, und der Grenzwert des Wirkungsquerschnittes für langsame Neutronen ist nach Formel (3.5) (bei Vernachlässigung des Terms γb im Zähler)

$$\sigma_{\text{th}} = 2{,}3 \cdot 10^{-24}\ \text{cm}^2.$$

Der gemessene Wert $\sigma_0 = 20{,}36 \cdot 10^{-24}$ cm^2 weicht von dem theoretischen Querschnitt um eine Größenordnung ab. Die damaligen Experimente waren nicht sehr genau, aber die Differenz zwischen den theoretischen und den experimentellen Werten war so groß, daß man sie sofort bemerkte. (Die ersten Messungen von DUNNING et al. (1935) und von BJERGE und WESTCOTT (1935) ergaben einen Wert von etwa $30 \cdot 10^{-24}$ cm^2.)

Dieses auffällige Versagen der theoretischen Voraussage führte zur Entdeckung eines neuen physikalischen Effekts. WIGNER erkannte die Ursache dieses Widerspruchs.[1]) Er hatte angenommen, daß die Kraft zwischen Neutron und Proton unabhängig von der relativen Orientierung ihrer Spins ist. Das Experiment zeigte, daß dies nicht der Fall sein konnte. Die Entwicklung dieser Idee wird im Abschnitt 3.5. von Kap. III verfolgt.

3.3. Streulänge und effektive Reichweite

In diesem Abschnitt geben wir einen kurzen Bericht über die moderne Theorie der niederenergetischen Neutron-Proton-Streuung. Zwischen 1947 und 1950 wurde von SCHWINGER (1947), BETHE (1949), BLATT und JACKSON (1949) und anderen eine systematische theoretische Beschreibung der niederenergetischen Streuung entwickelt, die als Theorie der effektiven Reichweite bezeichnet wird. Diese Theorie zeigt, daß die Streuung eines Teilchens an einem anderen bei niedrigen Energien durch zwei Parameter charakterisiert wird: die *Streulänge* und die *effektive Reichweite*. Ein beliebiges Potential, dessen Stärke und Reichweite so gewählt werden, daß es die beobachteten Werte der Streulänge und der effektiven Reichweite reproduziert, wird die Experimente ebenso gut wiedergeben wie irgendein anderes. In diesem Sinne können die niederenergetischen Streudaten zwar die Stärke und die Reichweite des Neutron-Proton-Wechselwirkungspotentials festlegen, nicht aber seine Form bestimmen.

Der Begriff Streulänge wurde zuerst von FERMI (1934) eingeführt und in seinen Untersuchungen der Streuung langsamer Neutronen an Kernen benutzt.

---

[1]) WIGNERS Beitrag blieb unveröffentlicht, er wird jedoch in der Übersichtsarbeit von BETHE und BACHER, Rev. Mod. Phys. 8 (1937) 117 und in der Arbeit von BREIT, CONDON und PRESENT, Phys. Rev. 50 (1936) 825 über Proton-Proton-Streuung zitiert.

Um die Streulänge und die effektive Reichweite zu definieren, fassen wir zunächst einige Ergebnisse der Partialwellenmethode in der Streutheorie zusammen. Ein Teilchen mit der Masse m, der Energie E und der Wellenzahl $k = (2mE)^{1/2}/\hbar$, das sich parallel zur z-Achse bewegt, werde durch einen fixierten Streukörper beeinflußt. Das Teilchen und der Streukörper wechselwirken über ein Potential $V(r)$. Die zur Beschreibung der Streuung des Teilchens geeignete Wellenfunktion hat die asymptotische Form

$$\psi \simeq e^{ikz} + f(\Theta) \frac{e^{ikr}}{r} \quad \text{für große } r. \tag{3.6}$$

Der Term e^{ikz} dieses Ausdruckes beschreibt die Welle des einfallenden Teilchens. Der Term, der die Streuamplitude $f(\Theta)$ enthält, beschreibt die gestreute Welle. Der differentielle Wirkungsquerschnitt $d\sigma/d\Omega$ ist mit der Streuamplitude durch

$$\frac{d\sigma}{d\Omega} = |f(\Theta)|^2 \tag{3.7}$$

verknüpft.

Bei einem kugelsymmetrischen Potential wird die Streuamplitude durch Streuphasen δ_l der verschiedenen Drehimpulszustände bestimmt:

$$f(\Theta) = \frac{1}{k} \sum_l (2l + 1) \sin \delta_l \, e^{i\delta_l} P_l (\cos \Theta). \tag{3.8}$$

Die Streuphase δ_l ist durch die asymptotische Form der Radialwellenfunktion der l-ten Partialwelle

$$u_l(r) \sim A_l \sin\left(kr + \delta_l - \frac{l\pi}{2}\right) \quad \text{für } r \to \infty \tag{3.9}$$

definiert. Diese wiederum erhält man durch Lösen der SCHRÖDINGER-Gleichung.

Für kleine k gilt $\delta_l \sim k^{2l+1}$, so daß bei sehr niedrigen Energien nur der Term mit $l = 0$ in der Gleichung (3.8) zur Streuung beiträgt; nur S-Wellenstreuung ist wesentlich. Die Radialwellenfunktion u_0 genügt der Gleichung

$$\frac{d^2 u_0}{d r^2} + k^2 u_0 = V u_0 \qquad (3.10)$$

mit der Randbedingung $u(0) = 0$. Wir nehmen an, daß das Potential $V(r)$ für $r > b$ vernachlässigt werden kann und studieren die Lösungen für sehr kleine Werte von k $(kb \ll 1)$. Dabei benutzen wir den Umstand, daß die Form der Wellenfunktion für $r < k^{-1}$ nahezu unabhängig von k ist. Wir betrachten zuerst die Lösung

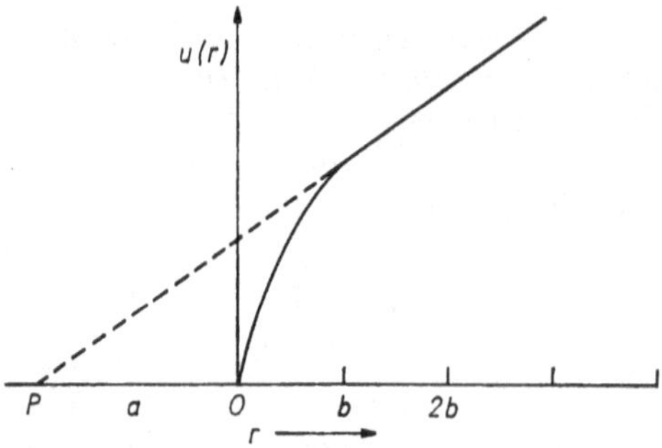

Abb. 3. Darstellung einer Streuwellenfunktion $u_S(r)$ bei der Energie Null, zur Illustration der Definition der Streulänge
Die Streulänge a ist in diesem Beispiel negativ

für $k = 0$ (siehe Abb. 3). Für $r > b$ reduziert sich die Gleichung auf $d^2 u_0/d r^2 = 0$ mit der Lösung

$$u_0(r) = c\left(1 - \frac{r}{a}\right) \text{ für } r > b. \qquad (3.11)$$

Die Konstante a ist durch den Schnittpunkt P des linearen Teils der Wellenfunktion mit der r-Achse bestimmt. Ihr Wert hängt von der Wellenfunktion $u(r)$ im Bereich $0 < r < b$ ab und kann für ein gegebenes Potential durch Lösen der SCHRÖDINGER-Gleichung (3.10) mit $k = 0$ berechnet werden. Dieser Parameter wird Streulänge genannt, und wir werden zeigen, daß er den Grenzwert des Wirkungsquerschnittes bei kleinen Energien bestimmt. Die Lösung von Gleichung (3.10) für $k \neq 0$ und $r > b$ ist

$$u_0(r) = A_0 \sin(kr + \delta_0) = c' \frac{\sin(kr + \delta_0)}{\sin \delta_0},$$

wobei die Normierung so gewählt wurde, daß der Vergleich mit Gleichung (3.11) erleichtert wird. Für $kb \ll 1$ kann man die Sinusfunktion für Werte von r im Bereich $b < r \ll k^{-1}$ entwickeln:

$$u_0(r) \approx c'(1 + kr \cot \delta_0). \tag{3.12}$$

Die Gleichungen (3.11) und (3.12) sind verträglich, wenn

$$k \cot \delta_0 \approx -\frac{1}{a} \tag{3.13}$$

für kleine Werte von k ist. Folglich gilt

$$k^{-1} \tan \delta_0 \approx k^{-1} \sin \delta_0 \approx k^{-1} \delta_0 \approx -a \tag{3.14}$$

für genügend kleine k. Die Näherung (3.13) gilt für $kb \ll 1$, und (3.14) gilt, wenn $kb \ll 1$ und $ka \ll 1$ sind.

Wir betrachten nun das Verhalten der Streuamplitude und des Wirkungsquerschnittes im Grenzfall verschwindender Energie. Aus den Gleichungen (3.8) und (3.14) folgt

$$f(\Theta) \approx \frac{1}{k} \sin \delta_0 \approx -a. \tag{3.15}$$

Bei sehr niedrigen Energien wird die Streuamplitude daher unabhängig vom Winkel und betragsgleich mit der Streulänge. Gleichung (3.7) zeigt, daß der Gesamtquerschnitt in diesem Grenzfall

$$\sigma = 4\pi a^2 \tag{3.16}$$

beträgt. Der Grenzwert des Gesamtquerschnittes mißt somit den Betrag der Streulänge.

Wenn das Potential $V(r)$ einen gebundenen Zustand hat, so ist dessen Wellenfunktion $u_0(r) \approx A\,\mathrm{e}^{-\gamma r}$ für $r > b$, wobei sich γ aus der Bindungsenergie ε bestimmt $(\gamma = (2m\varepsilon)^{1/2}/\hbar)$. Ferner kann man für $\gamma b \ll 1$ die Exponentialfunktion in eine Potenzreihe nach r entwickeln und erhält

$$u_0(r) \approx A(1 - \gamma r) \tag{3.17}$$

für $b < r \ll \gamma^{-1}$. Durch Vergleich von (3.17) und (3.11) finden wir

$$a \approx \gamma^{-1}. \tag{3.18}$$

Dieses Resultat gilt näherungsweise, und die Korrekturen dazu sind von der Größenordnung γb. Gleichung (3.18) besagt, daß $a > 0$ ist, wenn das Potential einen schwach gebundenen Zustand besitzt. Wenn $a < 0$ ist, spricht man von einem *virtuellen Zustand* des Potentials.

Es ist interessant, Gleichung (3.18) mit WIGNERS Ergebnissen für die Streuung an einem Kastenpotential (s. Abschnitt 2.2.) zu verknüpfen. Durch Vergleich von (3.16) und (3.5) für $E \to 0$ erhält man

$$\begin{aligned} a &= \gamma^{-1}(1 + \gamma b)^{1/2} \\ &\approx \gamma^{-1}\left(1 + \frac{1}{2}\,\gamma b\right). \end{aligned} \tag{3.19}$$

Somit gibt WIGNERS Rechnung die erste Korrektur zu Gleichung (3.18). Gleichung (3.19) zeigt, daß genaue experimentelle Werte für a und ε die Reichweite der Wechselwirkung bestimmen können. In der Theorie der effektiven Reichweite werden zu (3.19) äquivalente Beziehungen, jedoch ohne Einschränkungen hinsichtlich der Form des Potentials, abgeleitet.

Wenn die Inzidenzenergie in einem Streuexperiment nicht zu hoch ist, wird die Streuamplitude hauptsächlich durch die Streuphase der S-Welle δ_0 bestimmt. SCHWINGER hat bewiesen[1]), daß

$$k \cot \delta_0 = -\frac{1}{a} + \frac{1}{2}\,\varrho(E)\,k^2, \tag{3.20}$$

$$k \cot \delta_0 \simeq -\frac{1}{a} + \frac{1}{2}\,r_0 k^2 \tag{3.21}$$

ist, wobei k die Wellenzahl und a die Streulänge ist. Die Größe $\varrho(E)$ hat die Dimension einer Länge und ist im allgemeinen eine so schwach variierende Funktion der Energie E, daß man sie über einen weiten Energiebereich durch eine Konstante r_0 ersetzen kann, die als effektive Reichweite bezeichnet wird. Gleichung (3.21) ist eine gute Näherung für die Neutron-Proton-Streuung bei Energien bis zu etwa 20 MeV. Aus Streuungsmessungen bei mehreren Energien können a und r_0 bestimmt werden.

Die Formel für die effektive Reichweite läßt sich auch auf den Fall eines gebundenen Zustandes erweitern und liefert eine Relation zwischen a, r_0 und γ:

$$\gamma \simeq \frac{1}{a} + \frac{1}{2}\,r_0\gamma^2. \tag{3.22}$$

Diese Gleichung ist die Verallgemeinerung der Beziehung (3.19), die in WIGNERS Arbeit für ein Kastenpotential abgeleitet wurde. Der Vergleich von (3.22) mit (3.19) für kleine Werte von r_0 zeigt, daß die effektive Reichweite r_0 eines Kastenpotentials mit seiner tatsächlichen Reichweite b fast übereinstimmt.

Die Theorie der effektiven Reichweite ist sehr allgemein; sie gilt selbst dann, wenn die Neutron-Proton-Wechselwirkung überhaupt nicht durch ein Potential dargestellt werden kann. Die einzige Einschränkung für ihre Anwendbarkeit besteht darin, daß die Wechsel-

---

[1]) Wir geben keinen Beweis der Gleichungen für die effektive Reichweite, da deren Ableitung in vielen Lehrbüchern zu finden ist. Die meisten Ableitungen benutzen eine von BETHE (1949) stammende Methode.

wirkung eine sinnvoll kurze Reichweite haben sollte. Bei Vorhandensein von COULOMB-Kräften ist die Theorie nur in modifizierter Form gültig.

3.4. Spinabhängigkeit der Neutron-Proton-Kraft

In Abschnitt 3.2. dieses Kapitels haben wir gesehen, daß WIGNERS Voraussage für den Wirkungsquerschnitt der Streuung von Neutronen an Protonen von dem experimentellen Wert um eine Größenordnung abwich, was darauf hindeutete, daß die Neutron-Proton-Kräfte spinabhängig sind. Da Proton und Neutron jeweils den Spin 1/2 besitzen, kann ihr Gesamtspin entweder $S = 0$ (Singulettzustände) oder $S = 1$ (Triplettzustände) betragen. Bei der niederenergetischen Streuung sind nur S-Wellen wesentlich; somit ist der Bahndrehimpuls L gleich Null, und der Spin S ist gleich dem Gesamtdrehimpuls J. Der Gesamtdrehimpuls ist eine Erhaltungsgröße, folglich bleibt auch der Spin erhalten, und man kann die Streuung in den Singulett- und Triplettzuständen unabhängig voneinander nach der Theorie der effektiven Reichweite behandeln. Die niederenergetische Streuung ist durch die Singulett- und Triplettstreulängen a_s und a_t und die entsprechenden effektiven Reichweiten r_{0s} und r_{0t} bestimmt. Wenn sowohl Neutronen als auch Protonen unpolarisiert sind, dann gibt es vier gleichwahrscheinliche Spinzustände. Drei davon sind Triplettzustände, und einer ist ein Singulettzustand. Daher treten die Triplett- und Singulettzustände bei der Streuung mit den Wahrscheinlichkeiten 3/4 bzw. 1/4 auf. Der Gesamtquerschnitt bei der Energie Null ist deshalb

$$\sigma_0 = \frac{3}{4}\,\sigma_t + \frac{1}{4}\,\sigma_s = \pi(3a_t^2 + a_s^2). \qquad (3.23)$$

Eine Messung des Spins des Deuteron-Grundzustandes von MURPHY (1934) ergab den Wert $I = 1$. Somit bestimmt die Bindungsenergie des Deuterons die Triplettstreulänge näherungsweise durch Gleichung (3.18) und den Triplett-Wirkungsquerschnitt σ_t gemäß Gleichung (3.16). Wir haben die Größe σ_t in Abschnitt 2.2. abgeschätzt und gefunden, daß sie viel kleiner als der experimentelle Querschnitt ist. Dieses Ergebnis ist mit Gleichung (3.23) verträglich unter der Voraussetzung, daß $\sigma_s \gg \sigma_t$ oder $|a_s| \gg |a_t|$ gilt. Wir können sogar den Betrag von a_s aus dem gemessenen Querschnitt σ_0 abschätzen, aber nicht sein Vorzeichen festlegen. Für $a_s > 0$ würde ein gebundener Singulettzustand des Deuterons mit einer Bindungsenergie von etwa 75 keV existieren. Für $a_s < 0$ würde es einen virtuellen Zustand geben. In beiden Fällen schlußfolgern wir, daß die Neutron-Proton-Wechselwirkung im Singulettzustand schwächer als im Triplettzustand ist. WIGNER hat diesen Umstand bereits 1935 erkannt. Eine Frage blieb jedoch noch offen: Ist der Singulettzustand des Deuterons gebunden oder virtuell?

Der erste Weg zur Lösung dieses Problems wurde von FERMI (1936) vorgeschlagen. Wenn sich ein thermisches Neutron durch eine wasserstoffhaltige Substanz bewegt, so kann es von einem Wasserstoffkern eingefangen werden und mit diesem unter Aussendung eines γ-Quants einen Deuteronkern bilden. FERMI und AMALDI hatten die mittlere Lebensdauer des Neutrons bezüglich des Einfangs durch Wasserstoff in Paraffin gemessen und dafür den Wert $\tau = 1{,}7 \cdot 10^{-4}$ s erhalten. Der wahrscheinlichste Einfangprozeß verläuft unter Emission magnetischer Dipol-γ-Strahlung, die von einem Übergang des Neutrons aus einem $^1S_0$-Singulettstreuzustand in den $^3S_1$-Triplettzustand, den Grundzustand des Deuterons, begleitet wird. FERMI berechnete den Wirkungsquerschnitt für diesen Prozeß und fand, daß dieser den Faktor

$$M^2 = |\int u_s(r) u_0(r)\, \mathrm{d}r|^2,$$

das Quadrat des Überlappungsintegrals zwischen den Wellenfunktionen des Anfangszustandes $u_s(r)$ und des Deuterongrundzustandes $u_0(r)$, enthielt.

Die beiden möglichen Streuwellenfunktionen ($a_s > 0$ oder $a_s < 0$) sowie die Wellenfunktion des Deuterongrundzustandes sind in Abb. 4 skizziert. Die Überlappung ist merklich größer für $a_s < 0$, d. h. für einen virtuellen $^1S_0$-Zustand. Wenn die meisten Beiträge zum Über-

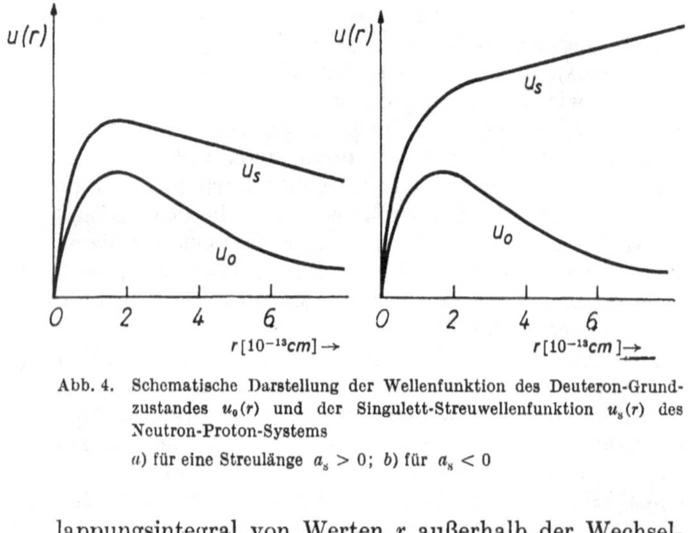

Abb. 4. Schematische Darstellung der Wellenfunktion des Deuteron-Grundzustandes $u_0(r)$ und der Singulett-Streuwellenfunktion $u_s(r)$ des Neutron-Proton-Systems
a) für eine Streulänge $a_s > 0$; *b*) für $a_s < 0$

lappungsintegral von Werten r außerhalb der Wechselwirkungsreichweite herkommen, so ist M^2 proportional zu $(a_s - a_t)^2$. FERMI berechnete die Lebensdauer des Neutrons bezüglich des Einfangs in Paraffin aus den verfügbaren Daten und fand

$$\tau = 6{,}5 \cdot 10^{-4}\,\mathrm{s} \text{ für } a_s > 0 \text{ (gebundener } ^1S_0\text{-Zustand)}$$

und

$$\tau = 2{,}6 \cdot 10^{-4}\,\mathrm{s} \quad \text{für} \quad a_s < 0 \quad \text{(virtueller } ^1S_0\text{-Zustand).}$$

Aus dem Vergleich dieser Ergebnisse mit dem experimentellen Wert zog er den Schluß, daß der $^1S_0$-Zustand virtuell ist ($a_s < 0$).

Eine andere, von der vorigen gänzlich verschiedene Methode, die von SCHWINGER und TELLER (1937) vorgeschlagen wurde, benutzt die kohärente Streuung thermischer Neutronen an Wasserstoffmolekülen. Diese Methode war empfindlicher als FERMIS Methode und erlaubte, a_s und a_t gleichzeitig aus Streuexperimenten zu bestimmen, ohne die Deuteronbindungsenergie zur Festlegung von a_t zu benutzen.

Wird ein Neutron an einem Wasserstoffmolekül gestreut, dann interferieren die an den einzelnen Atomen des Moleküls gestreuten Komponenten der Neutronenwelle. Dieser Effekt wird dann sehr wichtig, wenn die Neutronenwellenlänge mit den Abmessungen des Moleküls vergleichbar oder größer ist bzw. wenn die Energie des Neutrons kleiner als der Abstand zwischen den Energieniveaus des Moleküls ist, so daß keine unelastische Streuung stattfindet.

Wenn die Neutron-Proton-Streuamplitude spinabhängig ist, wird die kohärente Streuung durch die relative Orientierung der Spins der Protonen im Wasserstoffmolekül beeinflußt. Daher sollte die Streuung an Orthowasserstoff (Gesamtspin der Protonen $I = 1$) und an Parawasserstoff ($I = 0$) unterschiedlich sein. Der Abstand zwischen den beiden niedrigsten Rotationsniveaus des Wasserstoffmoleküls beträgt 0,015 eV, und die mittlere kinetische Energie eines thermischen Neutrons bei der Temperatur von flüssiger Luft ist $3kT/2 = 0{,}012$ eV. Bei dieser Temperatur ist die Neutronenwellenlänge ($\lambda = 2{,}8 \cdot 10^{-8}$ cm) beträchtlich größer als der Moleküldurchmesser ($d = 0{,}74 \cdot 10^{-8}$ cm), und die für kohärente Streuung erforderlichen Bedingungen sind erfüllt. Die ersten Experimente wurden im Jahre 1937 mit thermischen Neutronen bei der Temperatur von flüssiger Luft durchgeführt. Bei den genauesten Messungen wurden thermische Neutronen mit einer Temperatur von 20 °K benutzt.

Im Grenzfall sehr niedriger Energien, wenn die Wellenlänge des Neutrons viel größer als der Moleküldurchmesser ist, läßt sich die kohärente Streuung von Neutronen an Wasserstoffmolekülen einfach berechnen. Wir benutzen hierbei den Umstand (Abschnitt 2.3.), daß die Streuamplitude in diesem Fall gleich der Streulänge ist. Die Amplitude für die Streuung eines Neutrons an einem Proton läßt sich für den allgemeinen Fall folgendermaßen schreiben:

$$a = a_s + \frac{1}{2}(a_t - a_s)\,S(S+1) = a_s + \frac{1}{2}(a_t - a_s)\,\boldsymbol{S}^2. \tag{3.24}$$

Dieser Ausdruck reduziert sich für Singulettstreuung ($S = 0$) auf a_s und für Triplettstreuung ($S = 1$) auf a_t. Er ist jedoch auch dann anwendbar, wenn weder Singulett- noch Triplettstreuung, sondern ein Gemisch von beiden vorliegt. Der Gesamtspin $\boldsymbol{S} = \boldsymbol{s}_n + \boldsymbol{s}_p$ ist die Vektorsumme der Spins von Neutron und Proton. Es gilt

$$\begin{aligned} \boldsymbol{S}^2 &= \boldsymbol{s}_n^2 + \boldsymbol{s}_p^2 + 2\boldsymbol{s}_n \cdot \boldsymbol{s}_p \\ &= 2\boldsymbol{s}_n \cdot \boldsymbol{s}_p + \frac{3}{2}. \end{aligned}$$

Hierbei haben wir $\boldsymbol{s}_n^2 = s_n(s_n + 1) = 3/4$ (und entsprechend für $\boldsymbol{s}_p^2$) gesetzt, da das Neutron den Spin $s_n = 1/2$ besitzt. Durch Einsetzen in Gleichung (3.24) erhalten wir

$$a = \frac{1}{4}(3a_t + a_s) + (a_t - a_s)\,\boldsymbol{s}_n \cdot \boldsymbol{s}_p. \tag{3.25}$$

Die Amplitude für die Streuung eines Neutrons an einem Wasserstoffmolekül ist gleich der Summe der Amplituden für die Streuung an den einzelnen Kernen des Moleküls:

$$\begin{aligned} a_{\text{mol}} &= a_1 + a_2 \\ &= \frac{1}{2}(3a_t + a_s) + (a_t - a_s)\,\boldsymbol{s}_n \cdot \boldsymbol{I}. \end{aligned} \tag{3.26}$$

Hierbei ist $\boldsymbol{I} = \boldsymbol{s}_{p_1} + \boldsymbol{s}_{p_2}$ der Operator des Gesamtspins des Moleküls. Bei der Streuung an Parawasserstoff gibt der zweite Term in Gleichung (3.26) keinen Beitrag, da der Gesamtspin der Protonen des Moleküls $\boldsymbol{I} = 0$ ist:

$$a_{\text{para}} = f = \frac{1}{2}(3a_t + a_s). \tag{3.27}$$

Der Wirkungsquerschnitt für Parawasserstoff beträgt gerade $4\pi f^2$. Die Größe f wird als kohärente Streulänge bezeichnet. Unsere Rechnung ist nur dann gültig, wenn die Neutronenwellenlänge sehr groß im Vergleich zur Ausdehnung des Wasserstoffmoleküls ist. Diese Bedingung ist praktisch niemals verwirklicht, und die Formeln für die Streuamplitude sind abzuändern, um genaue Werte der kohärenten Streulänge f aus den experimentellen Daten zu gewinnen. Die Originalarbeit von SCHWINGER und TELLER (1937) enthielt die wichtigsten Korrekturen, und aus diesem Grund war deren Rechnung viel komplizierter als die hier angegebene.

Der Wert von f ist sehr empfindlich gegenüber dem relativen Vorzeichen von a_s und a_t. Daher genügt bereits eine sehr grobe Messung des Streuquerschnitts von Neutronen an Parawasserstoff bei der Temperatur flüssiger Luft, um das Vorzeichen von a_s zu bestimmen. Das erste Experiment von HALPERN (1937) zeigte in Übereinstimmung mit FERMIS Ergebnis, daß der Singulettzustand des Deuterons virtuell ist.

Seit 1937 hat sich die experimentelle Technik verbessert, und es wurden genaue Messungen von f mit Hilfe der Neutronenstreuung an Parawasserstoff durchgeführt (SQUIRES, 1953). Man entwickelte auch andere Methoden. In der genauesten Methode bestimmt man den Brechungsindex wasserstoffhaltiger Substanzen durch Messung des kritischen Winkels für die äußere Reflexion von Neutronen (HAMERMESH, 1950, HUGHES et al., 1950). Wenn eine Welle ein Medium passiert, das eine große Zahl von Streuzentren enthält, dann ist der makroskopische

Brechungsindex n des Mediums mit der Amplitude für die Streuung an den einzelnen Zentren durch

$$n^2 - 1 = \frac{-\lambda^2 N a}{\pi}$$

verknüpft. Dabei ist λ die Wellenlänge, N die Zahl von Streuzentren pro Volumeneinheit und a die Streuamplitude. Enthält das Medium verschiedene Arten von Streuzentren, dann ist a der Mittelwert der entsprechenden Streuamplituden. Bei flüssigem Wasserstoff ist diese gemittelte Amplitude gleich $a = (3a_t + a_s)/4 = f/2$, da der Triplettzustand die dreifache Wahrscheinlichkeit wie der Singulettzustand besitzt. Der Beitrag des Wasserstoffs zum Brechungsindex einer Substanz wird durch die kohärente Streulänge f bestimmt. Durch Messungen des Brechungsindex kann man diese Größe finden.

Neuere experimentelle Werte für f und σ_0 sind in Tab. 1 angegeben; daraus abgeleitete Werte für a_s und a_t, die nach den Gleichungen (3.27) und (3.23) berechnet wurden, sind in Tab. 2 enthalten. Man beachte, daß a_t und γ^{-1} ($= 4{,}32$ fm) nicht genau gleich groß sind. Der Unter-

Tabelle 1. Experimentelle n-p-Parameter bei niedrigen Energien

ε	$= (2{,}2245 \pm 0{,}0002)$ MeV
γ	$= (0{,}23169 \pm 0{,}00001)\ \mathrm{fm}^{-1}$
σ_0	$= (20{,}36 \pm 0{,}05) \cdot 10^{-24}\ \mathrm{cm}^2$
f	$= (-3{,}741 \pm 0{,}011)$ fm

Tab. 2. Parameter der Zweinukleon-Wechselwirkung bei niedrigen Energien

		Streulänge (in fm)	Effektive Reichweite (in fm)
Singulett	p – p	$-7{,}778 \pm 0{,}007$	$2{,}714 \pm 0{,}011$
Singulett	n – p	$-23{,}680 \pm 0{,}028$	$2{,}46 \pm 0{,}12$
Triplett	n – p	$5{,}399 \pm 0{,}011$	$1{,}732 \pm 0{,}012$

schied rührt von der endlichen Reichweite der Neutron-Proton-Kraft her, und die effektive Triplettreichweite r_{0t} kann daraus mit Hilfe der Gleichung (3.22) berechnet werden. Schwieriger ist es, die effektive Singulettreichweite r_{0s} zu bestimmen. Ihr Wert kann durch Messung des Gesamtquerschnitts bei mehreren Energien und eine Analyse der Ergebnisse mit Hilfe der Theorie der effektiven Reichweite (Gleichung (3.21)) gefunden werden. Die Fehler sind dabei viel größer als für andere Parameter. (Eine ausführliche Zusammenstellung der experimentellen Daten findet man bei WILSON, 1963.)

3.5. *Proton-Proton-Streuung*

Die ersten experimentellen Untersuchungen der Proton-Proton-Streuung wurden in den Jahren 1935 und 1936 mit Hilfe des von LAWRENCE und LIVINGSTON in Berkeley entwickelten Zyklotrons und des VAN-DE-GRAAFF-Beschleunigers von TUVE und seinen Mitarbeitern in Washington im Department of Terrestrial Magnetism gemacht. Diese Anlagen waren um 1932 in Betrieb gegangen (s. Teil 2, S. 178) und bis 1935 hinreichend entwickelt, um eine ernsthafte Untersuchung der Proton-Proton-Streuung zu ermöglichen.

Wäre die COULOMB-Kraft die einzige Wechselwirkung zwischen Protonen, dann wäre die Winkelverteilung der gestreuten Protonen der klassischen RUTHERFORD-Streuung ähnlich, mit einigen quantenmechanischen Korrekturen wegen der Gleichheit der Teilchen. Diese Korrekturen waren von MOTT im Jahre 1930 berechnet und 1932 auf die (α, α)-Streuung angewendet worden. WHITE, der in Berkeley arbeitete, fand im Jahre 1935 Anzeichen dafür, daß die Winkelverteilung von MOTTS theoretischer Voraussage abwich. In seinem Experiment wurden die Protonen in einer Nebelkammer beobachtet. Es war schwierig, eine gute statistische Genauigkeit zu erhalten, da die Zahl der bei großen Winkeln beobachteten Ereignisse ziemlich klein war. Obwohl die Abweichungen von Motts Theorie signifikant erschienen, konnten keine quantitativen Schlüsse aus den Ergebnissen gezogen werden.

Etwa zur gleichen Zeit arbeiteten Tuve, Heydenberg und Hafstad (1936) in Washington mit dem Van-de-Graaff-Beschleuniger und benutzten eine elektronische Methode zur Zählung der gestreuten Protonen. Sie beobachteten eine große Zahl von gestreuten Teilchen, und ihre Daten waren frei von den statistischen Fluktuationen, die in Whites Messungen wegen der ungenügenden Anzahl solcher Teilchen vorhanden waren. Die Energieeichung des in ihren Experimenten benutzten Protonenstrahls war ebenfalls ziemlich genau. 1936 veröffentlichten sie ihre Ergebnisse und gaben Winkelverteilungen für mehrere Protonenenergien an. Sie bestätigten die von White gefundenen Abweichungen von Motts Streuformel.

Die Ergebnisse wurden von Breit, Condon und Present (1936) analysiert, welche zeigten, daß man die Abweichungen von Motts Formel erklären konnte, wenn zwischen den Protonen außer den Coulomb-Kräften noch eine anziehende Kernwechselwirkung kurzer Reichweite vorhanden ist. Die experimentellen Ergebnisse genügten nicht, um sowohl die Stärke als auch die Reichweite der Wechselwirkung zu fixieren. Wenn man jedoch die Reichweiten der Neutron-Proton- und der Proton-Proton-Wechselwirkungen als gleich groß annahm, so waren auch ihre Stärken annähernd die gleichen. (Diese Tatsache führte zu der Hypothese der Ladungsunabhängigkeit der Kernkräfte, die wir im Kapitel IV diskutieren werden.)

Die Experimente konnten die Reichweite der Proton-Proton-Kraft aus folgendem Grund nicht bestimmen: Die Abweichungen von der Coulomb-Streuung bei niedrigen Energien sind nur dann bedeutend, wenn der relative Bahndrehimpuls der Protonen gleich Null ist. Ein Zustand mit dem Bahndrehimpuls Null muß nach dem Paulischen Ausschließungsprinzip ein Singulettzustand

($^1S_0$) sein. Die Abweichungen sind daher durch die $^1S_0$-Streuphase bestimmt. Eine Messung der Proton-Proton-Streuung bei einer einzigen Energie kann nur einen Parameter festlegen, nämlich diese Streuphase. Um die Stärke und die Reichweite der Wechselwirkung zu finden, hat man zwei Parameter zu bestimmen; daher muß man die $^1S_0$-Streuphase bei zwei verschiedenen Energien messen. Um genaue Werte zu erhalten, müssen diese Energien weit voneinander getrennt sein. Der Abstand zwischen der maximalen (900 keV) und der minimalen Energie (680 keV) in den Experimenten von TUVE, HEYDENBERG und HAFSTAD reichte für eine genaue Bestimmung der Reichweite nicht aus und konnte nur eine obere Grenze festlegen.

BREIT war an den Untersuchungen der Proton-Proton-Streuung von Anfang an bis zur Gegenwart beteiligt. Im Jahre 1926 begann er, sich mit der Entwicklung von Beschleunigern zu beschäftigen. Diese Arbeit wurde von TUVE und seinen Mitarbeitern fortgesetzt, und im Jahre 1932 wurde der erste elektrostatische Generator vom VAN-DE-GRAAFF-Typ für kernphysikalische Untersuchungen benutzt. Dieser Beschleuniger wurde gebaut, um die Proton-Proton-Streuung zu studieren. Wir haben die ersten damit erhaltenen Ergebnisse im vorigen Kapitel diskutiert. BREIT war inzwischen an die University of Wisconsin gegangen, er war aber noch an dem Projekt beteiligt und analysierte die Ergebnisse zusammen mit CONDON und PRESENT. Im Jahre 1936 wurde ein weiterer VAN-DE-GRAAFF-Generator an der Universität Wisconsin gebaut, der Protonen bis zu 2,5 MeV beschleunigen konnte, und bis 1939 wurden die Messungen der Proton-Proton-Streuung bis zu dieser Energie ausgedehnt (HERB, KERST, PARKINSON und PLAIN, 1939). Diese Ergebnisse wurden von BREIT, THAXTON und EISENBUD (1939) analysiert. Unter der Annahme, daß die Kernwechselwirkung zwischen den Protonen durch ein Kastenpotential dargestellt werden kann, erhielten sie eine Reichweite von etwa $2{,}8 \cdot 10^{-13}$ cm. BREIT und seine Kollegen in Yale beschäftigen sich auch gegenwärtig noch mit der Interpretation von Nukleon-Nukleon-Streudaten, siehe Kap. V (Breit, 1960, 1962).

Für die $^1S_0$-Streuphase bei der Proton-Proton-Streuung gibt es nach der Theorie der effektiven Reichweite eine Reihenentwicklung, die der Formel für die effektive Reichweite für das Neutron-Proton-System ähnelt, aber wegen der großen Reichweite der Coulomb-Abstoßung komplizierter ist. Die niederenergetischen Streudaten bestimmen wiederum eine Streulänge und eine effektive Reichweite. Neuere Werte dafür sind in Tab. 2 (siehe S. 62) angegeben.

3.6. Die Tensorkraft

Bei den in Kap. II beschriebenen Untersuchungen der Kernstruktur wurde angenommen, daß die Kernkraft durch eine Kombination von Austauschpotentialen dargestellt werden kann, deren Stärken nur von dem Abstand zwischen einem Paar wechselwirkender Nukleonen abhängen. Die von einem dieser Potentiale abgeleitete Kraft wird Zentralkraft genannt: ihre Wirkungslinie verläuft durch das Paar wechselwirkender Teilchen, wenn auch ihr Betrag von der relativen Orientierung der Spins abhängen kann. Zentralkräfte wurden auch bei der Diskussion der niederenergetischen Nukleon-Nukleon-Streuung angenommen. Bei diesen Kräften bleiben der Spin S und der Bahndrehimpuls L einzeln und ebenso der Gesamtimpuls J und die Parität Π erhalten.

Das Quadrupolmoment einer Ladungsverteilung $\varrho(r)$ ist definiert durch

$$Q = \int (3z^2 - r^2)\varrho(r)\,\mathrm{d}\boldsymbol{r}.$$

Für eine kugelsymmetrische Ladungsverteilung ist $Q = 0$. Bei Annahme von Zentralkräften würde das Deuteron die Bahn- und Spinquantenzahlen $L = 0$ und $S = 1$

haben. Ein Zustand mit $L = 0$ ist kugelsymmetrisch, daher sollte das Deuteron das Quadrupolmoment Null besitzen. Das Quadrupolmoment wurde im Jahre 1939 von KELLOGG, RABI, RAMSEY und ZACHARIAS gemessen (s. Teil 2, S. 255), die einen von Null verschiedenen Wert erhielten. Neuere Messungen (AUFFRAY, 1961) zeigen, daß

$$Q = 2{,}28 \cdot 10^{-27}\ \mathrm{cm}^2$$

ist. Diese Experimente widerlegen die Hypothese einer reinen Zentralkraft und zeigen, daß die Wechselwirkung zwischen Neutron und Proton komplizierterer Natur sein muß.

KELLOGG und seine Mitarbeiter veröffentlichten ihre ersten Ergebnisse in einer kurzen Mitteilung an die Physical Review im Januar 1939 und später in einer Publikation (KELLOGG, 1940). Wir geben in Teil 2 dieses Buches die deutsche Übersetzung der Mitteilung wieder. In den folgenden Abschnitten bringen wir eine Einführung in die den Experimenten zugrunde liegende Theorie.

Das Quadrupolmoment wurde in einem Molekularstrahl-Resonanzexperiment entdeckt, bei dem zuerst Wasserstoff- und später Deuteriummoleküle benutzt wurden. Ein Strahl von Wasserstoff- oder Deuteriummolekülen, der ein starkes homogenes Magnetfeld durchläuft, wurde einem Hochfrequenzfeld ausgesetzt. Die Stärke des homogenen Feldes wurde variiert, und man beobachtete am Detektor Resonanzen der Strahlintensität. Die Resonanzkurven sind in den Abbildungen 1 und 2 der Originalmitteilung (s. Teil 2, S. 256) wiedergegeben. Wenn das Deuteron das Quadrupolmoment Null hätte, so ließe sich das Ergebnis des Deuteriumexperiments aus den Messungen mit Wasserstoffmolekülen voraussagen. Das beobachtete Resonanzbild bei Deuterium war von dem vorausgesagten völlig verschieden; daher konnte das Quadrupolmoment des Deuterons nicht gleich Null sein (siehe Abb. 6*b*).

In einem homogenen Feld kann ein Molekül je nach

der Orientierung des molekularen Drehimpulses relativ zur Richtung des Feldes in einem von mehreren diskreten Energiezuständen existieren. Wenn die Energiedifferenz ΔE zwischen zwei von diesen Zuständen mit der Frequenz ν des HF-Feldes durch BOHRS Beziehung $\Delta E = h\nu$ verknüpft ist, dann kann ein Übergang zwischen diesen Zuständen erfolgen. Man kann die Resonanzen entweder bei Variation der Stärke des homogenen Feldes oder bei Änderung der Frequenz des Wechselfeldes beobachten. Die Resonanzbilder bestimmen die Energiezustände des Moleküls im Magnetfeld.

Die Zahl der Resonanzlinien und deren Abstände hängen von Details der molekularen Energiezustände ab: Das H_2-Molekül kann in verschiedenen angeregten Rotationszuständen existieren, die sich in Abhängigkeit vom Gesamtspin I der Protonen des Moleküls in zwei Gruppen gliedern. Jedes Proton hat den Spin $^1/_2$, daher kann der Gesamtspin der beiden Wasserstoffkerne entweder $I = 0$ (Parawasserstoff) oder $I = 1$ (Orthowasserstoff) betragen. Der Rotationsdrehimpuls J[1]) muß im Falle $I = 0$ geradzahlig ($J = 0, 2, 4, \ldots$) und für $I = 1$ ungerade sein. Die Einschränkungen bezüglich J sind eine Folge des PAULI-Prinzips. In dem Wasserstoffmolekülstrahlexperiment wurden Messungen am ersten Rotationszustand des Moleküls mit $I = 1$ und $J = 1$ durchgeführt. Es gibt drei mögliche Orientierungen des Kernspins (entsprechend den magnetischen Quantenzahlen $M_I = 1, 0, -1$) und drei für den Rotationsdrehimpuls mit $M_J = 1, 0, -1$, also insgesamt neun Zustände. Die Energien dieser neun Zustände spalten in einem homogenen Magnetfeld H in drei Gruppen mit jeweils drei Zuständen auf, und beim Fehlen molekularer Störungen wäre die Aufspaltung so wie in Abb. 5 mit gleichgroßen Intervallen $\mu_R H$ innerhalb jeder Gruppe und gleichen

---

[1]) Wir benutzen in dieser Diskussion die Bezeichnungsweise von KELLOGG et al.; J ist hier der Rotationsdrehimpuls eines Moleküls. An anderen Stellen dieses Buches bezeichnet J den Kernspin.

Abständen $2\mu_p H$ zwischen den Gruppen. (μ_R ist das magnetische Moment der Molekülrotation und μ_p das Moment des Protons; $\mu_R < \mu_p$.) Übergänge mit einer Änderung der Richtung des Kernspins unterliegen den Auswahlregeln $\Delta M_I = \pm 1$ und $\Delta M_J = 0$. Die sechs

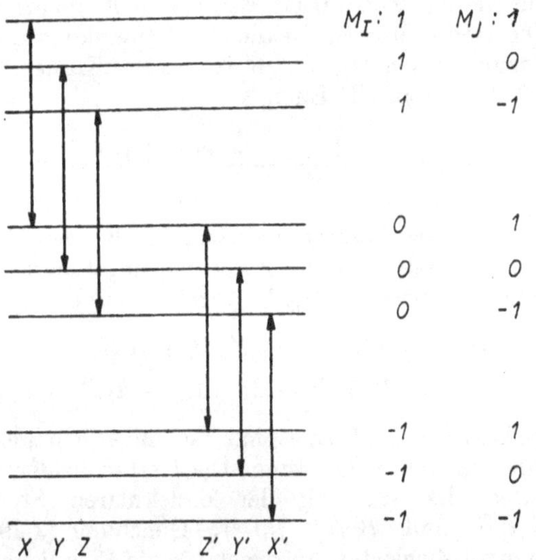

Abb. 5. Aufspaltung eines Molekülzustandes mit $I = 1$, $J = 1$ in einem negativen Magnetfeld
Die durch die Auswahlregel $\Delta M_I = 1$, $\Delta M_J = 0$ erlaubten 6 Übergänge sind durch Pfeile angedeutet und durch die Symbole X, Y, Z, X', Y', Z' bezeichnet

möglichen Übergänge sind in Abb. 5 angedeutet. Jeder Übergang hat die Frequenz $\nu = 2\mu_p H/h$. Übergänge mit einer Änderung der Orientierung des Rotationsdrehimpulses haben eine viel niedrigere Frequenz; sie wurden in diesem Experiment nicht untersucht. Bei Vorhandensein molekularer Störungen werden die neun Zustände ein wenig verschoben und die Resonanzfrequenzen geändert, so daß anstelle einer Resonanzlinie eine Gruppe von 6 Linien in der Umgebung dieser Frequenz auftritt.

Zwei Störungen verursachen eine Aufspaltung der Resonanzlinie des H_2-Moleküls. Eine davon ist die Spin-Bahn-Kopplung zwischen den Kernspins und der Molekülrotation. Sie kann durch einen Energieterm $\mu_p \overline{H} \boldsymbol{J} \boldsymbol{I}$ dargestellt werden, wobei $\overline{H}$ ein Maß für die Kopplungsstärke ist. Die zweite Störung ist die Wechselwirkung zwischen den magnetischen Momenten der beiden Kerne; ihr entspricht die potentielle Energie

$$V(r) = \frac{\boldsymbol{\mu}_1 \boldsymbol{\mu}_2}{r^3} - \frac{3(\boldsymbol{\mu}_1 \boldsymbol{r})(\boldsymbol{\mu}_2 \boldsymbol{r})}{r^5}. \tag{3.28}$$

Hierbei ist r der Abstand zwischen den Kernen im Molekül. In der ersten Ordnung der Störungstheorie ist die Energie des Niveaus (M_I, M_J) gegeben durch

$$\begin{aligned} E(M_I, M_J) = {} & 2\mu_p M_I H + \mu_R M_J H + A M_I M_J \\ & + B(3M_I^2 - 2)(3M_J^2 - 2). \end{aligned} \tag{3.29}$$

Die beiden ersten Terme sind die in Abb. 5 gezeigten Energien in nullter Ordnung. Die letzten beiden Terme enthalten die Wirkung der molekularen Störungen ($A = \mu_p \overline{H}$ und $B = 2\mu_p^2/5r^3$). Gleichung (3.29) enthält den allgemeinsten Ausdruck für die Energieverschiebung erster Ordnung, die in einem Molekülzustand mit $I = 1$ und $J = 1$ auftreten kann. Andere physikalische Störungen können lediglich die Werte der Koeffizienten A und B verändern. Es gibt kleine Korrekturterme zweiter Ordnung, die man bei einer quantitativen Analyse der experimentellen Ergebnisse berücksichtigen muß (Kellogg et al. 1940). Die Energien der nach der Auswahlregel erlaubten Übergänge sind

$$\begin{aligned} E(1, M_J) - E(0, M_J) &= 2\mu_p H + A M_J + 3B(3M_J^2 - 2), \\ E(0, M_J) - E(-1, M_J) &= 2\mu_p H + A M_J - 3B(3M_J^2 - 2). \end{aligned} \tag{3.30}$$

Abb. 6a zeigt das zu erwartende Resonanzbild, wenn der Koeffizient A groß im Vergleich zu B ist, und Abb. 6b das entsprechende Bild für $B \gg A$. Aus einer Messung der Resonanzfelder kann man die Werte von $\mu_p, \overline{H}$ und r bestimmen. KELLOGG und seine Mitarbeiter erhielten μ_p, $\overline{H}$ und r aus ihren Ergebnissen mit H_2. Der Abstand r der Kerne in dem Molekül war auch aus Untersuchungen des Wasserstoffmolekülspektrums bekannt und konnte mit dem Wert aus dem Molekülstrahlexperiment verglichen werden. Die beiden Werte stimmten ausgezeichnet miteinander überein, womit die Konsistenz der Methode bestätigt wurde.

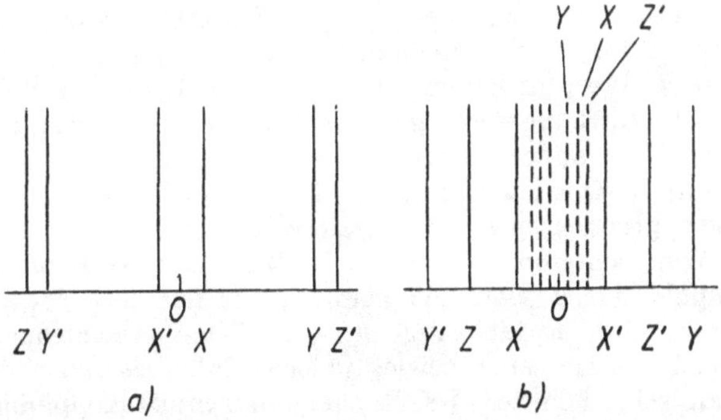

Abb. 6. Darstellung der Resonanzkurven für das H_2-Molekül ($A \approx -4B$) (a) und für das D_2-Molekül (b)
Die ausgezogenen Linien geben das beobachtete Bild ($A \approx -B$) wieder, die gestrichelten Linien das zu erwartende Bild, wenn das Quadrupolmoment des Deuterons gleich Null wäre; die Resonanzlinien X, Y, Z, X', Y', Z' entsprechen den in Abb. 5 angegebenen Übergängen

Deuteronen haben den Spin 1 und gehorchen der BOSE-EINSTEIN-Statistik; daher kann der Gesamtkernspin $I = 0$ und $I = 2$ bei geradzahligen Rotationszuständen J und der Spin $I = 1$ bei Zuständen mit ungeraden J auftreten. In dem Deuteronexperiment trugen die Zustände $I = 2$, $J = 0$ und $I = 1$, $J = 1$ zu dem beobachteten Resonanzspektrum bei. Der $(I = 2, J = 0)$-Zustand enthält keine Störungseffekte und gibt eine starke Resonanzlinie mit der Frequenz $\mu_d H/h$. In Abb. 2 der Arbeit von KELLOGG et al. (s. Teil 2, S. 256) ist dies die zentrale Linie. Die sechs kleinen Peaks in Abb. 2 von KELLOGGS Arbeit rühren von dem zweiten Zustand $I = 1, J = 1$ her, der die gleichen Drehimpulsquantenzahlen wie der bei Wasserstoff untersuchte Zustand besitzt. Die molekularen Störungen der Energieniveaus sollten durch eine zu (3.29) ähnliche Gleichung beschrieben werden, wobei man die Werte für A und B aus μ_d und den beim Wasserstoffexperiment erhaltenen Größen $\overline{H}$ und r berechnen kann, wenn Spin-Bahn- und Spin-Spin-Wechselwirkungen die einzigen Störungen sind. Das beobachtete Spektrum konnte angepaßt werden, jedoch war der Wert für B 30mal größer als der für die Spin-Spin-Wechselwirkung vorausgesagte. Damit war bewiesen, daß irgendeine andere Störung wesentlich sein mußte. Ein Deuteron-Quadrupolmoment $Q = 2 \cdot 10^{-27}\,\mathrm{cm}^2$ konnte die experimentellen Resultate erklären.

Vom Deuteron war bekannt, daß es einen Gesamtdrehimpuls $J = 1$ hat, und man hielt es für einen $^3S_1$-Zustand. Die Entdeckung des von Null verschiedenen Quadrupolmoments bewies jedoch, daß dies nicht der Fall sein konnte. Im RUSSELL-SAUNDERS-Kopplungsschema gibt es drei weitere Zustände mit $J = 1$, nämlich $^3P_1$, $^1P_1$ und $^3D_1$. Von diesen hat der $^3D_1$-Zustand die gleiche Parität wie der $^3S_1$-Zustand. Wenn eine Kernwechselwirkung vorliegt, die das RUSSELL-SAUNDERS-Schema verletzt, dann könnte der Grundzustand des Deuterons aus einer Linearkombination der $^3S_1$- und $^3D_1$-Zustände bestehen,

$$\psi = \varphi(^3\mathrm{S}_1) + \alpha\varphi(^3\mathrm{D}_1), \tag{3.31}$$

und sein Quadrupolmoment wäre mit der Amplitude α der $^3D_1$-Beimischung verknüpft. Es genügt eine geringe Beimischung $(\alpha \approx 0{,}3)$, um das beobachtete Quadrupolmoment zu erhalten.

Wenn diese Erklärung des Quadrupolmoments richtig ist, dann muß die Kernkraft zwischen Neutron und Proton eine nichtzentrale Komponente enthalten, die Zustände mit dem gleichen J, jedoch verschiedenen L und S mischt. Eine Kraft mit diesen Eigenschaften war von YUKAWA (1938) und KEMMER (1938) auf der Grundlage einer modifizierten Version von YUKAWAS Mesonentheorie der Kernkräfte vorausgesagt worden. Das Potential der Tensorkraft hat die Form

$$\begin{aligned} V(r) &= V_{\mathrm{T}}(r) S_{12} \\ &= V_{\mathrm{T}}(r) \left(3(\boldsymbol{\sigma}_1 \hat{\boldsymbol{r}})(\boldsymbol{\sigma}_2 \hat{\boldsymbol{r}}) - \boldsymbol{\sigma}_1 \boldsymbol{\sigma}_2\right). \end{aligned} \tag{3.32}$$

Hierbei sind $\boldsymbol{\sigma}_1$ und $\boldsymbol{\sigma}_2$ die PAULI-Spinmatrizen für die beiden Nukleonen, $\hat{\boldsymbol{r}}$ ist ein Einheitsvektor in Richtung ihrer Verbindungslinie und $V_{\mathrm{T}}(r)$ eine beliebige skalare Funktion ihres Abstandes.

Die Wechselwirkung zwischen zwei Dipolen wird durch ein Potential dargestellt, das dieselbe Struktur wie das Potential der Tensorkraft besitzt (s. Gleichung (3.28)). Die letztere muß daher ähnliche qualitative Eigenschaften haben. Die Kraft, die ein Dipol auf einen anderen ausübt, hat denselben Betrag, jedoch die entgegengesetzte Richtung wie die Kraft des zweiten Dipols auf den ersten. Diese Kräfte haben jedoch nicht dieselbe Wirkungslinie, und ihre Richtung ist nicht parallel zur Verbindungslinie zwischen den Dipolen. Daher haben diese beiden Kräfte ein von Null verschiedenes Moment, und es erscheint auf den ersten Blick so, daß das Gesamtmoment der inneren Kräfte zwischen den Dipolen nicht gleich Null sei. Auf die Dipole wirken jedoch Kopplungen, die das Moment der Kräfte zwischen ihnen exakt ausgleichen. Die Tensorkraft zwischen Nukleonen besitzt die gleichen charakteristischen Eigenschaften. Sie ist nichtzentral in demselben Sinn wie die Kraft zwischen Dipolen, und da die Kräfte zwischen den Nukleonen ein von Null verschiedenes Moment ergeben, das durch Kopplungen, die auf die Spins wirken, ausgeglichen wird, ist eine Übertragung des Drehimpulses von der Bahnbewegung auf die Spins und umgekehrt möglich. Aus diesem Grund ist nur der Gesamtdrehimpuls eine Erhaltungsgröße, aber nicht der Bahndrehimpuls und der Spin einzeln. Zustände mit dem gleichen J, jedoch unterschiedlichen L und S können gemischt werden, und das RUSSELL-SAUNDERS-Kopplungsschema ist hinfällig.

Eine andere wichtige Eigenschaft der Tensorkraft ist quantenmechanischer Natur und besitzt kein Analogon in der klassischen Mechanik. Wenn $\boldsymbol{S} = (\boldsymbol{\sigma}_1 + \boldsymbol{\sigma}_2)/2$ der Operator des Gesamtspins der beiden Nukleonen ist, so läßt sich der Operator der Tensorkraft S_{12} (Gleichung (3.32)) wie folgt als Funktion von $\boldsymbol{S}$ ausdrücken:

$$S_{12} = \frac{1}{2}\,(3(\boldsymbol{S}\hat{\boldsymbol{r}})^2 - \boldsymbol{S}^2)\,. \tag{3.33}$$

Bei der Ableitung dieser Beziehung werden spezielle Eigenschaften der PAULIschen Spinmatrizen benutzt, die kein klassisches Gegenstück besitzen (nämlich $\boldsymbol{\sigma}^2 = 3$ und $(\boldsymbol{\sigma}_n)^2 = 1$, wobei $\boldsymbol{\sigma}_n$ die Komponente von $\boldsymbol{\sigma}$ in bezug auf einen beliebigen Einheitsvektor $\boldsymbol{n}$ ist). Aus Gleichung (3.33) folgt, daß die Tensorkraft in Singulettzuständen ($S = 0$) zweier Teilchen unwirksam ist. Sie gibt daher keinen Beitrag zur Singulett-S-Wellen-Proton-Proton-oder-Proton-Neutron-Streuung, und die im ersten Teil dieses Kapitels beschriebene Theorie der effektiven Reichweite erfordert keine Abänderung. Bei einem Triplettzustand ist die Situation komplizierter. D-Wellen tragen nicht zur niederenergetischen Streuung bei. Die experimentellen Daten bestimmen zwar eine Streulänge und eine effektive Reichweite, aber diese Parameter können durch Potentiale mit unterschiedlichen Mischungen von Zentral- und Tensorkräften gefittet werden, mit anderen Worten, die Streudaten geben keine Information über die relativen Stärken des Zentral- und des Tensoranteils. Für Potentiale mit einer gegebenen Form fixiert das Deuteron-Quadrupolmoment die relativen Stärken.

Die für eine Anpassung der Daten erforderliche Stärke des Zentralkraftanteils des Potentials ist dabei beträchtlich geringer als in dem Fall, wenn man Tensorkräfte vernachlässigt. Um die gleiche Deuteronbindungsenergie zu liefern, braucht der Zentralanteil bei Anwesenheit von Tensorkräften nicht so stark zu sein, wie es anderenfalls nötig wäre. Obwohl die Beimischung des D-Zustandes nur einige Prozent ausmacht, gibt die Tensorkraft einen großen Beitrag zur Bindungsenergie des Deuterons.

Für das α-Teilchen ist die Situation anders. Da die Spins der vier Nukleonen sich paarweise kompensieren und das α-Teilchen die Struktur einer abgeschlossenen Schale besitzt, trägt die Tensorkraft nur wenig zu seiner Bindungsenergie bei. Berechnet man die α-Teilchen-Bindungsenergie

a) mit reinem Zentralkräften und

b) mit Zentralkräften plus Tensorkräften, die jeweils an die Streudaten angepaßt wurden,

so erweist sich die Bindungsenergie im Fall *b*) als kleiner, da die Tensorkräfte nicht wesentlich zur Bindungsenergie beitragen und die Zentralkräfte im Fall *b*) weniger stark als im Fall *a*) sind. Daher ergaben ältere Rechnungen, bei denen Tensorkräfte vernachlässigt wurden, Bindungsenergien, die viel größer als der experimentelle Wert waren. Moderne Rechnungen mit Tensorkräften zeigen dagegen die Tendenz, zu kleine Bindungsenergien zu liefern (s. Abschnitt 2.3.).

Obwohl man annimmt, daß die Tensorkraft ziemlich stark ist, kennt man ihren Einfluß auf die Eigenschaften der Kerne nur ungenügend. Das liegt zum Teil daran, daß ihre Wirkungen und die der Spin-Bahn-Kraft vermischt sind, was im folgenden Abschnitt diskutiert werden soll.

3.7. *Die Spin-Bahn-Kraft*

In dem Jahrzehnt nach der Entdeckung des Neutrons sind die Hoffnungen, daß die Kernkräfte irgendwelche einfachen Merkmale besitzen, allmählich geschwunden. Im Jahre 1933 stellte sich MAJORANA die Aufgabe, das einfachste Kraftgesetz zu finden, das das Sättigungsphänomen erklären konnte. Acht Jahre später gaben WIGNER und EISENBUD (1941) das allgemeinste Potential an, das mit den Erhaltungssätzen des Drehimpulses und der Parität sowie der Forderung nach Invarianz gegen Zeitumkehr vereinbar ist. Das allgemeinste Potential, das zwischen gleichartigen Nukleonen wirken kann und den Impuls höchstens in der ersten Potenz enthält, ist eine Linearkombination von vier Grundtypen.

$$V(r) = V_1(r) + V_2(r)\,(\boldsymbol{\sigma}_1\boldsymbol{\sigma}_1) + V_{\mathrm{T}}(r)\,S_{12} + V_{s0}(r)(\boldsymbol{L}\boldsymbol{S}), \tag{3.34}$$

d. h. eine Kombination einer WIGNER-Kraft, einer spinabhängigen Zentralkraft, einer Tensorkraft und einer Spin-Bahn-Kraft, die durch den letzten Term in Gleichung (3.34) dargestellt wird. (In Gleichung (3.34) ist $\boldsymbol{L} = \boldsymbol{r} \times \boldsymbol{p}$, wobei $\boldsymbol{r}$ und $\boldsymbol{p}$ die relativen Koordinaten bzw. Impulse der beiden Nukleonen bezeichnen und

$$\boldsymbol{S} = \frac{1}{2}\,(\boldsymbol{\sigma}_1 + \boldsymbol{\sigma}_2)$$

ihr Gesamtspin ist.) Bei der Neutron-Proton-Wechselwirkung könnte jeder dieser vier Typen auch noch mit einem MAJORANA-Austauschoperator kombiniert werden, wobei man insgesamt acht mögliche Typen erhält.

Die ersten Anzeichen für eine Spin-Bahn-Komponente in der Nukleonenwechselwirkung kamen von dem *jj*-Kopplungs-Schalenmodell von MAYER und JENSEN (1950). Die Schalenstruktur der Kerne zeigte, daß, falls die

Wechselwirkung eines einzelnen Nukleons mit einem komplexen Kern durch ein mittleres Potential dargestellt werden kann, dieses mittlere Potential eine Spin-Bahn-Komponente enthalten muß. Diese könnte von einem Spin-Bahn-Term in der fundamentalen Nukleon-Nukleon-Wechselwirkung herrühren. Unglücklicherweise kann auch die Tensorkraft eine Spin-Bahn-Kopplung in dem Nukleon-Kern-Potential erzeugen. Aus diesem Grund war es nicht möglich, aus dem Schalenmodellpotential Rückschlüsse auf die Stärke der Spin-Bahn-Kopplung in der Nukleon-Nukleon-Wechselwirkung zu ziehen. Die am wenigsten zweifelhaften Indizien für eine Spin-Bahn-Kraft wurden aus der Analyse der Proton-Proton-Streuung bei hohen Energien gewonnen.

Kapitel IV

Ladungssymmetrie und Ladungsunabhängigkeit

In seinem ersten Artikel zum Proton-Neutron-Modell des Kerns stellte Heisenberg (s. Teil 2, S. 195) fest, daß die zwischen einem Neutronenpaar wirkenden Kräfte denen, die zwischen einem Protonenpaar wirken, fast gleich sein müssen. Das von ihm benutzte Argument stützte sich auf die beobachtete Veränderung des Verhältnisses von Ladung zu Masse der stabilen Elemente beim Durchlaufen des Periodensystems. Er schlußfolgerte, daß diese Veränderung auf die elektrostatische Abstoßung zwischen den Protonen zurückzuführen ist. Wenn dem nicht so wäre, müßte das Verhältnis N/Z fast konstant für alle Elemente sein, und der Wert dieser Konstanten würde von der relativen Stärke der Neutron-Neutron- und Proton-Proton-Wechselwirkungen abhängen. Die empirischen Daten zeigten, daß das Verhältnis fast 1 sein würde, gleich seinem Wert bei leichten Kernen, wo der Effekt der elektrostatischen Abstoßung am kleinsten ist. Heisenberg nahm an, daß zwischen den Protonen nur Coulomb-Kräfte wirken, und schlußfolgerte, daß die Neutron-Neutron-Wechselwirkung klein im Vergleich zur Neutron-Proton-Wechselwirkung sein muß, um für das Verhältnis N/Z Werte zu bekommen, die mit den experimentellen Daten vereinbar sind. Später fand man jedoch, daß auch zwischen den Protonen eine Kernkraft wirkt. Gemäß Heisenbergs Argument würde dies auf eine annähernd gleiche Kraft zwischen den Neutronen hinweisen, und das führte zur Hypothese der *Ladungssymmetrie*, die besagt, daß die Neutron-Neutron- und Proton-Proton-Kräfte, bis auf die Coulomb-Kräfte, genau gleich sind oder, mit anderen Worten, daß alle nichtelektrischen Kräfte völlig symmetrisch zwischen Neutronen und Protonen sind. Aus dieser Hypothese folgen einfache quantitative Voraussagen, die experimentell überprüft werden können. Im Abschnitt 4.1. dieses Kapitels betrachten wir ihre erste Anwendung im Jahre 1936 zur Voraussage der Bindungsenergiedifferenzen zwischen Spiegelkernen.

Etwa zur selben Zeit wurden die ersten genauen experimentellen Ergebnisse über die Proton-Proton-Streuung von Tuve, Heydenberg und Hafstad (1936) veröffentlicht und von Breit, Condon und Present (1936) analysiert (s. Abschnitt 3.5.). Die Analyse zeigte, daß die Stärken der Neutron-Proton- und der Proton-Proton-Wechselwirkungen annähernd dieselben sind, wenn man für beide die gleiche Reichweite annahm. Auf Grund dieses Ergebnisses schlugen Breit, Condon und Present vor, daß die beiden Wechselwirkungen exakt gleich sind, wenn Coulomb-Effekte vernachlässigt werden. Diese Annahme, zusammengenommen mit der Ladungssymmetrie, ergibt die Hypothese von der *Ladungsunabhängigkeit*: Die Kernwechselwirkungen zwischen allen Paaren von Kernteilchen (ausgenommen die Coulomb-Kräfte) sind gleich.

Die Wellenfunktion eines Protonenpaares oder Neutronenpaares muß auf Grund des PAULI-Prinzips antisymmetrisch gegenüber dem Austausch der Orts- und Spinkoordinaten sein, während die Wellenfunktion eines Neutron-Proton-Paares entweder symmetrisch oder antisymmetrisch sein kann. Die Hypothese der Ladungsunabhängigkeit besagt, daß die Kraft zwischen einem Neutron und einem Proton in einem antisymmetrischen Zustand dieselbe wie die Kraft zwischen zwei Protonen oder zwei Neutronen im gleichen Zustand ist. Die Ladungsunabhängigkeit sagt nichts über die Kraft zwischen Neutron und Proton in einem symmetrischen Zustand aus, da ein Protonen- oder Neutronenpaar in einem solchen Zustand nicht existieren kann.

Die Hypothesen von der Ladungssymmetrie und der Ladungsunabhängigkeit sind aus folgenden drei Gründen besonders interessant. Der erste ist historischer Natur. Die meisten der theoretischen Voraussagen wurden vor 1940 abgeleitet, aber sie wurden erst zehn Jahre später überprüft. Ernsthafte experimentelle Untersuchungen begannen um 1950, und die wichtigsten Voraussagen wurden im Verlaufe der nächsten drei oder vier Jahre bestätigt. Die Ursache für diese Verzögerung bestand wahrscheinlich darin, daß eine adäquate experimentelle Technik zum Ende der dreißiger Jahre nicht existierte und erst nach dem zweiten Weltkrieg entwickelt wurde. Zweitens liefern diese Hypothesen die direkteste Verbindung zwischen der Kernphysik und der Elementarteilchenphysik. Die Erhaltungssätze des Isospins und der Strangeness (Seltsamkeit) in der Elementarteilchenphysik sind direkte Erweiterungen der Hypothese der Ladungsunabhängigkeit in der Kernphysik. Der dritte Grund besteht darin, daß die Hypothesen durch Untersuchungen der Eigenschaften komplexer Kerne getestet werden können. Das ist fast das einzige Gebiet, auf dem eine Untersuchung komplexer Kerne quantitative Informationen über die Nukleon-Nukleon-Wechselwirkung liefern kann.

Der Grund für dieses letztgenannte Merkmal besteht

darin, daß die Ladungssymmetrie und die Ladungsunabhängigkeit eine Symmetrie in den Bewegungsgleichungen der Nukleonen in den Kernen beinhalten. Es ist ein Merkmal sowohl klassischer als auch quantenmechanischer Systeme, daß physikalische Symmetrien zu Erhaltungssätzen führen. Wenn z. B. die Bewegungsgesetze invariant gegenüber Translationen des Koordinatenursprungs sind, dann ist der Gesamtimpuls eine Erhaltungsgröße. Analog bedeutet die Invarianz gegenüber Drehungen die Erhaltung des Drehimpulses und die Invarianz gegenüber Zeittranslationen die Energieerhaltung. In der Quantenmechanik induziert eine Symmetrie neue Quantenzahlen, die Eigenwerte der Erhaltungsgrößen sind. Diese Eigenwerte können zur Klassifizierung der Zustände des Systems, ungeachtet seiner Komplexität, benutzt werden. Somit haben alle Zustände eines Kerns einen definierten Drehimpuls. Der Drehimpuls bleibt in den Reaktionen erhalten, unabhängig davon, wie stark und kompliziert die Kräfte sind, vorausgesetzt nur, daß sie invariant bezüglich Drehungen sind. Die Ladungsunabhängigkeit und Ladungssymmetrie sind neue physikalische Symmetrien, die zu neuen Erhaltungssätzen und damit verbundenen Quantenzahlen führen. Man kann diese Erhaltungssätze benutzen, um einfache Voraussagen über Eigenschaften komplexer Kerne zu machen und Auswahlregeln für Kernreaktionen abzuleiten, die experimentell überprüfbar sind.

Die Konsequenzen der Ladungsunabhängigkeit für die Eigenschaften der Kernzustände wurden von WIGNER 1937 und 1939 untersucht. Auswahlregeln wurden von ADAIR sowie von KROLL und FOLDY 1952 abgeleitet. Wir haben die letztgenannten zwei Artikel in den Teil 2 dieses Buches aufgenommen. Zusammengenommen stellten sie den einfachen, aber wichtigen logischen Unterschied zwischen Ladungssymmetrie und Ladungsunabhängigkeit klar.

Wenn Ladungsunabhängigkeit vorliegt, ist auch Ladungssymmetrie vorhanden. Somit wird jede Voraussage, die aus der Annahme der Ladungssymmetrie folgt, auch aus der Ladungsunabhängigkeit folgen, aber bestimmte Voraussagen der Ladungsunabhängigkeit folgen nicht aus der Ladungssymmetrie. Um die Ladungsunabhängigkeit zu überprüfen, ist es notwendig, einen Effekt zu finden, der nicht von der Ladungssymmetrie vorausgesagt wird. Aus diesem Grunde ist es schwieriger, eindeutige Tests der Ladungsunabhängigkeit als solche der Ladungssymmetrie zu finden. Es gibt einige Experimente, die diesen Test erlauben.

4.1. Bindungsenergien von Spiegelkernen

Curie und Joliot entdeckten die künstliche Radioaktivität im Jahre 1934, und bald darauf wurden viele leichte radioaktive Kerne hergestellt und untersucht. Kurz danach untersuchten Fowler, Delsasso und Lauritsen (1936) den Positronenzerfall einer Reihe von Elementen des Typs mit Z Protonen und $Z-1$ Neutronen in die „Spiegelkerne" mit $Z-1$ Protonen und Z Neutronen. In ihren Experimenten wurden die radioaktiven Kerne durch den Beschuß von leichten Kernen mit 1-MeV-Deuteronen erzeugt. Sie maßen die Maximalenergie der beim Zerfall entstehenden Positronen und benutzten ihre Resultate, um die Bindungsenergiedifferenz ΔW zwischen Paaren von Spiegelkernen zu bestimmen. In der Diskussion ihrer Ergebnisse zeigten sie, daß bei Annahme von Ladungssymmetrie die elektrostatische Abstoßung zwischen den Protonen vollständig für die Änderung der Bindungsenergie vom Mutter- zum Tochterkern verantwortlich sein sollte. Wenn die Dichte der Kernmaterie innerhalb des Kerns etwa konstant und das Kernvolumen proportional zum Atomgewicht A wäre, so könnte man die elektrostatische Energiedifferenz mit Hilfe der klassischen Elektrostatik berechnen. Sie schlugen deshalb vor, daß die Bindungsenergiedifferenz durch die Formel

$$\Delta W = (Z - 1)\, e^2 (r^{-1})_{\text{gemittelt}} = \frac{6e^2}{5r_0} (Z - 1)\, A^{-1/3}$$
$$= 1{,}20 (Z - 1) A^{-1/3}\, \text{MeV} \quad \text{für} \quad r_0 = 1{,}45\,\text{fm} \tag{4.1}$$

gegeben sein sollte, wobei $R = r_0 A^{1/3}$ der Kernradius ist. Die experimentellen Ergebnisse von FOWLER, DELSASSO und LAURITSEN stimmten bei einem vernünftigen Wert für den Kernradius mit dieser Formel überein. Etwa zur selben Zeit benutzte BETHE das Prinzip der Ladungssymmetrie, um die Bindungsenergiedifferenz zwischen ^{3}H und ^{3}He zu bestimmen. Er zeigte, daß die experimentelle Differenz durch die COULOMB-Kräfte zwischen den Protonen im ^{3}He (BETHE, 1937, S. 146) erklärt werden konnte.

Diese Experimente wurden weitergeführt, und bis 1941 waren eine Reihe von Spiegelkernpaaren bis zu $A = 41$ untersucht und ihre Bindungsenergiedifferenzen gemessen worden. Die Resultate stimmten gut mit der Voraussage überein, die sich auf die Hypothese der Ladungssymmetrie und den Wert $r_0 = 1{,}45$ fm stützte, der fast derselbe wie der von GAMOW aus dem α-Zerfall schwerer Kerne gefundene Wert war. Diese Sachlage änderte sich 1953, als andere Methoden zur Bestimmung der Kernradien entwickelt wurden. FITCH und RAINWATER (1953) hatten die Energien der Röntgenstrahlung von Myonatomen gemessen und gefunden, daß ihre Ergebnisse von Atomen mit $Z = 22, 29, 51$ und 82 mit einem Kernradius $R = r_0 A^{1/3}$ verträglich sind. Ihr Wert von $r_0 = 1{,}2$ fm war jedoch bedeutend kleiner als der, der notwendig war, um die Bindungsenergien der Spiegelkerne anzupassen. Elektronenstreuexperimente haben diesen kleineren Wert für den Radius der Kernladungsverteilung bestätigt. Als diese Diskrepanz auftrat, erkannte man, daß die klassische Berechnung der elektrostatischen Energie der

Kerne nicht korrekt war. COOPER und HENLEY (1953) lenkten die Aufmerksamkeit auf einige ältere, von BETHE (1937, 1938) durchgeführte Berechnungen des Beitrages der Austauschterme zur elektrostatischen Energie und des Effektes der lockeren Bindung des letzten Protons. Als die elektrostatischen Energien der Kerne unter Berücksichtigung der Korrekturen von BETHE und mit Kernradien, die mit den Elektronenstreuexperimenten verträglich waren, neu berechnet wurden, stimmten die vorausgesagten Differenzen in der Bindungsenergie von Spiegelkernpaaren mit den experimentellen Werten überein.

Wenn die Kernkräfte symmetrisch zwischen Protonen und Neutronen wären und COULOMB-Kräfte fehlten, müßten sowohl die Energien aller Paare angeregter Zustände von Spiegelkernen als auch die der Grundzustände exakt übereinstimmen. Wird die COULOMB-Abstoßung zwischen den Protonen berücksichtigt, so verschiebt sie die relativen Energien der Grundzustände der Spiegelkerne, wie im ersten Teil dieses Abschnittes diskutiert wurde. Die COULOMB-Energie eines Kernzustandes hängt hauptsächlich von seinem Radius ab und ist nicht sehr empfindlich gegenüber Einzelheiten seiner Struktur, so daß ein angeregter Zustand ungefähr um denselben Wert wie der Grundzustand verschoben werden sollte. Somit sollten die Energien der angeregten Zustände relativ zum Grundzustand für ein Spiegelkernpaar etwa die gleichen sein. Die entsprechenden Paare sollten gleiche Spins und Paritäten besitzen. Diese Voraussage wurde in vielen Fällen bestätigt. Wir zeigen als Beispiel in Abb. 7*a* die niedrigliegenden angeregten Zustände von ^{11}C und ^{11}B.

Obgleich diese Voraussage von WIGNER im Jahre 1937 gemacht wurde, gab es bis 1949 keine systematischen experimentellen Untersuchungen. Ein Überblick über die experimentelle Situation wurde 1948 von LAURITSEN, FOWLER und LAURITSEN gegeben. Das folgende Bild ist ihrem Artikel entnommen. Ungeachtet der Tatsache, daß eine beträchtliche Vielfalt an Methoden zur Erzeugung von Kernreaktionen für Untersuchungen von angeregten Kernzuständen zur Verfügung stand, war die Anwendung jeder einzelnen Methode durch die erreichbare Energie, die verfügbaren Targetkerne und den Wirkungsquerschnitt der Reaktion eingeschränkt. Diese

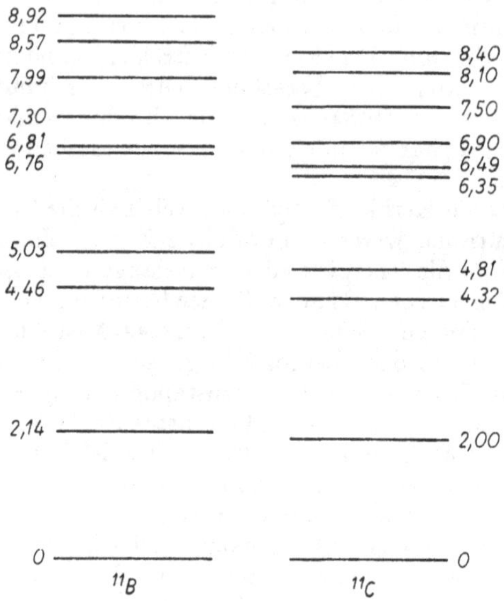

Abb. 7a. Die unteren Energieniveaus von ^{11}C und ^{11}B

Einschränkungen variierten mehr oder weniger zufällig von einem Kern zum anderen, und so waren bei manchen Kernen viele angeregte Zustände und bei anderen überhaupt keine bekannt.

Im Jahre 1949 begannen einige experimentelle Gruppen mit der Suche nach Spiegelzuständen. Der erste positive Nachweis eines Spiegelzustandes wurde im ^7Be gefunden. BROWN, CHAO, FOWLER[1]) und LAURITSEN (1949) ent-

[1]) FOWLER und LAURITSEN hatten 1936 beim ersten Experiment zur Bindungsenergie von Spiegelkernen ebenfalls zusammengearbeitet.

deckten einen angeregten Zustand bei der Energie von 434 keV durch die Beobachtung von α-Teilchen, die in der Reaktion $^{10}B(p,\alpha)^{7}Be$ entstanden. Dieser Zustand entsprach der Energie nach einem gut bekannten Zustand im ^{7}Li bei 479 keV. Ungefähr zur selben Zeit tauchten Argumente gegen die Theorie auf. Im ^{13}C waren zwei niedrigliegende angeregte Zustände bei Anregungsenergien von 3,09 und 3,91 MeV bekannt. Im Jahre 1949 fand VAN PATTER Resonanzen in der $^{12}C\,(p,\gamma)\,^{13}N$-Reaktion, die auf angeregte Zustände vom ^{13}N bei 2,29 und 3,48 MeV hinwiesen. Er betonte, daß die Energiezustände dieser Spiegelkerne nicht korrespondieren, wie zu erwarten wäre, wenn die Proton-Proton- und Neutron-Neutron-Kräfte gleich sind.

Ungeachtet dieses entmutigenden Falles tauchten unaufhörlich Beweise zugunsten der Ladungssymmetrie auf, und 1951 wurde eine Reihe von angeregten Zuständen im ^{11}C und ^{11}B mit Energien, die sich bis zu 200 keV entsprachen, gemessen. Heutzutage gibt es genaue Daten

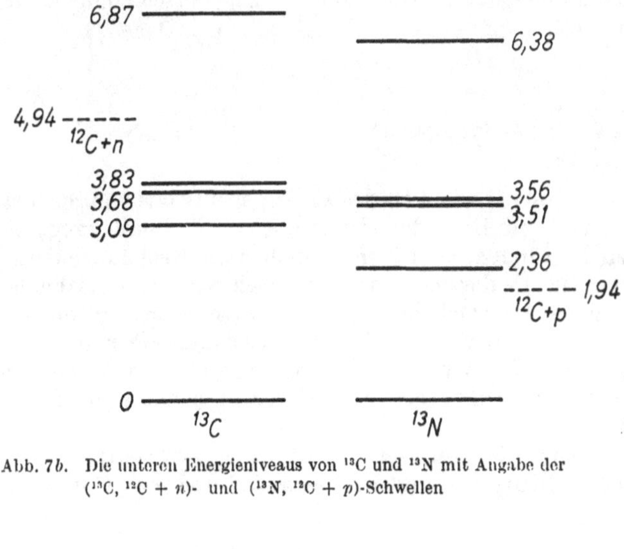

Abb. 7b. Die unteren Energieniveaus von ^{13}C und ^{13}N mit Angabe der (^{13}C, $^{12}C + n$)- und (^{13}N, $^{12}C + p$)-Schwellen

über die Energien der niedrigliegenden angeregten Zustände vieler leichter Kerne. Die größte Abweichung von der Voraussage der Ladungssymmetrie kommt bei ^{13}N und ^{13}C (vgl. Abb. 7*b*) vor, wo man eine Diskrepanz von 700 keV zwischen den Energien der ersten angeregten Zustände hat. Wir wissen jetzt, daß die Differenz mit der geringen Bindungsenergie des letzten Protons im ^{13}N zusammenhängt. Wegen der Coulomb-Abstoßung zwischen den Protonen ist ^{13}N weniger stark gebunden als ^{13}C, und sein erster angeregter Zustand ist um 400 keV instabil gegenüber Protonenemission (zu ^{12}C + p), wohingegen sein Spiegelzustand um etwa 2 MeV stabil gegenüber einer Spaltung unter Emission eines Neutrons ist. Weil ein Spiegelzustand gebunden und sein Gegenstück ungebunden ist, genügen die Wellenfunktionen außerhalb des Kerns völlig unterschiedlichen Grenzbedingungen, und daraus folgt eine große Energieverschiebung. Die Erklärung dieses Effekts wurde von Thomas (1950) und Ehrman (1951) gegeben, und Energieverschiebungen von Energieniveaus, die auf Coulomb-Grenzeffekte zurückzuführen sind, werden oft Thomas-Verschiebungen genannt.

4.2. *Ladungsparität*

Um die Ähnlichkeit des Energiespektrums von Spiegelkernen mit Hilfe der Hypothese der Ladungssymmetrie zu begründen, sind keine detaillierten Rechnungen notwendig. In diesem Abschnitt geben wir einen mathematischen Ausdruck für die Ladungssymmetrie an, der für die Ableitung weiterer Konsequenzen dieses Prinzips nützlich ist. Er wurde zuerst von Kroll und Foldy in ihrer Diskussion der Auswahlregeln benutzt (s. Teil 2, S. 277).

Wenn die Kernwechselwirkungen symmetrisch zwischen Neutronen und Protonen sind und man Coulomb-

Wechselwirkungen vernachlässigt, sind die Gleichungen, die die Bewegung eines Systems von Z Protonen und N Neutronen beschreiben, mit den Gleichungen, die ein System von Z Neutronen und N Protonen beschreiben, durch eine einfache Variablentransformation verknüpft, welche die Spin- und Ortskoordinaten der Neutronen und Protonen vertauscht. Wenn φ eine Wellenfunktion ist, die den Zustand eines Kerns mit Z Protonen, N Neutronen und der Energie E beschreibt, dann beschreibt die transformierte Wellenfunktion φ' einen Zustand des Spiegelkerns (N Protonen und Z Neutronen) mit derselben Energie E und denselben Drehimpuls- und Paritätsquantenzahlen. Dieser Koordinatenaustausch kann formal durch einen Operator P dargestellt werden, so daß φ und φ' durch die Gleichung

$$\varphi' = P\varphi$$

verknüpft sind. Der zweimalige Koordinatenwechsel führt zur ursprünglichen Wellenfunktion zurück, so daß $P^2 = 1$ gilt.

Ein Spezialfall ergibt sich für einen selbstkonjugierten Kern mit $N = Z$. Dann gehört der Zustand φ zu demselben Kern wie der Zustand φ', und weil er die gleiche Energie besitzt, muß er mit diesem übereinstimmen. Somit gilt

$$\varphi' = P\varphi = p\varphi,$$

wobei p ein Zahlenfaktor ist. Da $P^2 = 1$ gilt, ist $p^2 = 1$ oder $p = \pm 1$. Die Zustände eines solchen Kerns unterteilen sich in zwei Klassen mit $p = 1$ bzw. $p = -1$. Wir werden sehen, daß Zustände, die verschiedenen Klassen angehören, unterschiedliche physikalische Eigenschaften besitzen. Die Berücksichtigung der Coulomb-Wechselwirkungen verschiebt die relativen Energien entsprechender Spiegelzustände und verändert auch die Wellenfunktionen. Diese Modifikationen sind klein, aber nicht Null, und wenn auch die Voraussagen, die aus der Ladungssymmetrie folgen, nahezu gültig bleiben, so sind sie doch nicht exakt, und es sind kleine Abweichungen zu erwarten.

4.3. *Ladungsunabhängigkeit bei der Nukleon-Nukleon-Streuung*

Die ersten Proton-Proton-Streuexperimente von Tuve, Heydenberg und Hafstad (1936) und die Analyse von Breit, Condon und Present (1936) stellten die Existenz einer anziehenden Wechselwirkung kurzer Reichweite zwischen Protonen fest, die hinsichtlich ihrer Stärke mit der Neutron-Proton-Wechselwirkung vergleichbar ist. Auf Grund dieses Tatbestandes schlugen Breit, Condon und Present vor, daß die Proton-Proton- und Neutron-Proton-Wechselwirkungen im $^1S_0$-Zustand der Relativbewegung gleich sein könnten, wenn die Coulomb-Wechselwirkung vernachlässigt wird. Dieses wiederum führte zur Hypothese der Ladungsunabhängigkeit, die besagt, daß zwischen allen Paaren von Kernteilchen dieselben Kräfte wirken. Der Vorschlag wurde erstmals 1936 gemacht, und im Laufe der nächsten 15 Jahre wurden die experimentellen Messungen der Wirkungsquerschnitte der Proton-Proton- und Neutron-Proton-Streuung in ihrer Genauigkeit so weit verbessert, daß seine Gültigkeit getestet werden konnte. Die genaueste Information, die wir heute besitzen, ist in der Streulänge a_{pp} und der effektiven Reichweite r_{0pp} für die Proton-Proton-Streuung

$$a_{pp} = (-\,7{,}784 \pm 0{,}030)\,\text{fm}, \quad r_{0pp} = (2{,}73 \pm 0{,}08)\,\text{fm}$$

sowie in den entsprechenden Größen für die Neutron-Proton-Singulettstreuung

$$a_s = (-\,23{,}78 \pm 0{,}035)\,\text{fm}, \quad r_{0s} = (2{,}670 \pm 0{,}023)\,\text{fm}$$

zusammengefaßt.

Die beiden Parametersätze können wegen der Coulomb-Wechselwirkung der Protonen nicht direkt verglichen werden. BLATT und JACKSON (1950) zeigten, daß sich unter Annahme der Ladungsunabhängigkeit (d. h., wenn dasselbe Kernpotential zur Berechnung der Neutron-Proton- und der Proton-Proton-Singulettstreuparameter benutzt wird) die beiden effektiven Reichweiten als gleich erweisen, während die Streulängen näherungsweise durch die Formel

$$a_{\mathrm{pp}}^{-1} = a_{\mathrm{s}}^{-1} + \frac{1}{R}\left(\log\frac{r_0}{R} + 0{,}33\right) \tag{4.2}$$

miteinander verknüpft sind. In dieser Gleichung ist $R = \hbar/Me^2 = 2{,}88$ fm eine charakteristische COULOMB-Länge für Protonen (sie ist der BOHRsche Radius eines durch eine Einheitsladung gebundenen Protons), und r_0 ist die effektive Reichweite der Wechselwirkung. Die beiden effektiven Reichweiten sind in der Tat fast gleich. Benutzt man den gemessenen a_{pp}-Wert zur Abschätzung der Singulettstreulänge a_{s} für die Neutron-Proton-Streuung nach Gleichung (4.2), so erhält man einen Wert von ungefähr -17 fm anstelle von $-23{,}8$ fm. Für diese Diskrepanz gibt es zwei mögliche Erklärungen: Sie könnte durch die Unzulänglichkeit der Gleichung (4.2) bedingt sein, da diese nur genähert gilt. Es gibt keine Methode, die Neutron-Proton- und Proton-Proton-Streuung zu vergleichen, die völlig unabhängig von der Form des Wechselwirkungspotentials ist. Wenn zwei Potentiale mit unterschiedlicher Form und mit Stärken und Reichweiten, die so gewählt sind, daß sie die Proton-Proton-Streuung richtig beschreiben, zur Berechnung der Neutron-Proton-Singulettstreulänge benutzt werden, werden sie nicht exakt dasselbe Resultat liefern, obgleich das Resultat in beiden Fällen irgendwo in der Nähe der Voraussage nach Gleichung (4.2) liegen wird. Es ist sogar möglich, die Form des Potentials so zu wählen, daß die Hypothese der Ladungsunabhängigkeit exakt gilt, d. h., es ist möglich, ein Potential zu finden, das die experimentellen Werte beider niederenergetischen Parametersätze (PRESTON und SHAPIRO, 1956) liefert. Andererseits ist es wahrscheinlicher, daß die Hypothese der Ladungsunabhängigkeit nicht exakt gilt und die Neutron-Proton-Wechselwirkung ein wenig stärker als die Proton-Proton-Wechselwirkung ist. Die berechneten Differenzen in den Stärken variieren in Abhängigkeit von der Form des Potentials von 0 bis 3%.

4.4. Isospin

Heisenberg führte den Isospin als ein Mittel zur Beschreibung eines Systems ein, das aus zwei Arten von Teilchen besteht. In seiner Arbeit enthielt dieser Formalismus keine physikalischen Annahmen, und Heisenberg hätte genau so gut ohne ihn auskommen können. Als die Ladungsunabhängigkeit postuliert war, erkannten Cassen und Condon (1936), daß der Isospin eine natürliche Möglichkeit darstellt, die Konsequenzen dieser Hypothese zu beschreiben. Sie zeigten in einer klaren und einfachen Arbeit, deren Übersetzung wir im Teil 2 dieses Buches wiedergeben, wie diese Methode angewandt werden kann, um Deuteronenzustände zu diskutieren. Sie haben jedoch nicht die allgemeineren Konsequenzen der Theorie herausgearbeitet oder gezeigt, wie man sie für kompliziertere Kerne verwenden kann. Das geschah durch Wigner (1937) in einem sehr wichtigen Artikel, der auch die erste Arbeit über eine allgemeine Methode zur Klassifizierung der Kernzustände enthielt, die als Supermultiplетttheorie bezeichnet wird. Diese Theorie war viel komplizierter als die Isospintheorie, und Wigners Artikel war für die meisten Experimentatoren und viele theoretische Physiker zu schwierig. Die einfachen Konsequenzen der Ladungsunabhängigkeit wurden in breiten Kreisen erst viele Jahre später erkannt.

Im Kap. III sahen wir, daß Heisenberg die Operatoren τ^{ξ}, τ^{η} und τ^{ζ} einführte, die in derselben Weise wie die Paulischen Spinmatrixen (s. Teil 2, S. 197) definiert sind. Für ein System aus A Nukleonen sind die Operatoren

$$T_\zeta = \frac{1}{2} \sum_i \tau_i^\zeta, \ldots$$

analog zu den Komponenten des Gesamtspinoperators $\boldsymbol{S}$ eines Elektronensystems und erfüllen dieselben Kommutationsbeziehungen wie die Drehimpulsoperatoren. Alle mathematischen Eigenschaften der Isospinoperatoren können aus diesen Kommutationsbeziehungen abgeleitet werden und müssen mit denen der Drehimpulsoperatoren identisch sein. Insbesondere kann ein Zustand ein Eigenzustand der beiden Operatoren T_ζ und $\boldsymbol{T}^2 = T_\xi^2 + T_\eta^2 + T_\zeta^2$ sein. Die möglichen Werte für $\boldsymbol{T}^2$ sind gleich $T(T+1)$, wobei T ganz- bzw. halbzahlig ist. Für einen gegebenen Wert von T kann T_ζ $2T+1$ verschiedene Werte annehmen, nämlich $T, T-1, \ldots -T$. Wir müssen diesen Formalismus interpretieren und seine Bedeutung für die Hypothese der Ladungsunabhängigkeit zeigen.

Der Operator τ_i^ζ hat den Wert 1, wenn das Teilchen i ein Proton ist, und -1, wenn es ein Neutron ist. Deshalb entspricht der Operator

$$\frac{1}{2} \sum_i (1 + \tau_i^\zeta) = \frac{1}{2} A + T_\zeta$$

der Gesamtzahl der Neutronen Z in einem Kern. Folglich gilt

$$T_\zeta = Z - \frac{1}{2} A = \frac{1}{2} (Z - N).$$

Das bedeutet, daß der Eigenwert von T_ζ den Protonenüberschuß eines Kernzustandes bestimmt. Alle Zustände desselben Kerns müssen Eigenzustände von T_ζ mit dem gleichen Eigenwert sein. Ferner muß T_ζ ganzzahlig sein, wenn A eine gerade Zahl ist, und halbzahlig, wenn A

ungerade ist. In der folgenden Diskussion verwenden wir eine symmetrischere Schreibweise mit $T_\zeta = T_0$.

Die Matrizen τ^ξ und τ^η wurden von HEISENBERG eingeführt, um die Austauschkräfte mathematisch darzustellen. Sie verwandeln ein Proton in ein Neutron und umgekehrt. Geeignetere Matrizen sind die Kombinationen $\tau^\pm = \tau^\xi \pm i\tau^\eta$. Ist das i-te Nukleon ein Proton, so wird es durch τ_i^- in ein Neutron verwandelt; wenn es bereits ein Neutron ist, so transformiert τ_i^- die Wellenfunktion zu Null. Der Operator τ_i^+ hat die umgekehrte Wirkung. Folglich transformiert

$$T_+ = \frac{1}{2} \sum_i \tau_i^+$$

eine Wellenfunktion φ, die einen Kernzustand mit Z Protonen und N Neutronen beschreibt, in eine Wellenfunktion $\varphi_+ = T_+\varphi$, die einen Zustand mit $Z + 1$ Protonen und $N - 1$ Neutronen beschreibt. T_0 ist um 1 gewachsen. Entsprechend beschreibt $\varphi_- = T_-\varphi$ einen Zustand mit $Z - 1$ Protonen und $N + 1$ Neutronen. Mit anderen Worten, die Operatoren $T_\pm$ verknüpfen Zustände eines gegebenen Kerns mit Zuständen von Nachbarkernen mit demselben Atomgewicht (isobare Kerne).

FERMI (1934) benutzte $T_\pm$ in seiner Theorie des β-Zerfalls. Beim Elektronen- oder Positronenzerfall verwandelt sich ein Kern in einen isobaren Nachbarkern, und die Operatoren $T_\pm$ liefern eine bequeme mathematische Darstellung dieses Prozesses.

Die physikalischen Eigenschaften der Operatoren $T_\pm$ spiegeln sich in den Kommutationsbeziehungen

$$[T_0, T_\pm] = \pm T_\pm$$

wider. Wenn φ ein Eigenzustand von T_0 mit dem Eigenwert t_0 und $\varphi_+ = T_+\varphi$ ist, dann gilt

$$\begin{aligned} T_0\varphi_+ = T_0 T_+\varphi &= [T_0, T_+]\varphi + T_+ T_0\varphi \\ &= T_+\varphi + t_0 T_+\varphi = (t_0 + 1)\varphi_+, \end{aligned}$$

d. h., φ_+ ist ein Eigenzustand von T_0 mit dem Eigenwert $t_0 + 1$. Mit anderen Worten, T_+ hat ein Neutron in ein Proton verwandelt. Bei manchen Zuständen kann es sich als unmöglich erweisen, ein Neutron in ein Proton zu verwandeln, ohne das PAULI-Prinzip zu verletzen. In diesem Fall entsteht $T_+\varphi = 0$. Die Operatoren $T_\pm$ kommutieren mit $\boldsymbol{T}^2$. Wenn φ ein Eigenzustand von $\boldsymbol{T}^2$ mit dem Eigenwert $T(T+1)$ ist, so gilt für $T_\pm \varphi$ das gleiche. Wenn $T_0\varphi = T\varphi$ gilt, dann folgt $T_+\varphi = 0$, da T der Maximalwert von T_0 ist.

Die Hypothese der Ladungsunabhängigkeit bedeutet physikalisch, daß die Kräfte zwischen allen Nukleonenpaaren gleich sind. Im mathematischen Formalismus ist das der Behauptung äquivalent (WIGNER, 1937), daß der den Kern beschreibende HAMILTON-Operator nicht von den Isospinkoordinaten abhängt oder, genauer, daß der HAMILTON-Operator durch die Raum- und Spinkoordinaten allein ausgedrückt werden kann und nicht zwischen Neutronen und Protonen unterscheidet. Das bedeutet nicht, daß man ihn nicht auch auf andere Art schreiben kann, und es gibt oft viele äquivalente Beschreibungen für denselben Operator.

In Kap. II diskutierten wir die von HEISENBERG, MAJORANA und WIGNER eingeführten Kräfte. Die allgemeinste Zentralwechselwirkung $V(r)$ ist eine Linearkombination eines gewöhnlichen Potentials $V_W(r)$, des von WIGNER eingeführten Typs, einer HEISENBERG- und MAJORANA-Wechselwirkung $V_H(r)P_M P_\sigma$ und $V_M(r)P_M$ und einer vierten Wechselwirkung, der Spinaustauschwechselwirkung $V_B(r)P_\sigma$, die zuerst von BARTLETT (1936) benutzt wurde:

$$V = V_W(r) + V_B(r)P_\sigma + V_M P_M + V_H(r)P_M P_\sigma .$$

Die Operatoren P_M und P_σ sind die Orts- und Spinaustauschoperatoren. Wenn die Austauschoperatoren P_M und P_σ die Ortskoordinaten und Spins sowohl gleicher als auch ungleicher Teilchen[1]) vertauschen, so ist die Wechselwirkung V ladungsunabhängig, da sie weder zwischen Neutronen und Protonen unterscheidet noch von den Isospinkoordinaten abhängt.

Wir bewiesen in Kap. II, daß $P_M P_\sigma = - P_c$ gilt, wobei P_c der Ladungsaustauschoperator ist. P_c kann durch die Isospinkoordinaten $\boldsymbol{\tau}_1$ und $\boldsymbol{\tau}_2$ der wechselwirkenden Nukleonen dargestellt werden:

$$P_c = \frac{1}{2}\,(1 + \boldsymbol{\tau}_1\,\boldsymbol{\tau}_2)$$

(s. CASSEN und CONDON, Teil 2, S. 261). Ähnlich gilt

$$P_\sigma = \frac{1}{2}\,(1 + \boldsymbol{\sigma}_1\boldsymbol{\sigma}_2)$$

und

$$P_M = -\frac{1}{4}\,(1 + \boldsymbol{\sigma}_1\boldsymbol{\sigma}_2)\,(1 + \boldsymbol{\tau}_1\,\boldsymbol{\tau}_2).$$

Folglich kann dieselbe Wechselwirkung V auf andere Weise geschrieben werden.

$$\begin{aligned} V = V_1(r) + V_2(r)(\boldsymbol{\sigma}_1\,\boldsymbol{\sigma}_2) + V_3(r)\,(\boldsymbol{\tau}_1\boldsymbol{\tau}_2) \\ + V_4(r)\,(\boldsymbol{\sigma}_1\boldsymbol{\sigma}_2)\,(\boldsymbol{\tau}_1\boldsymbol{\tau}_2), \end{aligned}$$

wobei die V_1, V_2, V_3, V_4 Linearkombinationen von V_W, V_M, V_B und V_H sind. Diese Wechselwirkung hängt explizit von den Isospinkoordinaten ab, aber sie ist wegen der Antisymmetrie der Gesamtwellenfunktion bezüglich des Austausches von Orts-, Spin- und Isospinkoordinaten zweier Nukleonen völlig äquivalent zur ersten Form, die nur von den Orts- und Spinkoordinaten abhing. Die

[1]) Die Austauschoperatoren P'_M und P'_σ, die in Kap. II benutzt wurden, vertauschen die Ortskoordinaten und Spins nur bei ungleichen Nukleonen und sind gleich Null für ein Paar gleichartiger Nukleonen.

zweite Form, welche die Isospinkoordinaten enthält, tritt explizit in den Potentialen auf, die aus der Mesonentheorie der Kernkräfte abgeleitet werden.

Die oben angeführte Definition der Ladungsunabhängigkeit besagt, daß die Operatoren T_0, $T_\pm$ und $\boldsymbol{T}^2$ alle mit einem ladungsunabhängigen HAMILTON-Operator kommutieren. Demzufolge sind die Kernzustände, die Eigenzustände des HAMILTON-Operators sind, ebenfalls Eigenzustände von $\boldsymbol{T}^2$ mit dem Eigenwert $T(T+1)$. Somit besitzt jeder Kernzustand zusätzlich zu seiner Energie-, Drehimpuls- und Paritätsquantenzahl noch eine Quantenzahl T. Die neue Quantenzahl wird als Isospin bezeichnet. Sie kann ganzzahlig sein, wenn A geradzahlig ist, und halbzahlig, wenn A ungeradzahlig ist. Angenommen, ein Kern mit Z Protonen und N Neutronen besitzt einen Energiezustand E, den Spin J, die Parität π und den Isospin T. Da der Operator T_+ mit dem HAMILTON-Operator, dem Drehimpuls- und Paritätsoperator sowie $\boldsymbol{T}^2$ kommutiert, ist der Zustand $\varphi_+ = T_+\varphi$ ebenfalls ein Zustand mit der Energie E und hat denselben Drehimpuls, dieselbe Parität und denselben Isospin wie φ. Folglich können in benachbarten isobaren Kernen Zustände auftreten, die dem Zustand φ analog sind und dieselben Quantenzahlen wie dieser besitzen.

4.5. *Isobare Multipletts*

Wenn die Kernkräfte ladungsunabhängig sind, sagt die Theorie des Isospins die Existenz von isobaren Multipletts, d. h. Gruppen von Zuständen mit denselben Quantenzahlen in isobaren Kernen, voraus. Dieser Umstand wurde zuerst von WIGNER (1937) diskutiert.

Wir haben im letzten Abschnitt gesehen, daß die Ladungsunabhängigkeit bedeutet, daß die Kernzustände zusätzlich zum Drehimpuls und zur Parität eine Isospinquantenzahl besitzen. Wenn ein Zustand eines beliebigen

Kerns den Isospin T hat, dann gibt es insgesamt $2T + 1$ Zustände derselben Energie, deren Werte für T_0 zwischen T und $-T$ liegen. Da $T_0 = (Z - N)/2$ ist, sind das Zustände in $2T + 1$ verschiedenen Kernen mit demselben A, aber mit einem $N - Z$, das von $2T$ bis $-2T$ reicht. Verschiedene isobare Kerne sollten Energieniveaus mit der gleichen Bindungsenergie besitzen. Wenn z. B. ein Kern mit einem bestimmten Wert für $|N - Z|$ ein Energieniveau mit einer spezifischen Bindungsenergie besitzt, dann sollte jeder isobare Kern mit einem gleich großen oder kleineren Wert für $|Z - N|$ ein Niveau mit derselben Bindungsenergie besitzen. Ein Niveau mit $T = 0$ erscheint nur in einem selbstkonjugierten Kern mit $N = Z = A/2$. Ein Niveau mit $T = 1$ kann in einem selbstkonjugierten Kern und auch in den Nachbarkernen mit $Z = A/2 \pm 1$ und $N = A/2 \mp 1$ vorkommen usw. Alle Niveaus desselben Multipletts besitzen die gleiche Energie, den gleichen Drehimpuls und die gleiche Parität.

Die Kernkräfte sind jedoch wegen der COULOMB-Abstoßung zwischen den Protonen nicht exakt ladungsunabhängig. Die COULOMB-Kräfte verschieben die Bindungsenergie der Kernzustände, wie im Abschnitt 4.1. diskutiert wurde, die COULOMB-Energie kann aber unter Benutzung der Formel (4.1) abgezogen werden, und nachdem dies erfolgt ist, sollten die Energien der entsprechenden Zustände von isobaren Kernen fast die gleichen sein.

Der erste erfolgreiche Vergleich wurde von SHERR, MUETHER und WHITE (1948) anhand des Isobarentripletts ^{14}C, ^{14}N, ^{14}O durchgeführt. Sie untersuchten den Positronenzerfall von ^{14}O und fanden, daß er zu einem angeregten Zustand von ^{14}N führt, der unter Emission von 2,3-MeV-γ-Quanten zerfällt. Die maximale Positronenenergie wurde mit 1,8 MeV gemessen. Aus diesem Experiment schlußfolgerten sie, daß ^{14}N einen angeregten Zustand bei 2,3 MeV besitzt und daß die Differenz in den Atomgewichten zwischen ^{14}N und ^{14}O 5,1 MeV beträgt.

Sie vermuteten, daß die Grundzustände von ^{14}C und ^{14}O und der 2,3-MeV-Zustand von ^{14}N drei Zustände eines Isobarentripletts ($T = 1$) sind. Um ihre Vermutung zu prüfen, berechneten sie aus den bekannten Atomgewichten von ^{14}C und ^{14}N die Lage des angeregten Zustandes in ^{14}N und die Differenz der Atomgewichte von ^{14}N und ^{14}O. Die Coulomb-Energien wurden unter Benutzung der Formel (4.1) mit $r_0 = 1{,}44$ fm gefunden. Ihre berechneten Werte betrugen 2,39 MeV und 5,12 MeV, beide in guter Übereinstimmung mit den experimentellen Werten. Abb. 8 zeigt die niedrigliegenden Zustände von ^{14}C, ^{14}N und ^{14}O.

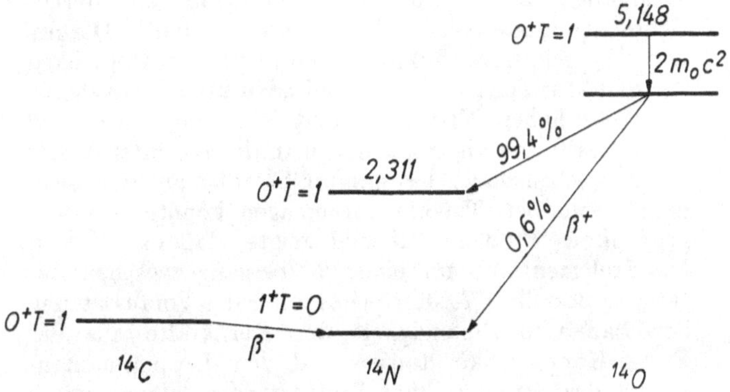

Abb. 8. Der β-Zerfall von ^{14}C und ^{14}O

4.6. *Übergangswahrscheinlichkeiten beim β-Zerfall*

β-Übergangswahrscheinlichkeiten werden am zweckmäßigsten durch ihre ft-Werte charakterisiert. Dieser ist das Produkt aus der Halbwertzeit t des Zerfalls und einem Faktor f, der von der Ladung des zerfallenden Kerns und der beim Zerfall emittierten Energie abhängt. Bei einem erlaubten Übergang hängt der ft-Wert nur von der Struktur des Kernzustandes und dem Zerfallsmechanismus und nicht von der freigesetzten Energie ab:

$$ft = \frac{2\pi^3(\hbar/mc^2)\ln 2}{[g_V^2\,|M_F|^2 + g_A^2\,|M_\sigma|^2]}.$$

In dieser Gleichung sind M_F und M_σ die FERMI- und GAMOW-TELLER-Matrixelemente[1]) und g_V und g_A die entsprechenden Kopplungskonstanten ($g_V = 2{,}95 \cdot 10^{-12}$ und $g_A/g_V = 1{,}24$). Messungen zeigen, daß die ft-Werte von β-Übergängen zwischen analogen Zuständen von Spiegelkernen viel kleiner als im Mittel sind (d. h., die Übergangselemente M_F und M_σ sind groß). Aus diesem Grund nennt man solche Übergänge supererlaubt. Die großen Übergangsraten erklären sich durch die Ähnlichkeit der Struktur der Anfangs- und Endzustände. Auf diesen Umstand haben NORDHEIM und YOST im Jahre 1937 hingewiesen und angeregt, daß man die absoluten Werte für die Lebensdauer bestimmter Strahler auf der Basis der FERMIschen Theorie voraussagen könnte. WIGNER griff dieses Problem auf und zeigte, daß das FERMI-Matrixelement M_F für einen β-Übergang zwischen Zuständen desselben T-Multipletts unter der Voraussetzung der Ladungsunabhängigkeit der Kernkräfte aus der FERMI-Kopplungskonstanten und den Isospinquantenzahlen des Anfangs- und Endzustandes, ohne weitere Kenntnisse der Kernwellenfunktion, bestimmt werden konnte. Das FERMI-Matrixelement sollte für Übergänge zwischen Zuständen, die verschiedenen Ladungsmultipletts angehören, gleich Null sein. Diese Voraussagen sind schwer zu überprüfen, da in den meisten Fällen die Wechselwirkung vom GAMOW-TELLER-Typ ebenfalls zum Matrixelement des β-Übergangs beiträgt und dieser Beitrag nicht ohne detailliertere Kenntnis der Kernwellenfunktion berechnet werden kann. Es gibt jedoch einige

[1]) $M_F = (f\,|\,T_\pm\,|\,i)$, $M_\sigma = \left(f\,\middle|\,\sum_j \sigma_j \tau_j^\pm\,\middle|\,i\right)$ mit $|i)$ und $|f)$ als Anfangs- und Endzustand.

Übergänge, für die der GAMOW-TELLER-Übergang verboten ist ($M_\sigma = 0$) und der einzige Beitrag von der FERMI-Wechselwirkung kommt. Dieser Fall tritt auf, wenn Anfangs- und Endzustand den Spin Null und die gleiche Parität besitzen. Das am besten bekannte Beispiel (Abb. 8) ist der Übergang vom 0^+-Grundzustand des ^{14}O zum 0^+-Zustand in ^{14}N mit einer Anregungsenergie von 2,3 MeV über dem Grundzustand. Diese beiden Zustände gehören zum gleichen Isobarenmultiplett, und die WIGNERsche Formel für das Übergangsmatrixelement lautet

$$M_F = (T, T_0^f | T_\pm | T, T_0^i) = [T(T+1) - T_0^i T_0^f]^{1/2},$$

wobei T der Isospin des Multipletts und T_0^i bzw. T_0^f seine dritte Komponente im Anfangs- und Endzustand sind. Für den Übergang $^{14}\text{O} \rightarrow {}^{14}\text{N}$ ist $T = 1$ und $T_0^f = 0$, so daß $M_F = \sqrt{2}$ gilt. Die Formel für das FERMI-Matrixelement wurde von WIGNER 1939 angegeben, aber mit ihrer experimentellen Überprüfung wurde erst nach 1953 begonnen.

In Tab. 3 sind neuere ft-Werte der am sorgfältigsten gemessenen Übergänge zwischen Zuständen mit dem Spin Null und positiver Parität, die dem ($T = 1$)-Isobarenmultiplett angehören, aufgeführt. Die ft-Werte sollten alle gleich sein, wenn die Theorie von FERMI richtig ist und die Kernkräfte ladungsunabhängig sind.

Tab. 3. ft-Werte reiner FERMI-Übergänge

	^{14}O	^{26}Al	^{34}Cl	^{46}V	^{54}Co
a)	3066 ± 10	3015 ± 12	3055 ± 20	3011 ± 25	2966 ± 18
b)	3173	3135	3176	3172	3165

a) Experimentelle Werte zitiert aus FREEMAN u. a. (1964).
b) Mit Korrekturen der Kerngröße, der Elektronenabschirmung und Strahlungskorrekturen.

Die experimentellen Werte weichen um weniger als 1% voneinander ab.

Es gibt einige Beispiele von β-Übergängen zwischen Zuständen mit dem Spin Null und derselben Parität, wo die Anfangs- und Endzustände unterschiedlichen Ladungsmultipletts angehören. Wenn die Hypothese der Ladungsunabhängigkeit streng gültig wäre, sollten diese Übergänge verboten sein. Coulomb-Effekte sowie eine mögliche geringe Ladungsabhängigkeit der Kernkraft (s. Abschnitt 4.2) würden diese Auswahlregel etwas abschwächen, und die Übergänge würden mit geringer Wahrscheinlichkeit (d. h. mit großen ft-Werten) erfolgen. Es gibt zwei Beispiele für diese Übergangsart in der Zerfallsreihe $^{66}_{32}\mathrm{Ge} \to {}^{66}_{31}\mathrm{Cu} \to {}^{66}_{30}\mathrm{Zn}$. Die ft-Werte dieser Übergänge sind um einen Faktor von etwa 10^4 größer als die in Tab. 3 angegebenen, und die Voraussage der Ladungsunabhängigkeit ist gut erfüllt (Alford und French, 1961).

Zum Abschluß dieses Abschnittes geben wir einen Fall an, für den die einfachen Voraussagen, die aus der Ladungssymmetrie folgen, nicht zutreffen. Die auffallendste Diskrepanz kommt in den Zerfällen

$$^{14}\mathrm{C} \to {}^{14}\mathrm{N} + e^- + \tilde{\nu}, \qquad {}^{14}\mathrm{O} \to {}^{14}\mathrm{N} + e^+ + \nu$$

vor, die zum Grundzustand von ^{14}N führen (Abb. 8). Diese sind Spiegelübergänge und sollten gleiche ft-Werte besitzen. Die experimentellen ft-Werte für den Zerfall von ^{14}C und ^{14}O sind jedoch $1{,}12 \cdot 10^9$ bzw. $2{,}0 \cdot 10^7$. Sie unterscheiden sich um einen Faktor 50.

Auf den ersten Blick existiert hier eine ernste Diskrepanz zwischen der Voraussage der Ladungssymmetrie und dem experimentellen Ergebnis. Eine genauere Untersuchung zeigt aber, daß diese speziellen Übergänge sehr empfindlich gegenüber geringen Veränderungen in den Wellenfunktionen sind. Die Abweichung von der Ladungssymmetrie auf Grund der Coulomb-Kräfte zwischen den Protonen ist wahrscheinlich ausreichend, um die Differenz in den beobachteten ft-Werten zu erklären (FERRELL und VISSCHER, 1957). Die Erklärung besteht in folgendem.

Die β-Übergänge von den ^{14}C- und ^{14}O-Grundzuständen (Spin und Parität $J^\pi = 0^+$) zum ^{14}N-Grundzustand ($J^\pi = 1^+$) sind nach den GAMOW-TELLER-Auswahlregeln erlaubt, aber ihre ft-Werte sind abnorm groß. Eine einfache Abschätzung auf der Grundlage des Schalenmodells würde einen ft-Wert zwischen 10^3 und 10^4 voraussagen, während die gemessenen Werte $1{,}12 \cdot 10^9$ bzw. $2{,}0 \cdot 10^7$ sind. (Die Halbwertzeit von ^{14}C sollte etwa 1 d anstelle von 1000 a sein.) Mit anderen Worten, die β-Zerfallsmatrixelemente (reziprok zur Quadratwurzel aus dem ft-Wert) sind etwa um zwei Größenordnungen kleiner als erwartet. Die kleinen Werte sind wahrscheinlich auf ein zufälliges gegenseitiges Aufheben von Termen im β-Zerfalls-Matrixelement zurückzuführen. Dieser Umstand macht die relativen Übergangsraten von ^{14}O und ^{14}C empfindlich gegenüber kleinen Abweichungen von der Ladungssymmetrie. Im folgenden Absatz werden wir den Unterschied in den Wellenfunktionen der Grundzustände von ^{14}O und ^{14}C abschätzen, der notwendig ist, um die beobachtete Differenz in den β-Zerfalls-Matrixelementen zu liefern.

Es seien φ_C und φ_O die Wellenfunktionen der Grundzustände von ^{14}C und ^{14}O. Wenn die Kernkräfte exakt ladungssymmetrisch sind, gilt $\varphi_O = P\varphi_C$, d. h., die Wellenfunktion von ^{14}O würde aus der von ^{14}C durch den Austausch der Neutronen- und Protonenkoordinaten erhalten werden. Wenn man COULOMB-Kräfte berücksichtigt, ist die Wellenfunktion φ_O nicht mehr das genaue „Spiegelbild" von φ_C, sondern enthält eine geringe Beimischung anderer Zustände. Im allgemeinen sind die Wellenfunktionen φ_O und φ_C durch die Beziehung

$$\varphi_O = \frac{P\varphi_C + \alpha\chi}{(1 + \alpha^2)^{1/2}}$$

verknüpft. Die Wellenfunktion der Beimischung χ ist

orthogonal zu $P\varphi_C$, und die Amplitude α bestimmt den Grad der Beimischung. Wenn α klein ist, ist die Normierungskonstante $(1+\alpha^2)^{1/2} \approx 1$. Zwischen den β-Zerfalls-Matrixelementen M_O und M_C von ^{14}O und ^{14}C besteht eine entsprechende Beziehung

$$M_O = M_C + \alpha M_\chi, \tag{4.3}$$

wobei M_χ das Matrixelement des β-Zerfalls des beigemischten Zustandes im ^{14}O in den Grundzustand von ^{14}N ist. (Wenn φ_N die Wellenfunktion des Grundzustandes von ^{14}N und B der Operator des β-Übergangs ist, dann gilt $M_O = (\varphi_O|B|\varphi_N)$ und $M_\chi = (\chi|B|\varphi_N)$. Die aus den experimentellen ft-Werten gewonnenen Größen M_O und M_C sind

$$M_C = 8{,}3 \cdot 10^{-4}, \quad M_O = 6{,}3 \cdot 10^{-3}.$$

Deshalb ist nach Gleichung (4.3)

$$|\alpha M_\chi| < 7 \cdot 10^{-3}.$$

Für den beigemischten Zustand wird man einen „normalen“ ft-Wert von ungefähr 10^4 $(|M_\chi| \approx 0{,}25)$ erwarten. Hieraus folgt $\alpha \approx 0{,}03$.

In diesem ausgefallenen Beispiel würde eine Abweichung von der Ladungssymmetrie in den Wellenfunktionen von ^{14}O und ^{14}C, die einer 3%igen Beimischung in der Amplitude entspricht, einen Unterschied in den β-Zerfallsraten um einen Faktor 50 liefern. Ist solch eine Beimischung vereinbar mit der Ladungssymmetrie? Um diese Frage zu beantworten, ist es notwendig, den Einfluß der COULOMB-Kräfte auf die Wellenfunktion mit Hilfe der Störungstheorie oder einer anderen Näherungsmethode zu berechnen. Die Berechnungen erfordern eine sehr detaillierte Kenntnis der Kernwellenfunktionen, und jeder Fall muß individuell untersucht werden. FERRELL und VISSCHER führten für ^{14}C und ^{14}O eine solche Analyse durch und kamen zu dem Schluß, daß die elektromagnetischen Effekte die Abweichung von der Ladungssymmetrie in den β-Zerfallswahrscheinlichkeiten erklären können.

Obgleich die β-Zerfälle von ^{14}C und ^{14}O das eindrucksvollste Beispiel liefern, scheinen die Abweichungen von der Voraussage der Ladungssymmetrie für „Spiegel-β-Übergänge" die allgemeine Regel zu sein, z. B. $ft(^{12}N)/ft(^{12}B) = 1{,}11 \pm 0{,}01$.

4.7. *Kernreaktionen*

Um 1951 begann man, Daten über die Energiezustände von Spiegelkernen zu sammeln, und die Voraussagen der Ladungssymmetrie schienen bestätigt zu sein. Die Hypothese der Ladungsunabhängigkeit hatte die Existenz von Isobarenmultipletts vorausgesagt, es waren jedoch bis dahin nur zwei Fälle gefunden worden. Eine Methode zur Identifizierung der Komponenten eines Isobarenmultipletts war erforderlich und stand zur Verfügung, als man erkannte, daß die Postulate der Ladungssymmetrie und Ladungsunabhängigkeit zu Auswahlregeln für Kernreaktionen und elektromagnetische Übergänge führen.

Der erste Artikel zu dieser Fragestellung wurde 1952 von ADAIR (s. Teil 2, S. 270) veröffentlicht. Die Ladungsunabhängigkeit besagt, daß der Gesamtisospin eines Systems in jedem Prozeß erhalten bleiben muß. Insbesondere muß in einer Kernreaktion der Gesamtisospin des Endzustandes gleich seinem Wert im Anfangszustand sein. Die T_0-Komponente des Isospins bleibt auch erhalten, das ist aber der Ladungserhaltung äquivalent und führt zu keinen neuen Ergebnissen. Die Auswahlregeln erklärt man am einfachsten an Hand von Beispielen, und wir werden drei Fälle betrachten, von denen der erste auch bei ADAIR diskutiert ist. Weitere Beispiele werden in seinem Artikel betrachtet (s. Teil 2, S. 272).

Wenn zwei Kerne A und B die Isospins T_A und T_B besitzen, ist der mögliche Wert des Gesamtisospins T der beiden Kerne A und B durch die Beziehung

$$|T_A + T_B| \geqq T \geqq |T_A - T_B| \tag{4.4}$$

eingeschränkt. Wir benötigen dieses Resultat für die folgende Diskussion:

a) Die Reaktion ^{16}O (d, α) ^{14}N führt zu verschiedenen angeregten Zuständen von ^{14}N: Der Anfangszustand besteht aus $^{16}O + d$. Beide Kerne haben den Isospin Null; somit besagt die Beziehung (4.4), daß der Gesamtisospin T_i des Systems vor der Reaktion $T_i = 0$ ist. Der Endzustand besteht aus $\alpha + {}^{14}N$. Das α-Teilchen hat den Isospin Null, somit ist der Gesamtisospin T_f des Endzustandes gleich T_N, d. h. gleich dem Isospin des speziellen Zustandes des Stickstoffkerns, der gerade untersucht wird. Wegen der Erhaltung des Isospins gilt $T_i = T_f$. Folglich ist $T_N = 0$, und die Reaktion kann nur in Zustände von ^{14}N mit dem Isospin Null führen. Es wurden Gruppen von α-Teilchen beobachtet, die in den Grundzustand von ^{14}N und verschiedene angeregte Zustände, aber nicht in den Zustand bei 2,3 MeV führten, und das bestätigt, daß dieser ein $(T = 1)$-Zustand ist.

b) Unelastische Streuung von α-Teilchen an ^{14}N: Weil der Grundzustand von ^{14}N und das α-Teilchen beide den Isospin Null besitzen, zeigt ein dem vorigen Beispiel ähnliches Argument, daß die unelastische Streuung nur zu angeregten Zuständen mit $T = 0$ führen kann. Ein Übergang zum 2,3-MeV-$(T = 1)$-Zustand sollte verboten sein.

c) Unelastische Protonenstreuung an ^{14}N: Im Anfangszustand haben der ^{14}N-Kern und das Proton den Isospin Null bzw. $^1/_2$. Aus Gleichung (4.4) folgt, daß der Gesamtisospin des Anfangszustandes $T_i = {}^1/_2$ ist. Folglich muß der Gesamtisospin des Endzustandes $T_f = T_i = {}^1/_2$ sein. Das Proton besitzt den Isospin $^1/_2$, und sowohl $T_N = 0$ als auch $T_N = 1$ sind mit der Ungleichung (4.4) verträglich. Es gibt keine Auswahlregel, die den Übergang in den 2,3-MeV-($T = 1$)-Zustand von ^{14}N verbietet. Der Übergang zum 2,3-MeV-Zustand von ^{14}N taucht stark bei der (p,p')-Streuung auf, aber nicht im (α,α')-Prozeß.

Wir haben bereits erwähnt, daß bestimmte Konsequenzen der Ladungsunabhängigkeit auch aus der weniger einschränkenden Hypothese der Ladungssymmetrie folgen. Dieser Umstand war zu der Zeit, als ADAIR seinen Artikel schrieb, noch nicht klar erkannt worden. Er wurde aber kurz danach von KROLL und FOLDY (s. Teil 2, S. 277) betont. Sie zeigten, daß viele von ADAIRS Auswahlregeln bereits aus der Ladungssymmetrie abgeleitet werden können. Diese beiden Artikel halfen, den Unterschied zwischen den beiden Hypothesen zu klären.

Die Ladungssymmetrie führte zu Auswahlregeln in einer Reaktion

$$A + B \rightarrow C + D,$$

wenn jeder Kern selbstkonjugiert ist. Dann hat jede Kernwellenfunktion eine definierte Ladungsparität p_A, p_B, p_C bzw. p_D. Die Erhaltung der Ladungssymmetrie besagt, daß

$$p_A p_B = p_C p_D .$$

(Die Ladungsparität ist ähnlich der Raumparität eine multiplikative Quantenzahl.) In dem oben diskutierten Beispiel haben die Grundzustände von ^{16}O, d, α und ^{14}N alle eine gerade Ladungsparität ($p = +1$). Im Beispiel *a*) $^{16}O\,(d, \alpha)\,^{14}N$ besagt der Erhaltungssatz der Ladungsparität, daß $p_N = +1$ ist, d. h., in der Reaktion können nur angeregte Zustände mit gerader Ladungsparität erreicht werden.

Der Übergang zum 2,3-MeV-Zustand wurde nicht beobachtet, was darauf hindeutet, daß er eine negative Ladungsparität besitzt. Eine ähnliche Diskussion gilt für das zweite Beispiel. Die Ladungsparität sagt jedoch nichts über das dritte Beispiel aus, da das Proton nicht selbstkonjugiert ist. Die Auswahlregeln in den Beispielen *a*) und *b*) folgen aus der Hypothese der Ladungssymmetrie. Folglich liefert ihre Bestätigung im Experiment keinen eindeutigen Beweis der Ladungsunabhängigkeit. Sie sind jedoch wegen der Beziehung zwischen der Ladungsparität und dem Isospin $p = (-1)^T$ zur Bestimmung des Isospins eines Zustandes nützlich. Demnach kann eine Messung der Ladungsparität bestimmen, ob der Isospin gerade oder ungerade ist. Diese Information reicht oft aus, um seinen Wert zu fixieren.

4.8. γ-Übergänge

Auswahlregeln für γ-Übergänge wurden zuerst von Trainor (1952) und Radicati (1952) untersucht. In diesem Abschnitt diskutieren wir den Spezialfall des E1-(elektrischen Dipol-)Übergangs, der durch die Auswahlregeln am stärksten eingeschränkt wird. Der Operator des elektrischen Dipolmoments ist

$$\boldsymbol{D} = \sum_i e_i \boldsymbol{r}_i ,$$

wobei e_i die Ladung des i-ten Nukleons und $\boldsymbol{r}_i$ sein Ortsvektor ist. Nach Heisenberg kann man $e_i = e(1 + \tau_i^\zeta)/2$ oder

$$\boldsymbol{D} = \frac{1}{2} e \sum_i \boldsymbol{r}_i + \frac{1}{2} e \sum_i \tau_i^\zeta \boldsymbol{r}_i \tag{4.5}$$

setzen. Im ersten Glied der Gleichung (4.5) ist $\sum \boldsymbol{r}_i$ proportional den Schwerpunktskoordinaten des Kerns. Dieser Teil des Dipoloperators kann nur die Bewegung des Kerns als Ganzes verändern und kann keine Anregung verursachen. Folglich ist der effektive Dipoloperator

$$\boldsymbol{D}' = \frac{1}{2} e \sum_i \tau_i^\zeta \boldsymbol{r}_i .$$

Wenn wir die Proton- und Neutronkoordinaten vertauschen, dann gilt $\tau_i^\zeta \to -\tau_i^\zeta$ und $\boldsymbol{D}' \to -\boldsymbol{D}'$. Der Operator $\boldsymbol{D}'$ hat eine negative Ladungsparität. Wenn das Prinzip der Ladungssymmetrie richtig ist, kann demnach ein E1-Übergang in einem selbstkonjugierten Kern nur zwischen Zuständen unterschiedlicher Ladungsparität vorkommen.

Die Ladungsunabhängigkeit schließt eine Auswahlregel $\Delta T = 0$ oder 1 für alle Übergänge mit ein. Diese Auswahlregel ist nicht sehr einschränkend, da die Isospins der niedrig angeregten Zustände leichter Kerne selten um mehr als 1 differieren. In einem selbstkonjugierten Kern ist der Isospin jedoch mit der Ladungsparität über die Gleichung $p = (-1)^T$ verbunden, folglich ist wegen der Auswahlregel der Ladungsparität für die E1-Strahlung ein $(\Delta T = 0)$-Übergang verboten. Es gibt deshalb eine Auswahlregel $\Delta T = 1$ für die E1-Strahlung in selbstkonjugierten Kernen. Um den Effekt dieser Auswahlregel zu demonstrieren, geben wir in Tab. 4 einige Übergangsraten für E1-Übergänge im ^{16}O an. Die Übergangsraten sind als Verhältnis der gemessenen γ-Breite des Energieniveaus zur WEISSKOPFschen „Einteilchenabschätzung" für die Breite angegeben. Dadurch wird die Energieabhängigkeit der γ-Übergangswahrscheinlichkeit absepariert. Alle Übergänge führen von einem Anfangszustand mit dem Spin 1 und ungerader Parität zu einem Endzustand mit dem Spin 0 und gerader Parität.

Tab. 4. Einige E1-γ-Übergangsraten in ^{16}O

Energie des Anfangszustandes (in MeV)	Energie des Endzustandes (in MeV)	ΔT	Γ/Γ_W
7,12	0	0	$4 \cdot 10^{-4}$
7,12	6,06	0	$5 \cdot 10^{-7}$
9,58	0	0	$5 \cdot 10^{-6}$
13,1	0	1	0,14
17,7	0	1	0,06
22,5	0	1	0,39

Einige sind durch die Auswahlregel $\Delta T = 1$ erlaubt, und einige sind verboten. Die letzteren haben im Vergleich zu den ersteren alle sehr kleine Matrixelemente. Von Wilkinson wurden viele Experimente zur Überprüfung der $(\Delta T = 1)$-Auswahlregel in selbstkonjugierten Kernen durchgeführt. Wir verweisen auf einen Übersichtsartikel von ihm (Wilkinson, 1958), der die experimentelle Information zu den Isospinauswahlregeln für die γ-Strahlung zusammenfaßt.

Wir haben in diesem Kapitel gesehen, daß die Voraussagen der Ladungssymmetrie und Ladungsunabhängigkeit durch Experimente gut, aber niemals absolut bestätigt wurden. Es gibt immer kleine Abweichungen. Die Energieniveaus in Spiegelkernen entsprechen einander nicht exakt, und Übergänge, die durch die Isospinauswahlregeln verboten sind, haben große Halbwertzeiten. In den meisten Fällen können diese kleinen Abweichungen von der Theorie der Wirkung der Coulomb-Kräfte zugeschrieben werden, aber es gibt vielleicht auch kleine Unterschiede zwischen den Proton-Proton-, Neutron-Neutron- und Neutron-Proton-Kernkräften. Die Ergebnisse der Experimente des in diesem Kapitel beschriebenen Typs begrenzen diese Unterschiede in den Stärken der Wechselwirkung auf weniger als etwa 3%.

Kapitel V

Nukleon-Nukleon-Streuung bei hohen Energien

In Kap. IV haben wir uns mit Untersuchungen an leichten Kernen beschäftigt, die viel Beweismaterial zugunsten der Hypothesen der Ladungsunabhängigkeit und der Ladungssymmetrie geliefert haben. Andere Kernstrukturuntersuchungen ergaben nur qualitative Aussagen über die Kernkräfte. Die in Kap. III diskutierten niederenergetischen Streuexperimente konnten die Stärke und Reichweite der Kernwechselwirkung bestimmen, und das Quadrupolmoment des Deuterons begründete die Existenz von Tensorkräften, aber weitere Informationen konnten aus Experimenten bei niedrigen Energien nicht gewonnen werden. Der größte Teil unserer detaillierten Kenntnis der Kernkräfte stammt heutzutage aus Proton-Proton- und Neutron-Proton-Streuexperimenten bei hohen Energien. Es gibt nur sehr wenig direkte Informationen über die Neutron-Neutron-Kraft, aber die Ladungssymmetrie sagt uns, daß sie nahezu die gleiche wie die Proton-Proton-Kraft ist.

Vor kurzem sind zwei Monographien über Nukleon-Nukleon-Streuung erschienen. Die eine von Wilson (1963) enthält die experimentellen und phänomenologischen Aspekte und gibt eine vollständige Zusammenfassung aller zum Zeitpunkt ihrer Publikation verfügbaren experimentellen Daten. Die andere von Moravcsik (1963) gibt eine Einführung in die theoretischen Probleme und zeigt, wie die experimentellen Ergebnisse in theoretischen Modellen ausgewertet wurden. In diesem Kapitel geben wir eine kurze Zusammenfassung des bedeutsamen Materials, das in diesen beiden Büchern im Detail diskutiert wird.

Nukleon-Nukleon-Streuexperimente sind mit Protonenenergien bis zu 26 GeV durchgeführt worden. Wir werden nur Experimente unterhalb oder dicht oberhalb der Schwelle für die Erzeugung von π-Mesonen (290 MeV) betrachten. Winkelverteilungen von gestreuten Teilchen sind bei vielen Energien zwischen 0 und etwa 300 MeV gemessen worden. Es wurden auch Polarisationsmessungen durchgeführt. Die meisten von ihnen waren einfache Polarisationsexperimente, bei denen sowohl die Inzidenz- als auch die Targetnukleonen unpolarisiert waren und die Polarisation eines der gestreuten Nukleonen durch eine zweite Streuung gemessen wurde. In den Experimenten der sogenannten Dreifachstreuung waren sowohl einfallende als auch gestreute Nukleonen polarisiert.

5.1. *Phasenanalyse*

Wenn es eine vollständige Theorie der Kernkräfte gäbe, so könnte man daraus die theoretischen Winkelverteilungen und Polarisationen berechnen und mit den experimentellen Resultaten direkt vergleichen. Eine solche Theorie existiert jedoch zur Zeit nicht, und es ist gegenwärtig am bequemsten, die experimentellen Daten durch einen Satz von Streuphasen für jeden Energiewert summarisch zu erfassen.

Wir haben in Kap. III die Streuung von spinlosen Teilchen durch eine Zentralkraft betrachtet und gezeigt, in welcher Weise der differentielle Streuquerschnitt bei einer vorgegebenen Energie durch einen Satz von Streuphasen bestimmt wird. Neutronen und Protonen haben von Null verschiedene Spins; die Methode der Streuphasen läßt sich jedoch verallgemeinern, und jede beliebige experimentelle Größe kann durch Parameter ausgedrückt werden, die den Streuphasen analog sind.

Die Methode der Streuphasen für spinlose Teilchen beruht auf der Zerlegung der gestreuten Welle in ,,Partialwellen", von denen jede einen definierten Bahndrehimpuls l besitzt. Bei einer gegebenen Energie ist die Streuung in die l-te Partialwelle vollständig durch eine Streuphase δ_l bestimmt.

Eine Entwicklung nach Zuständen mit definierten Drehimpulsen ist auch dann noch möglich, wenn die Teilchen einen Spin haben. Wir werden zunächst die Proton-Proton-Streuung behandeln. Das PAULI-Prinzip erlaubt nur Zustände, die in den Raum- und Spinkoordinaten vollständig antisymmetrisch sind. Singulettzustände (mit dem Spin Null) müssen geradzahlige und Triplettzustände ungerade Bahndrehimpulse haben. Bei der Proton-Proton-Streuung sind die Drehimpulszustände

$$^1S_0,\ ^3P_{0,1,2},\ ^1D_2,\ ^3F_{2,3,4},\ ^1G_4,\ ^3H_{4,5,6},\ldots$$

möglich; dabei bezeichnen die unteren Indizes den Gesamtdrehimpuls J. Bei Triplettzuständen ist $S = 1$, und zu jedem Wert L gibt es 3 mögliche J ($J = L + 1$, L oder $L - 1$), während in Singulettzuständen $S = 0$ und $J = L$ gilt. Nehmen wir an, daß der Gesamtdrehimpuls und die Parität erhalten bleiben, dann hat ein Zustand mit bestimmten Werten des Spins und der Parität $(J\pi)$ vor der Streuung dieselben Quantenzahlen wie nach der Streuung. (Die Parität ist durch den Bahndrehimpuls bestimmt, $\pi = (-1)^L$.) In den meisten Fällen bedeutet dies, daß der Endzustand mit dem Anfangszustand identisch ist, und dann wird die Streuung durch eine Streuphase $\delta_{J\pi}$ bestimmt. So gibt es z. B. nur einen Zustand mit dem Gesamtdrehimpuls $J = 1$ und negativer Parität, nämlich $^3P_1$, und die Streuung in diesem Zustand wird durch eine Streuphase $\delta(^3P_1) = \delta_{1-}$ bestimmt. In einigen Fällen gibt es jedoch zwei Zustände mit gleichem Drehimpuls und gleicher Parität, z. B. $^3P_2$ und $^3F_2$. Wenn sich die einlaufenden Teilchen im $^3P_2$-Zustand befinden, dann kann der gestreute Zustand eine Mischung aus $^3P_2$ und $^3F_2$ sein. Der Bahndrehimpuls L hat sich geändert; denn er braucht nicht erhalten zu bleiben, wenn zwischen den Nukleonen nichtzentrale Kräfte von der Art der Tensorkraft wirken. In diesem Fall wird die Streuung durch eine unitäre $2 \cdot 2$-Matrix bestimmt. Wenn die Naturgesetze gegenüber Zeitumkehr invariant sind, so ist diese Matrix durch drei unabhängige reelle Parameter festgelegt; üblicherweise wählt man dafür die beiden Streuphasen und einen „Mischungsparameter". Moravcsik (1963) diskutiert die beiden am meisten verbreiteten Arten, diese Streuphasen zu definieren. Wenn bei einer bestimmten Energie Partialwellen bis zu $L = 3$ (d. h. F-Wellen) zur Streuung beitragen, so hat man neun Parameter aus den Experimenten zu bestimmen (acht Streuphasen und einen Mischungsparameter). Der differentielle Wirkungsquerschnitt kann höchstens vier Beziehungen zwischen diesen Parametern liefern, und man muß Polarisationsmessungen durchführen, um alle festzulegen.

Bei der Neutron-Proton-Streuung gibt es keine Einschränkungen durch das PAULI-Prinzip. Es sind auch Zustände erlaubt, die in den Raum- und Spinkoordinaten symmetrisch sind. Es sind dies

$$^3S_1,\ ^1P_1,\ ^3D_{1,\,2,\,3},\ ^1F_3,\ \ldots$$

Bei Gültigkeit der Hypothese der Ladungsunabhängigkeit werden der $^3P_1$- und der $^1P_1$-Zustand nicht miteinander gemischt. Obwohl sie denselben Drehimpuls und die gleiche Parität haben, sind ihre Isospins unterschiedlich ($T = 1$ bzw. $T = 0$) Der $^3S_1$- und der $^3D_1$-Zustand können gemischt werden, wie wir bereits bei der Diskussion des Deuteron-Quadrupolmoments gesehen haben.

Bei der Bestimmung der Streuphasen aus den experimentellen Daten gibt es einige Schwierigkeiten. Die algebraischen Gleichungen, die die Streuphasen mit den experimentellen Größen verknüpfen, sind nichtlinear. Selbst wenn die Experimente sehr genau sind, gibt es gewöhnlich mehrere Sätze von Streuphasen, die die Daten gleich gut beschreiben. Zum Beispiel kann man mit Hilfe der niederenergetischen Streuung aus Messungen des Querschnitts nur den Betrag, jedoch nicht das Vorzeichen der Streulänge bestimmen, wie wir in Kap. III gesehen haben. Experimentelle Größen sind immer Produkte zweier Amplituden. Daher ändert sich bei einer Umkehr der Vorzeichen aller Streuphasen der Ausdruck für eine experimentell bestimmbare Größe nicht, und umgekehrt können Streuexperimente niemals das absolute Vorzeichen der Streuphasen festlegen. Das ist noch die einfachste Mehrdeutigkeit. Es gibt mehrere Wege, die richtige Lösung unter den verschiedenen möglichen auszuwählen.

Die folgende Methode ist anwendbar, wenn die Streuexperimente über einen Energiebereich von Null an aufwärts durchgeführt werden. Eine Streuphasenanalyse für eine beliebige Energie wird mehr als eine Lösung ergeben. Bei einer Änderung der Streuenergien werden diese verschiedenen Lösungen stetig variieren. Wir kennen das asymptotische Verhalten der Streuphasen, wenn die Streuenergie gegen Null geht. Im allgemeinen wird nur eine Lösung in geeigneter Weise mit der Energie variieren und die richtigen Grenzwerte bei niedrigen Energien annehmen.

Ist über die Wechselwirkung theoretisch bereits etwas bekannt, so kann dies die Auswahl unter den verschiedenen Lösungen erleichtern. Wir verfügen zwar nicht über eine vollständige Theorie der Kernkräfte, jedoch ist uns die Form der Wechselwirkung zwischen zwei Nukleonen für nicht zu kleine Abstände aus der Mesonentheorie bekannt (siehe Kap. VI). Nach der klassischen Mechanik passiert ein gestreutes Teilchen mit großem Drehimpuls den Streukörper in einem großen Abstand. Der Stoßparameter $b = l\hbar/p$ gibt eine Abschätzung für die minimale Entfernung zwischen den an der Streuung beteiligten Teilchen (p ist der Impuls im Schwerpunktsystem und $\hbar l$ der Drehimpuls). Für genügend große Werte des Bahndrehimpulses sollten sich die Teilchen während der Streuung nur durch den weitreichenden Anteil der Wechselwirkung beeinflussen. Es sollte möglich sein, die Streuphasen der Partialwellen mit großem Drehimpuls aus den theoretischen Kräften für große Abstände zwischen den Teilchen vorauszusagen. Diese Methode wurde erstmals 1958 bei der Streuphasenanalyse der Nukleon-Nukleon-Streuung verwendet.

Breit (1960) und Stapp (1963) analysierten die experimentellen Daten der Proton-Proton-Streuung und erhielten über den gesamten Energiebereich zwischen 0 und 400 MeV statistisch gute Phasendarstellungen. Eine ähnliche Analyse wurde für die Neutron-Proton-Streuung unter der Annahme der Ladungsunabhängigkeit durchgeführt, so daß die Streuphasen für $T = 1$ aus der Phasenanalyse der Proton-Proton-Streuung übernommen werden können (BREIT, 1960, 1962). Die experimentellen Daten sind nicht so genau wie im Falle der Proton-Proton-Streuung, und die Streuphasen sind daher weniger zuverlässig. Zur Illustration der Ergebnisse dieser Analysen skizzieren wir die $^1S_0$- und $^1D_2$-Proton-Proton-Streuphasen in Abb. 9.

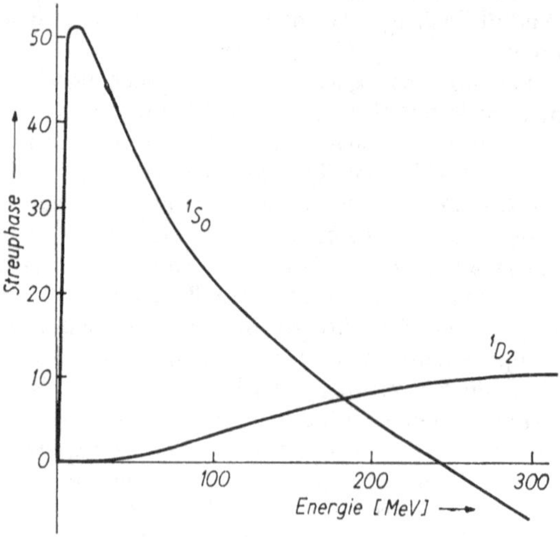

Abb. 9. $^1S_0$- und $^1D_2$-Proton-Proton-Streuphasen

5.2. *Der abstoßende Core*

Ein sehr bedeutsamer qualitativer Fakt, der den Ergebnissen von Nukleon-Nukleon-Streuexperimenten entspringt, ist die Existenz eines abstoßenden Core in der Nukleon-Nukleon-Wechselwirkung.

Als HEISENBERG erstmals die Sättigung der Kernkräfte und die konstante Dichte der Kernmaterie diskutierte, zog er den Schluß, daß die Kernkräfte für kleine Abstände zwischen den nuklearen Teilchen stark abstoßend sein müssen, d. h., die Kernkraft muß einen abstoßenden Core besitzen. Bald darauf zeigte MAJORANA, daß ein abstoßender Core nicht erforderlich ist und daß Austauschkräfte eine Sättigung bewirken können. MAJORANAS Erklärung war so elegant und befriedigend, daß man sie allgemein als richtig annahm. Erst im Jahre 1951 gaben einige der ersten hochenergetischen Streuexperimente Hinweise darauf, daß HEISENBERGS ursprüngliche Idee korrekt sein könnte (JASTROW, 1951). Wir wissen heute, daß die (bei kleinen Energien positive) $^1S_0$-Proton-Proton-Streuphase bei einer kinetischen Energie von etwa 250 MeV im Laborsystem ihr Vorzeichen ändert (Abb. 9). Dieses Ergebnis ist unvereinbar mit einer Kernkraft, die für beliebige Abstände zwischen den Teilchen anziehend ist. Eine negative Streuphase entspricht einer Abstoßung. Um das beobachtete Verhalten der $^1S_0$-Streuphase zu erklären, muß es einen abstoßenden Core mit einem Radius von etwa $0{,}5 \cdot 10^{-13}$ cm geben, und die abstoßende potentielle Energie muß mindestens einige 100 MeV betragen. Man glaubt heute allgemein, daß ein abstoßender Core in allen Zuständen existiert und für die Erklärung der Sättigung der Kernkräfte von großer Bedeutung ist.

Kapitel VI

Mesonentheorie der Kernkräfte

Als ein Ergebnis der Entwicklungen in der Quantentheorie der Strahlung während der zwanziger Jahre erkannte man, daß Photonen erzeugt oder vernichtet werden können, wenn sie mit Materie in Wechselwirkung treten. Bei einem Übergang eines Atoms aus einem angeregten Zustand in einen tieferen unter Aussendung von Strahlung wird das Photon in dem Moment erzeugt, in dem das Atom strahlt; es ist vorher nicht vorhanden. Berechnungen der Streuung von Photonen an Elektronen (Dirac, 1927) wiesen darauf hin, daß der Streuprozeß in zwei Schritten abläuft: Das einfallende Photon wird von dem Elektron absorbiert, und das gestreute Photon wird erzeugt. Fermi (1932) zeigte, daß die Coulomb-Kraft zwischen geladenen Teilchen als eine Austauschwechselwirkung, an der Photonen beteiligt sind, aufgefaßt werden konnte: Ein geladenes Teilchen emittierte ein Photon, und dieses wurde danach von einem zweiten geladenen Teilchen absorbiert. Erst 1934 erkannte man, daß diese Art der Beschreibung auch auf andere Teilchen anwendbar ist.

Als Fermi (1934) seine Theorie des β-Zerfalls entwickelte, postulierte er, daß das Elektron und das Neutrino, die beim β-Zerfall emittiert werden, vor dem Zerfall im Kern nicht existierten, sondern erst im Moment des Zerfalls erzeugt wurden, genauso wie bei der Emission der Lichtquanten. In dieser Theorie war die Gesamtzahl von Elektronen und Neutronen, ebenso wie die Zahl der Photonen in der Theorie der Strahlung, nicht notwendig konstant, da die Teilchen beim β-Zerfall erzeugt oder vernichtet werden konnten.

In seiner Theorie der Kernstruktur schlug Heisenberg vor, daß die Neutron-Proton-Kraft durch einen Ladungsaustausch zwischen den Nukleonen verursacht wird (s. Teil 2, S. 196). Er deutete ferner an, daß der Ladungsaustausch irgendwie mit dem β-Zerfallsprozeß zusammenhängen könnte, konnte jedoch diese Idee zu jener Zeit nicht weiterentwickeln, da es noch keine konsistente Theorie der β-Radioaktivität gab. Nachdem Fermi seine Arbeit veröffentlicht hatte, studierten Tamm (1934) und Iwanenko (1934) die β-Theorie der Kernkräfte. Sie wiesen darauf hin, daß die Erzeugung und die darauf folgende Vernichtung eines Elektrons und eines Neutrinos in dem Feld eines Protons und eines Neutrons zu einer Austauschwechselwirkung zwischen den Nukleonen führen würde, ebenso wie die COULOMB-Wechselwirkung zwischen zwei Elektronen durch den Austausch eines Photons zwischen ihnen verursacht wird. Die Stärke des Austauschpotentials ergab sich zu

$$U(r) \simeq -\frac{g^2}{\hbar c r^5}$$

mit g als FERMIS Kopplungskonstante im β-Zerfall. Diese Kopplungskonstante war sehr klein, und die theoretische Wechselwirkung war viel schwächer, als nach den empirischen Befunden aus Kerneigenschaften erforderlich war. TAMM und IWANENKO zogen daraus den Schluß, daß die Kräfte zwischen Protonen und Neutronen in keiner Beziehung zum β-Zerfall stehen konnten. Obwohl diese Idee keinen Erfolg hatte, diente sie anscheinend YUKAWA als wesentliche Richtschnur bei der Entwicklung seiner Mesonentheorie der Kernkräfte.

Es ist manchmal nützlich, Austauschprozesse durch Diagramme darzustellen. Diese wurden von FEYNMAN[1]) (1949) eingeführt und sind zu einem Bestandteil der Sprache der Elementarteilchenphysik geworden. So kann man z. B. DIRACS Prozeß für die Streuung von Photonen an Elektronen durch die Diagramme in Abb. 10 darstellen. In diesen Graphen stellt eine durchgezogene Linie ein Elektron dar. Sie kann als Trajektorie eines Elektrons in Raum-Zeit-Koordinaten aufgefaßt werden; verschiedene Punkte der Linie entsprechen der Lage des Elektrons zu verschiedenen Zeiten. Die Pfeile an den

---

[1]) In FEYNMANS ursprünglicher Arbeit haben die Diagramme eine ganz bestimmte Bedeutung: Jedes Diagramm stellt einen speziellen Term in der Störungsentwicklung der Wechselwirkung zwischen dem elektromagnetischen Feld und den Ladungen dar. Später benutzte man Diagramme in vielerlei Zusammenhängen (oftmals ziemlich frei), um ein physikalisches Bild eines bestimmten Wechselwirkungsprozesses zu geben. Wir verwenden sie hier im letzteren Sinne.

Linien zeigen den Verlauf aus der Vergangenheit in die Zukunft, so daß der Anfangszustand in den Abbildungen 10*a* und 10*b* links und der Endzustand rechts dargestellt

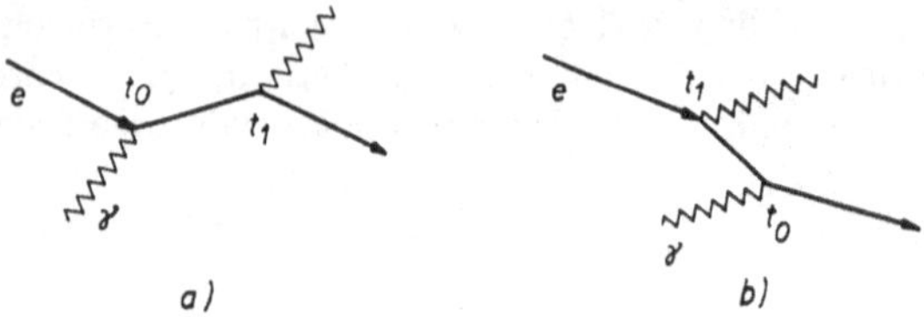

Abb. 10

ist. Die Wellenlinien bezeichnen Photonen. In Abb. 10*a* wird das Photon von dem Elektron zur Zeit t_0 absorbiert, und das gestreute Photon wird zu einer späteren Zeit t_1 emittiert. Es ist auch möglich, daß das einlaufende Photon erst nach der Erzeugung des gestreuten Photons absorbiert wird (Abb. 10*b*). Abb. 11*a* ist ein Diagramm

Abb. 11

der Wechselwirkung zwischen geladenen Teilchen als Folge des Photonenaustausches, und Abb. 11*b* stellt die Proton-Neutron-Wechselwirkung entsprechend der Auffassung von Tamm und Iwanenko (1934) dar.

6.1. Yukawas *Theorie*

Yukawa (s. Teil 2, S. 285) griff die Ideen von Heisenberg, Tamm und Iwanenko auf und erweiterte sie in einer ganz bestimmten Weise. Der Hauptmangel der

β-Theorie der Kernkräfte bestand darin, daß die Neutron-Proton-Wechselwirkung als viel zu klein herauskam. Um diese Schwierigkeit zu umgehen, schlug YUKAWA vor, daß ein Neutron sich durch einen von FERMIS β-Zerfallsmechanismus unterscheidenden Prozeß in ein Proton verwandeln und daß die negative Ladung auf ein benachbartes Proton übertragen werden könnte, wobei sich dieses in ein Neutron verwandelt. Wenn dieser Austauschprozeß mit einer großen Wahrscheinlichkeit vorkäme, so würde er eine starke Wechselwirkung zwischen den beiden Nukleonen bewirken. Bis dahin folgte YUKAWA HEISENBERGS Diskussion der Austauschkräfte. Er schlug jedoch im weiteren vor, daß diese Wechselwirkung zwischen den Nukleonen durch ein Kraftfeld beschrieben werden könnte, ebenso wie sich die Wechselwirkung zwischen geladenen Teilchen durch das elektromagnetische Feld beschreiben ließ. Nach der Quantentheorie sollte dieses Feld von einer neuen Art von Quanten begleitet werden, ebenso wie das Photon dem elektromagnetischen Feld zugeordnet ist. So wie man die Wechselwirkung zwischen geladenen Teilchen einem Austausch von Photonen zuschreiben konnte, ließ sich die Wechselwirkung zwischen Neutronen und Protonen durch den Austausch der mit dem neuen Feld verknüpften Quanten ausdrücken. Diese Quanten nennt man heute Mesonen.[1])

YUKAWA nahm an, daß die Wechselwirkung durch ein skalares Feld U dargestellt werden konnte, das der Gleichung

$$\left(\nabla^2 - \frac{1}{c^2}\frac{\partial^2}{\partial t^2} - \lambda^2\right) U = -2\pi g \overline{\psi} \tau^- \psi \qquad (6.1)$$

genügt, wobei $\overline{\psi}$ und ψ Nukleonenwellenfunktionen sind. Diese Gleichung ist analog jener, die das elektromagnetische Vektorpotential $\boldsymbol{A}$ mit der felderzeugenden elek-

---

[1]) Der Name „Meson" wurde von H. J. BHABHA (1939) eingeführt.

trischen Stromdichte $\boldsymbol{j}(r)$ verknüpft:

$$\left(\nabla^2 - \frac{1}{c^2}\frac{\partial^2}{\partial t^2}\right)\boldsymbol{A} = -4\pi\boldsymbol{j}.$$

Die rechte Seite von Gleichung (6.1) stellt die Quelle des Mesonenfeldes dar, so wie die Stromdichte $\boldsymbol{j}$ die Quelle des elektromagnetischen Feldes ist. Die Kopplungskonstante g mißt die Stärke der Wechselwirkung zwischen dem Feld U und den Nukleonen, ebenso wie die Elektronenladung e die Wechselwirkung zwischen Elektronen und einem elektromagnetischen Feld bestimmt. Der Isospinoperator τ^- erscheint in der Gleichung, weil sich ein Nukleon aus einem Protonenzustand in einen Neutronenzustand oder umgekehrt verwandelt, wenn es mit dem Feld U in Wechselwirkung tritt. Gleichung (6.1) bestimmt das von den Nukleonen erzeugte Feld. YUKAWA ergänzte sie durch eine Gleichung für die von dem Feld auf die Nukleonen ausgeübte Kraft und leitete daraus für die Neutron-Proton-Austauschwechselwirkung den Ausdruck

$$V = -\frac{g^2}{2}\left(\tau_1^\xi \tau_2^\xi + \tau_1^\eta \tau_2^\eta\right)\frac{e^{-\lambda r}}{r} \tag{6.2}$$

ab. Dieses Potential hat genau die gleiche Form wie HEISENBERGS Austauschwechselwirkung mit einem Austauschintegral[1]) $J(r) = g^2\, e^{-\lambda r}/r$. Das Vorzeichen der Wechselwirkung ist durch die Theorie bestimmt und kann nicht willkürlich gewählt werden.

Für die Quanten (Mesonen), die YUKAWAS Feld begleiten, wurde der Spin Null (da U ein skalares Feld beschreibt) und die Gültigkeit der BOSE-EINSTEIN-Statistik vorausgesagt. Die Symmetrie der Theorie erforderte, daß Mesonen sowohl positiver als auch negativer Ladung mit der gleichen Masse $m = \lambda\hbar/c$ existieren sollten. Diese

[1]) In YUKAWAS ursprünglicher Arbeit ist das Vorzeichen der Austauschwechselwirkung unrichtig. Er korrigierte es in einer späteren Veröffentlichung (1937).

müßte etwa 200mal größer als die Elektronenmasse sein, um die richtige Reichweite der Kernkräfte zu ergeben.

YUKAWAS Theorie wurde zunächst nicht allgemein akzeptiert; im Jahre 1937 entdeckte man jedoch in der kosmischen Strahlung das μ-Meson (Myon). Dieses besaß etwa dieselbe Masse, wie sie YUKAWA vorausgesagt hatte, und seine Entdeckung weckte das Interesse an der Mesonentheorie der Kernkräfte. Wir wissen heute, daß das Myon bei der Wechselwirkung zwischen den Nukleonen keine Rolle spielt, aber die Überzeugung, daß man YUKAWAS Teilchen entdeckt habe, hielt die Anstrengungen der Physiker während des nächsten Jahrzehnts aufrecht, bis man im Jahre 1947 das π-Meson fand.

Die ersten Berechnungen der Mesonenaustauschwechselwirkung benutzten die quantenmechanische Störungstheorie. Es wurde ein HAMILTON-Operator H postuliert, der die Terme H_{Nukleon} und H_{Meson}, die freie Nukleonen bzw. Mesonen beschreiben, sowie einen Term H' für die Emission und Absorption von Mesonen durch Nukleonen enthielt:

$$H = H_{\text{Nukleon}} + H_{\text{Meson}} + H' .$$

Man kann die Austauschwechselwirkung zwischen den Nukleonen berechnen, indem man die Wechselwirkung H' zwischen Mesonen und Nukleonen als eine Störung behandelt. Die Wechselwirkungsenergie ist in zweiter Ordnung

$$V_{\text{NP}} = -\sum_n \frac{H'_{\text{i}n} H'_{n\text{f}}}{E_n - E_\text{i}}. \tag{6.3}$$

Der Anfangszustand i besteht aus einem Proton am Ort $\boldsymbol{r}_1$ und einem Neutron bei $\boldsymbol{r}_2$. Im Endzustand f befindet sich ein Neutron bei $\boldsymbol{r}_1$ und ein Proton bei $\boldsymbol{r}_2$. Der Index n bezeichnet alle möglichen Zwischenzustände, in denen ein Meson von einem der beiden Teilchen emittiert wurde. Gleichung (6.3) enthält zwei Gruppen von Termen, die in den Diagrammen von Abb. 12 dargestellt sind. Der

Zwischenzustand kann ein positives Meson, das von dem Proton emittiert und von dem Neutron absorbiert wird (Abb. 12*a*), oder ein negatives (vom Neutron emittiertes und vom Proton absorbiertes) Meson enthalten (Abb. 12*b*). Nimmt man an, daß die Nukleonen schwer sind und

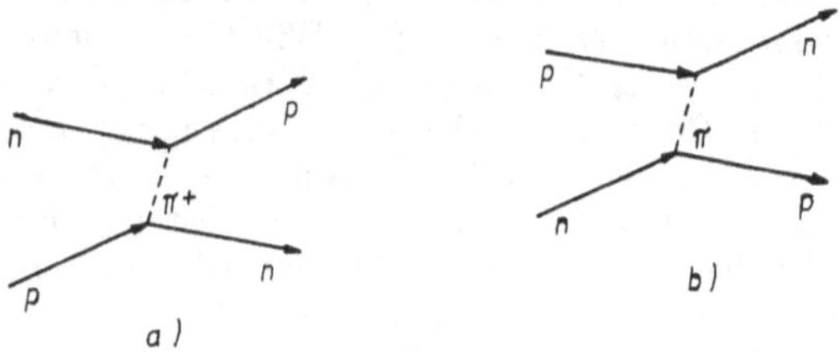

Abb. 12

sich an einem festen Ort befinden, so ist die Energiedifferenz zwischen dem Anfangs- und dem Zwischenzustand $E_n - E_i$ gerade gleich der Mesonenenergie $\varepsilon = (\boldsymbol{p}^2c^2 + m^2c^4)^{1/2}$, wobei $\boldsymbol{p}$ der Impuls und m die Masse des Mesons ist.

Stellt man die intermediären Mesonenzustände durch ebene Wellen $L^{-3/2} e^{i\boldsymbol{k}\boldsymbol{r}}$ dar ($\hbar \boldsymbol{k} = \boldsymbol{p}$), die in dem Volumen L^3 normiert sind, so kann man die Matrixelemente der Wechselwirkung H' berechnen. Wir verzichten hier auf deren Ableitung, da sie eine ausführliche Diskussion der Feldtheorie erfordern würde und in vielen Lehrbüchern (z. B. MESSIAH, 1960, S. 985) zu finden ist. Die Matrixelemente von H' sind

$$\frac{g A \tau^-}{(2\varepsilon)^{1/2}} e^{-i\boldsymbol{k}\boldsymbol{r}} \quad \text{für ein positives, von einem Proton emittiertes Meson,}$$

$$\tag{6.4}$$

$$-\frac{g A \tau^+}{(2\varepsilon)^{1/2}} e^{-i\boldsymbol{k}\boldsymbol{r}} \quad \text{für ein negatives, von einem Neutron emittiertes Meson.}$$

Die Absorptionsmatrixelemente H'_{nf} sind die zu (6.4) komplex konjugierten Größen. In diesen Matrixelementen ist A eine Normierungskonstante, $A^2 = 2\pi\hbar^2 c^2/L^3$ und g die Meson-Nukleon-Kopplungskonstante. Durch Einsetzen in Gleichung (6.3) erhalten wir

$$V_{\mathrm{NP}} = -g^2 A^2 (\tau_1^+ \tau_2^- + \tau_2^+ \tau_1^-) \sum_n \frac{e^{i\boldsymbol{k}_n \boldsymbol{r}}}{\varepsilon_n^2}$$

mit $\boldsymbol{r} = \boldsymbol{r}_1 - \boldsymbol{r}_2$. Die Summe über Zwischenzustände kann berechnet werden, indem man sie in ein Integral[1]) überführt und die Beziehung

$$\varepsilon^2 = \hbar^2 c^2 (k^2 + \lambda^2)$$

mit $\lambda = mc/\hbar$ benutzt:

$$A^2 \sum_n \frac{e^{i\boldsymbol{k}_n \boldsymbol{r}}}{\varepsilon_n^2} = \frac{L^3 A^2}{\hbar^2 c^2 (2\pi)^3} \int \frac{e^{i\boldsymbol{k}\boldsymbol{r}}}{k^2 + \lambda^2} \, d\boldsymbol{k}$$

$$= \frac{1}{\pi r} \int_0^\infty \frac{k \sin kr}{k^2 + \lambda^2} \, dk = \frac{1}{2} \frac{e^{-\lambda r}}{r}.$$

Somit erhalten wir Yukawas Formel

$$V_{\mathrm{NP}} = -\frac{g^2}{2} (\tau_1^+ \tau_2^- + \tau_2^+ \tau_1^-) \frac{e^{-\lambda r}}{r}. \tag{6.5}$$

Zwischen gleichartigen Nukleonen kann in der Störungstheorie zweiter Ordnung keine Wechselwirkung auftreten, da es für sie keine Möglichkeit gibt, ein einzelnes geladenes Meson auszutauschen. Zwei Protonen können durch den Austausch zweier positiver Mesonen (Abb. 13) wechselwirken, jedoch muß die vom Austausch zweier Teilchen herrührende Kraft von der Kraft, die durch den

---

[1]) $\sum_n F_n = \int F(\boldsymbol{k})\, \varrho(\boldsymbol{k})\, d\boldsymbol{k}$ mit der Zustandsdichte $\varrho(\boldsymbol{k}) = (L/2\pi)^3$.

Austausch von nur einem Teilchen verursacht wird, verschieden sein. Daher sagt YUKAWAS ursprüngliche Theorie keine ladungsunabhängigen Kernkräfte voraus.

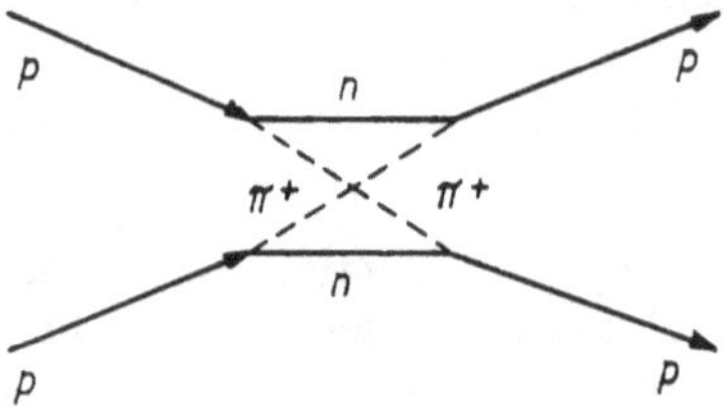

Abb. 13

KEMMER (1938) und unabhängig davon YUKAWA und SAKATA (1938) bemerkten, daß man die Austauschkräfte durch Einführung neutraler Mesonen mit der gleichen Masse wie die geladenen Mesonen ladungsunabhängig machen könnte. Ein neutrales Meson kann zwischen jedem beliebigen Paar von Nukleonen ausgetauscht werden. Durch geeignete Wahl der Kopplungskonstanten läßt sich erreichen, daß die Kernkraft zwischen jedem Paar von Nukleonen die gleiche ist. Dabei ergibt sich das Matrixelement für die Emission eines neutralen Mesons durch ein Nukleon zu

$$\frac{g A \tau^{\zeta}}{\varepsilon^{1/2}} \, e^{-i\boldsymbol{k}\boldsymbol{r}} .$$

Die Berücksichtigung des Austausches neutraler Mesonen modifiziert die Gleichung (6.5) für die Austauschwechselwirkung wie folgt:

$$\begin{aligned} V &= -g^2(\tau_1^{\xi}\tau_2^{\xi} + \tau_1^{\eta}\tau_2^{\eta} + \tau_1^{\zeta}\tau_2^{\zeta}) \frac{e^{-\lambda r}}{r} \\ &= -g^2(\boldsymbol{\tau}_1\boldsymbol{\tau}_2) \frac{e^{-\lambda r}}{r} . \end{aligned} \tag{6.6}$$

Wenn man diesen Vorschlag akzeptiert, so kann die Isospinklassifizierung auf die Mesonen erweitert werden. Die positiven, neutralen und negativen Mesonen in der Theorie sind drei Zustände eines Isobarentripletts ($T = 1$) mit $T_0 = 1$, 0 und -1. Der Isospin sollte nicht nur in Reaktionen mit Nukleonen, sondern auch in Reaktionen mit Nukleonen und Mesonen erhalten bleiben.

In Gleichung (6.6) ist die Größe $(\boldsymbol{\tau}_1\boldsymbol{\tau}_2) = 1$, wenn die beiden Nukleonen den Gesamtisospin $T = 1$ haben, und $(\boldsymbol{\tau}_1\boldsymbol{\tau}_2) = -3$ für $T = 0$. Die Austauschwechselwirkung ist ladungsunabhängig, sie ist jedoch anziehend in Zuständen mit $T = 1$ und abstoßend in ($T = 0$)-Zuständen. Empirisch muß die Neutron-Proton-Wechselwirkung in ($T = 0$)-Zuständen anziehend sein, um das Deuteron zu binden. Daher ist das Austauschpotential (6.6) nicht befriedigend.

6.2. *Reichweite des Mesonenaustauschpotentials*

In der Störungstheorie wird die Austauschwechselwirkung zwischen den Nukleonen in eine Potenzreihe nach der Mesonenkopplungskonstante g entwickelt. Die Theorie gibt in zweiter Ordnung einen zu g^2 proportionalen Beitrag, in der vierten Ordnung einen zu g^4 proportionalen, usw. In der FEYNMANschen Diagrammdarstellung entspricht jedes von einem Nukleon emittierte oder absorbierte Meson einem Faktor g. Daher bedeutet die Störungstheorie zweiter Ordnung Einmesonaustausch (Abb. 12), die Theorie vierter Ordnung entspricht dem Zweimesonenaustausch (Abb. 13). Alle früheren Rechnungen benutzten die Störungstheorie zweiter Ordnung, jedoch erkannte man bereits 1938 die Unzulänglichkeiten dieser Methode. FRÖHLICH, HEITLER und KEMMER (1938) berechneten die Austauschenergien in zweiter und vierter Ordnung und fanden, daß die Wechselwirkung vierter Ordnung zwar eine kürzere Reichweite als die Wechselwirkung zweiter Ordnung hat, jedoch bei kleinen Abständen der wechselwirkenden Nukleonen viel stärker als die letztere ist. Es hatte den Anschein, daß die Störungsreihe sehr langsam konvergieren würde, wenn die beiden Nukleonen dicht beieinander sind. Wenn die Störungsmethode so unzuverlässig war, konnte man dann überhaupt einer ihrer Voraussagen vertrauen?

Eine der wichtigsten Voraussagen der Yukawa-Theorie ist die Beziehung zwischen der Reichweite ϱ der Kernkräfte und der Masse m des für die Austauschwechselwirkung verantwortlichen Mesons

$$\varrho \approx \frac{\hbar}{mc}.$$

Wick (1938) zeigte, daß diese Voraussage nicht von der Störungsrechnung abhängig war, sondern mit Hilfe eines allgemeinen Arguments, das auf Heisenbergs Unbestimmtheitsprinzip beruht, abgeleitet werden konnte. Wir geben Wicks Arbeit im Teil 2 dieses Buches wieder.

Sein Argument zeigt unmittelbar, daß ein Zweimesonen-Austauschprozeß von der in Abb. 13 dargestellten Art eine Reichweite besitzt, die etwa halb so groß wie die einer Einmeson-Austauschwechselwirkung ist. Wenn verschiedene Arten von Mesonen beteiligt sind, wird der für große Abstände maßgebliche Teil der Wechselwirkung hauptsächlich von dem Austausch der leichtesten Mesonen herrühren.

Später erkannte man, daß sogar die Radialabhängigkeit

$$e^{-\lambda r}/r$$

von Yukawas Wechselwirkung für genügend große r ($\lambda r \gtrsim 1$) nicht von Einzelheiten seiner Theorie abhing und aus jeder beliebigen Theorie mit Austauschkräften folgen würde. Um diesen Punkt näher zu erläutern, berechnen wir die Austauschwechselwirkung zwischen zwei schweren Teilchen mit Hilfe eines ganz anderen Modells.

In seiner ursprünglichen Arbeit wies Heisenberg darauf hin, daß die Kernkraft von einem Resonanzaustauschmechanismus ähnlich dem, der die Bindung eines H-Atoms und eines H^+-Ions im Wasserstoffmolekülion bewirkt, herrühren könnte. Im folgenden werden wir die von einem solchen Modell vorausgesagte Austauschkraft berechnen.

Wir betrachten ein leichtes Teilchen P mit der Masse m, das mit zwei schweren Teilchen A und B an festgehaltenen Orten $\boldsymbol{r}_A$ und $\boldsymbol{r}_B$ wechselwirkt. Die Wechselwirkung des leichten Teilchens mit A und B sei durch zwei gleichartige Potentiale $V_A = V(\boldsymbol{r} - \boldsymbol{r}_A)$ und $V_B = V(\boldsymbol{r} - \boldsymbol{r}_B)$ dargestellt. Wenn sich die schweren Teilchen A und B dicht beieinander befinden, dann wird die Wechselwirkung jedes der beiden mit dem leichten Teilchen infolge des Resonanzaustauscheffekts zwischen ihnen eine Austauschwechselwirkung hervorrufen. Wir werden die Austauschenergie $J(\boldsymbol{r}_A - \boldsymbol{r}_B)$ (siehe Abschnitt 2.2.) unter den Annahmen berechnen, daß das Potential $V(\boldsymbol{r})$ eine kurze Reichweite hat ($V(\boldsymbol{r}) = 0$ für $r > b$), daß das leichte Teilchen in dem Potential $V(\boldsymbol{r})$ einen schwach gebundenen Zustand mit der Bindungsenergie ε besitzt und daß der Abstand $R = |\boldsymbol{r}_A - \boldsymbol{r}_B|$ zwischen A und B viel größer als die Reichweite b der Kraft ist.

Die Wellenfunktionen φ_A und φ_B, die in Kap. II eingeführt wurden, sind

$$\varphi_A = \varphi(\boldsymbol{r} - \boldsymbol{r}_A), \qquad \varphi_B = \varphi(\boldsymbol{r} - \boldsymbol{r}_B),$$

wobei $\varphi(\boldsymbol{r})$ die Wellenfunktion des gebundenen Zustandes des leichten Teilchens im Potential $V(\boldsymbol{r})$ darstellt. Für $r > b$ genügt $\varphi(\boldsymbol{r})$ der SCHRÖDINGER-Gleichung

$$\nabla^2 \varphi = \gamma^2 \varphi \tag{6.7}$$

mit $\gamma = (2m\varepsilon)^{1/2}/\hbar$. Die Wellenfunktion hat daher für $r > b$ die Form

$$\varphi(r) = A\,\frac{e^{-\gamma r}}{r}. \tag{6.8}$$

A ist eine Normierungskonstante, die so gewählt wird, daß

$$\int_0^\infty \varphi^2 \, \mathrm{d}\boldsymbol{r} = 1$$

ist. Setzt man $A = N(\gamma/2\pi)^{1/2}$, so ist N dimensionslos und annähernd gleich 1. Die Austauschenergie beträgt (s. Gleichung (2.3))

$$J = \int \varphi_A V_B \varphi_B \, \mathrm{d}\boldsymbol{r}.$$

Bei der Berechnung von J berücksichtigen wir, daß V_B eine kurze Reichweite hat. Der Integrand verschwindet daher außer bei $|\boldsymbol{r} - \boldsymbol{r}_B| < b$. Wegen $R \gg b$ ist φ_A annähernd konstant in diesem Bereich und gleich $\varphi(R)$. Daher gilt

$$J \approx \varphi(R) \int V_B \varphi_B \, \mathrm{d}\boldsymbol{r}. \tag{6.9}$$

Das Intergal in Gleichung (6.9) kann mit Hilfe der SCHRÖDINGER-Gleichung für φ_B, $(T + V_B)\varphi_B = -\varepsilon\varphi_B$, wie folgt umgeformt werden:

$$\int V_B \varphi_B \mathrm{d}\boldsymbol{r} = -\varepsilon \int \varphi_B \, \mathrm{d}\boldsymbol{r} + \frac{\hbar^2}{2m} \int \nabla^2 \varphi_B \, \mathrm{d}\boldsymbol{r}; \tag{6.10}$$

dabei sind beide Integrale über den gesamten Raum zu erstrecken. Das zweite Integral verschwindet identisch (es kann in ein Oberflächenintegral $\int_S \nabla\varphi_B \, \mathrm{d}\boldsymbol{S}$ über eine große Oberfläche S verwandelt werden, und $\nabla\varphi_B$ verschwindet exponentiell für große r). Für $\gamma b \ll 1$ gibt der Bereich $r > b$ den Hauptbeitrag zum Integral über die Wellenfunktion, daher kann man $\varphi(\boldsymbol{r})$ durch seine asymptotische Form (6.8) ersetzen:

$$\int \varphi(\boldsymbol{r}) \, \mathrm{d}\boldsymbol{r} \approx \frac{4\pi A}{\gamma^2}.$$

Man erhält schließlich

$$J(r) = -\varepsilon \cdot 4\pi A^2 \frac{e^{-\gamma R}}{\gamma^2 R} = -2\varepsilon N^2 \frac{e^{-\gamma R}}{\gamma R}. \quad (6.11)$$

Dieses Ergebnis hat einige interessante Eigenschaften:

1. Die Austauschenergie hat die gleiche Abhängigkeit vom Teilchenabstand R wie YUKAWAS Potential.

2. Die bei dieser Rechnung gemachten Näherungen sind ganz verschieden von den in der Mesonentheorie benutzten. Insbesondere gibt es hier keine Störungsentwicklung nach Potenzen der Kopplungskonstante ($g^2 \sim 2\varepsilon N^2$).

3. Die Austauschwechselwirkung hängt nur von den asymptotischen Eigenschaften der Wellenfunktion, d. h. von der Bindungsenergie ε und der Normierung N, ab. Einzelheiten des Potentials $V(r)$ gehen nicht in das Resultat ein. Dieser Umstand läßt vermuten, daß Gleichung (6.11) auch dann gelten sollte, wenn A und B komplexe Teilchen sind. Angenommen, ein komplexes Teilchen A kann sich unter Emission eines leichten Teilchens P in ein Teilchen B verwandeln. Der Prozeß erfordert eine Energiezufuhr und besitzt eine Schwelle bei der Energie ε. Betrachten wir das Teilchen A, so können wir manchmal finden, daß es aus den Teilchen B und P besteht, die sich in einem bestimmten Abstand voneinander befinden.[1]) Die Normierungskonstante N ist ein Maß für die Wahrscheinlichkeit dieses Resultats. Mit anderen Worten, die Wellenfunktion von A enthält eine Komponente, die der Aufteilung von A in B und P entspricht, und N ist die Normierung dieser Komponente. In der Sprache der Kernphysik ist N mit der „reduzierten Breite“ für den Prozeß $A \rightarrow B + P$ verknüpft. Es gilt allgemein $N^2 \lessapprox 1$.

---

[1]) Das ist mit dem Prinzip der Energieerhaltung vereinbar, da eine Beobachtung die Energie eines Systems ändern kann.

4. Wir haben die Formel (6.11) unter der Annahme abgeleitet, daß das leichte Teilchen nichtrelativistisch ist; sie gilt jedoch auch dann, wenn man das Teilchen P relativistisch behandeln muß, vorausgesetzt, daß man die korrekte Beziehung zwischen der Bindungsenergie ε und der Konstanten γ verwendet. In der relativistischen Mechanik ist die für das Aufbrechen von A in B + P erforderliche Energieschwelle

$$\varepsilon = mc^2 + M_B c^2 - M_A c^2.$$

Die SCHRÖDINGER-Gleichung (6.6) ist durch die KLEIN-GORDON-Gleichung

$$(p^2 c^2 + m^2 c^4)\varphi = E^2 \varphi \tag{6.12}$$

zu ersetzen, wobei $p = -i\hbar\nabla$ und $E = -\varepsilon + mc^2$ ist. Durch Vergleich von (6.12) und (6.6) findet man

$$\hbar^2 c^2 \gamma^2 = m^2 c^4 - (mc^2 - \varepsilon)^2. \tag{6.13}$$

Wenn wir der Auffassung zustimmen, daß sich ein Proton zuweilen wie ein Neutron plus ein positives Meson[1]) in einem S-Zustand verhält, dann sagt der HEITLER-LONDON-Resonanzeffekt eine Austauschwechselwirkung vom YUKAWA-Typ voraus. Das Proton hat fast dieselbe Masse wie das Neutron, daher ist $\varepsilon = mc^2$, und aus Gleichung (6.13) folgt

$$\gamma = \frac{mc}{\hbar}.$$

Die Reichweite der Kraft ist die gleiche wie in YUKAWAS Theorie, was nach WICKS Argument zu erwarten war.

Diese Betrachtungen weisen darauf hin, daß einige der Voraussagen von YUKAWAS Theorie sehr allgemein sind.

[1]) Dieses wird häufig als „virtuelles" Meson bezeichnet. Das Proton kann ein Meson emittieren, aber dieser Prozeß verletzt die Energieerhaltung. Daher muß das Meson innerhalb einer Zeit $\Delta t < \hbar/mc^2$, die durch HEISENBERGS Unbestimmtheitsprinzip gegeben ist, wieder absorbiert werden.

Jede beliebige Mesonenaustauschtheorie wird dieselbe Verknüpfung zwischen der Reichweite der Austauschwechselwirkung und der Mesonenmasse sowie die YUKAWAsche Radialabhängigkeit für das Austauschpotential ergeben, vorausgesetzt, daß sich die Nukleonen nicht zu nahe beieinander befinden.

Die Mesonentheorie hat seit YUKAWAS Veröffentlichung viele Modifizierungen erfahren, jedoch sind diese beiden Voraussagen nach wie vor gültig. Es ist wichtig, zu beachten, daß die Formel (6.6) oder (6.11) für die Radialabhängigkeit der Wechselwirkung nur dann gilt, wenn der Abstand zwischen den Nukleonen so groß ist, daß man den Zweimesonenaustausch vernachlässigen kann. Ist der Abstand zu klein, dann können mehrere Mesonen ausgetauscht werden, und die resultierende Kraft wird sehr kompliziert sein.

6.3. *Pseudoskalar- und Vektormesonen*

Im Abschnitt 6.1. haben wir gesehen, daß einige Voraussagen von YUKAWAS ursprünglicher Theorie mit experimentellen Fakten nicht vereinbar waren. YUKAWAS Austauschwechselwirkung ergab für das Deuteron keinen gebundenen Zustand und war nicht ladungsunabhängig. In einer späteren Arbeit (YUKAWA und SAKATA, 1938) wurde darauf hingewiesen, daß die ursprüngliche Theorie viele einfache Variationen zuließ, so daß es möglich sein könnte, eine akzeptable Version unter ihnen zu finden. Sie stellten eine ausführliche Untersuchung der Vektormesonentheorie an. Am Ende des Abschnitts 6.1. haben wir gezeigt, wie es KEMMER (1938) und YUKAWA (1938) gelang, YUKAWAS ursprüngliche Theorie ladungsinvariant zu formulieren, indem sie die Existenz eines neutralen Mesons mit derselben Masse wie die geladenen Mesonen und mit geeigneten Kopplungskonstanten gegenüber Protonen und Neutronen postulierten. Etwa zur gleichen Zeit untersuchten sie auch systematisch die möglichen Varianten von YUKAWAS Theorie und zeigten, in welcher Weise die charakteristischen Größen einer Austauschwechselwirkung von dem inneren Spin und der Parität der Mesonen abhängen.

Die Mesonen in YUKAWAS Theorie haben den Spin Null, und ihre Kopplung an die Nukleonen ist so beschaffen, daß ein Nukleon ein Meson in einem S-Zustand (d. h. mit einem Bahndrehimpuls $l = 0$) emittieren oder absorbieren kann. Da die Parität eines S-Zustandes positiv ist, muß das Meson eine *positive innere Parität* besitzen, wenn die Meson-Nukleon-Wechselwirkung die Parität erhalten soll. Es gibt eine andere Möglichkeit für die Kopplung von Mesonen mit dem Spin Null: ein Meson kann in einem P-Zustand (Bahndrehimpuls $l = 1$) emittiert oder absorbiert werden. Die Parität eines P-Zustandes ist negativ, daher muß das Meson eine *negative innere Parität* besitzen, wenn die Theorie die Parität erhalten soll. Das Gesetz der Paritätserhaltung sagt Auswahlregeln für Reaktionen, an denen Mesonen beteiligt sind, voraus, und man kann die innere Parität eines Mesons durch die Untersuchung solcher Reaktionen bestimmen. Wir werden hierfür in Abschnitt 6.5. ein Beispiel angeben. Mesonen mit dem Spin Null und positiver innerer Parität nennt man *skalare* Mesonen. Solche mit negativer innerer Parität (und dem Spin Null) heißen *pseudoskalare* Mesonen. KEMMER diskutierte auch *Vektor*mesonen (Spin 1, negative (Parität) und *Pseudovektor*mesonen Spin 1, positive Parität). Diese Bezeichnungen stammen aus der Feldtheorie und beziehen sich auf die Transformationseigenschaften der den Mesonen zugeordneten Felder in bezug auf Drehung und Spiegelung der Koordinatenachsen. Im folgenden fassen wir KEMMERS (1938a) Resultate für diese verschiedenen Arten von Mesonen zusammen. (KEMMERS Potentiale wurden in der „statischen Näherung" berechnet, bei der man annimmt, daß die Nukleonen schwer sind und sich an fixierten Orten befinden.)

1. Skalare Mesonen (Spin und Parität $J\pi = 0^+$). Das ist YUKAWAS ursprüngliche Theorie. Das Mesonenfeld, das das Nukleon umgibt, ist in einem S-Zustand und kugelsymmetrisch. Die Austauschwechselwirkung ist zentral und spinunabhängig. Wenn die Theorie sowohl geladene als auch neutrale Mesonen enthält, deren Kopplungen so gewählt werden, daß sich Ladungsunabhängigkeit ergibt, dann ist das Austauschpotential gegeben durch

$$V(r) = -\frac{f^2}{4\pi}\,\hbar c(\boldsymbol{\tau}_1\boldsymbol{\tau}_2)\,\frac{e^{-\mu r}}{r}. \tag{6.14}$$

Hierbei ist $\mu = mc/\hbar$ und m die Mesonenmasse. Die Kopplungskonstante f ist dimensionslos.

2. Pseudoskalare Mesonen ($J\pi = 0^-$). Ein virtuelles Meson im Feld eines Nukleons befindet sich hierbei in einem P-Zustand. Dieser Zustand ist nicht kugelsymmetrisch, und seine Orientierung im Raum wird durch den Spin des Nukleons bestimmt. Die Wechselwirkung zwischen zwei Nukleonen hängt von der relativen Orientierung ihrer Mesonenfelder ab; sie ist daher spinabhängig und nichtzentral. Das Matrixelement H'_{in} der als Störung behandelten Meson-Nukleon-Wechselwirkung (s. Abschnitt 6.1.) enthält einen Faktor $(\boldsymbol{\sigma}\boldsymbol{k})$, wobei $\boldsymbol{\sigma}$ die PAULI-Spinmatrix des Nukleons und $\hbar\boldsymbol{k}$ der Impuls des Mesons im Zwischenzustand n ist. Das Wechselwirkungspotential ist

$$V(r) = \frac{1}{3}\frac{f^2}{4\pi}\,\hbar c(\boldsymbol{\tau}_1\boldsymbol{\tau}_2)\left[(\boldsymbol{\sigma}_1\boldsymbol{\sigma}_2) + S_{12}\left(1 + \frac{3}{\mu r} + \frac{3}{(\mu r)^2}\right)\right]\frac{e^{-\mu r}}{r}. \tag{6.15}$$

$S_{12} = 3(\boldsymbol{\sigma}_1\boldsymbol{r})(\boldsymbol{\sigma}_2\boldsymbol{r})/r^2 - (\boldsymbol{\sigma}_1\boldsymbol{\sigma}_2)$ ist der Operator der Tensorkraft (siehe Kap. III).

3. Vektormesonen $(J\pi = 1^-)$. Ein von einem Nukleon emittiertes oder absorbiertes Vektormeson befindet sich in einem P-Zustand, es gibt aber zwei unabhängige Kopplungsarten. Der Bahndrehimpuls $(l = 1)$ und der Spin $(J = 1)$ des Mesons können zu einer Resultierenden 0 oder 1 koppeln, und diese kann dann mit dem Spin des Nukleons zum Gesamtdrehimpuls $^1/_2$ gekoppelt werden. Im ersten Fall enthält das Matrixelement der Meson-Nukleon-Wechselwirkung einen Faktor $\boldsymbol{J}\boldsymbol{k}$ ($\boldsymbol{J}$ ist der Spinvektor des Mesons) und im zweiten Fall einen Faktor $\boldsymbol{\sigma} \cdot \boldsymbol{J} \times \boldsymbol{k}$, mit anderen Worten, der Mesonenspin ist im ersten Fall parallel zu seiner Bewegungsrichtung (longitudinale Polarisation) und im zweiten Fall senkrecht dazu polarisiert (transversale Polarisation). Zu jeder dieser beiden Möglichkeiten gehört eine eigene Kopplungskonstante. Die longitudinale Kopplung $(\boldsymbol{J}\boldsymbol{k})$ enthält den Kernspin nicht, und ihr Beitrag V_1 zur Nukleon-Nukleon-Wechselwirkung ist daher spinunabhängig. Die transversale Kopplung $(\boldsymbol{\sigma} \cdot \boldsymbol{J} \times \boldsymbol{k})$ gibt Anlaß zu einer nichtzentralen spinabhängigen Wechselwirkung V_t. Die gesamte Wechselwirkung ist

$$V = V_1 + V_t$$

mit

$$V_1 = \frac{f_1^2}{4\pi} \hbar c (\boldsymbol{\tau}_1 \boldsymbol{\tau}_2) \frac{e^{-\mu r}}{r} \tag{6.16}$$

und

$$V_t = \frac{f_t^2}{4\pi} \hbar c (\boldsymbol{\tau}_1 \boldsymbol{\tau}_2) \left[\frac{2}{3} (\boldsymbol{\sigma}_1 \boldsymbol{\sigma}_2) - \frac{1}{3} S_{12} \left(1 + \frac{3}{\mu r} + \frac{3}{(\mu r)^2}\right)\right] \frac{e^{-\mu r}}{r}. \tag{6.17}$$

Wenn die Nukleonen ruhen, dann ist ein Meson, das mit seinem Spin parallel (oder senkrecht) zu seiner Bewegungsrichtung emittiert wurde, auch im Moment der Absorption noch in dieser Weise polarisiert. Aus diesem Grunde werden die beiden Kopplungsarten nicht miteinander gemischt. Die Situation ändert sich, wenn sich die Nukleonen relativ zueinander bewegen. Beim Übergang von einem Bezugssystem in ein anderes, relativ dazu bewegtes transformieren sich Impuls und Drehimpuls in unterschiedlicher Weise, da in der relativistischen Theorie der Impuls ein Teil eines Vierervektors und der Drehimpuls ein Teil eines antisymmetrischen Tensors ist. Daher besitzt ein Meson, das mit seinem Spin parallel zu seiner Bewegungsrichtung von einem Nukleon emittiert wurde, in bezug auf das zweite Nukleon eine kleine Komponente transversaler Polarisation. Das Meson kann durch die longitudinale Kopplung emittiert und durch die transversale absorbiert werden. Dieser Effekt ruft eine Spin-Bahn-Kraft (Breit, 1960)

$$V_{\mathrm{SB}} = \frac{4\hbar c}{\mu^2} f_{\mathrm{t}} f_{\mathrm{l}} \left(\frac{m}{M}\right) (\boldsymbol{L}\boldsymbol{S}) \frac{1}{r} \frac{\mathrm{d}}{\mathrm{d}r} \frac{\mathrm{e}^{-\mu r}}{r} \tag{6.18}$$

hervor; dabei ist M die Masse des Nukleons und m die des Mesons. Wenn man $(\boldsymbol{\tau}_1 \boldsymbol{\tau}_2) = 1$ setzt,

$$f_{\mathrm{l}}^2 = 4\pi \frac{e^2}{\hbar c}, \qquad f_{\mathrm{t}}^2 = 4\pi \frac{e^2}{\hbar c} \left(\frac{m}{2M}\right)^2 g_p^2$$

wählt und $\mu \to 0$ gehen läßt, so wird Gleichung (6.16) mit der Coulomb-Kraft zwischen zwei Protonen identisch, Gleichung (6.17) beschreibt die Wechselwirkung zwischen ihren magnetischen Momenten und Gleichung (6.18) die elektromagnetische Spin-Bahn-Kopplung. Photonen sind neutrale Vektormesonen mit der Masse Null. (g_p ist der g-Faktor des Protons.)

4. Pseudovektormesonen ($J\pi = 1^+$): Hier gibt es wiederum eine longitudinale und eine transversale Kopplung. Das Potential hat die Form

$$V = -\frac{1}{3} \hbar c (\boldsymbol{\tau}_1 \boldsymbol{\tau}_2) \left[(f_{\mathrm{l}}^2 + 2 f_{\mathrm{t}}^2)(\boldsymbol{\sigma}_1 \boldsymbol{\sigma}_2) + (f_{\mathrm{l}}^2 - f_{\mathrm{t}}^2) S_{12} \cdot \left(1 + \frac{3}{\mu r} + \frac{3}{(\mu r)^2}\right)\right] \frac{\mathrm{e}^{-\mu r}}{r}. \tag{6.19}$$

Kemmers Mesonen hatten den Isospin $T = 1$ und konnten entweder positiv, negativ oder ungeladen sein. Bethe (1939) schlug einen anderen Weg zur ladungsunabhängigen Formulierung einer Mesonentheorie vor. Er postulierte, daß nur neutrale Mesonen ausgetauscht werden und daß die Mesonenkopplungsstärke für Protonen und Neutronen die gleiche ist. Seine Mesonen hatten den Isospin $T = 0$ und konnten vom Skalar-, Pseudoskalar-, Vektor- oder Pseudovektortyp sein. Die Austauschpotentiale ließen sich aus denen der Theorie mit geladenen Mesonen gewinnen, wenn man $(\boldsymbol{\tau}_1\boldsymbol{\tau}_2) = 1$ setzte. Um die Voraussagen dieser Potentiale für die Nukleon-Nukleon-Wechselwirkung bei niedrigen Energien überblicken zu können, geben wir in Tab. 5 die Zentral- und Tensoranteile der acht möglichen Potentiale in geraden Singulettzuständen (Zustände mit geradzahligem Bahndrehimpuls, $S = 0$, $T = 1$, $\boldsymbol{\sigma}_1\boldsymbol{\sigma}_2 = -3$, $\boldsymbol{\tau}_1\boldsymbol{\tau}_2 = 1$) und geraden Triplettzuständen ($T = 0, S = 1$, $\boldsymbol{\tau}_1\boldsymbol{\tau}_2 = -3$, $\boldsymbol{\sigma}_1\boldsymbol{\sigma}_2 = 1$) an.

Tab. 5. Mesonenpotentiale in Zuständen gerader Parität

Typ des Mesons		Singulett, gerade	Triplett, gerade
Skalar	$T = 0$	$-V_c$	$-V_c$
	$T = 1$	$-V_c$	$3V_c$
Pseudoskalar	$T = 0$	$-V_c$	$\frac{1}{3}(V_c + V_T)$
	$T = 1$	$-V_c$	$-V_c - V_T$
Vektor	$T = 0$	$(1 - 2k^2)V_c$	$\left(1 + \frac{2}{3}k^2\right)V_c - \frac{1}{3}V_T$
	$T = 1$	$(1 - 2k^2)V_c$	$-(3 + 2k^2)V_c + V_T$
Pseudovektor	$T = 0$	$(1 + 2k^2)V_c$	$-\frac{1}{3}(1 + 2k^2)V_c - \frac{1}{3}(1 - k^2)V_T$
	$T = 1$	$(1 + 2k^2)V_c$	$(1 + 2k^2)V_c + (1 - k^2)V_T$

$$V_c = \frac{f^2}{4\pi}\hbar c\frac{e^{-\mu r}}{r}, \quad V_T = \frac{f^2}{4\pi}\hbar c S_{12}\left[1 + \frac{3}{\mu r} + \frac{3}{\mu^2 r^2}\right]\frac{e^{-\mu r}}{r}, \quad k^2 = f_t^2/f_1^2.$$

Kemmer stellte folgende Frage: Ist eins dieser Einmeson-Austauschpotentiale mit der experimentellen Deuteronbindungsenergie und der niederenergetischen Nukleon-Nukleon-Streuung verträglich? (Das bedingt, daß die Kraft sowohl in geraden Singulett- als auch in geraden Triplettzuständen anziehend und dabei im Triplettzustand wesentlich stärker sein muß.) Er untersuchte nur die Theorien mit geladenen Mesonen ($T = 1$) und berücksichtigte nicht, daß die Tensorkraft zur Bindungsenergie des Deuterons beitragen konnte. Die Skalar- und Pseudovektortheorien konnten sofort ausgeschlossen werden, da sie sowohl in Singulett- als auch in Triplettzuständen abstoßende Kräfte lieferten. Kemmer bevorzugte die Vektortheorie, da die beiden Kopplungskonstanten f_l und f_t passend gewählt werden konnten (für $f_t > f_l$), um die richtigen Wechselwirkungsstärken in beiden Spinzuständen zu liefern.

Im Jahre 1939 entwickelte Bethe seine Theorie mit neutralen Mesonen. Inzwischen war das Deuteron-Quadrupolmoment gemessen worden, und man wußte, daß sein Vorzeichen positiv ist. Bethe (1939) zeigte, daß die Tensorkräfte in der Theorie mit geladenen Vektormesonen das falsche Vorzeichen für das Quadrupolmoment des Deuterons liefern und dessen Ladungsverteilung „teller“förmig statt „zigarren“förmig machen würden, wie es die Messungen von Kellogg et al. (1939) ergeben hatten. Bethe gab der Theorie mit neutralen Vektormesonen den Vorzug. Der Zentralkraftanteil des „triplet-even“-Potentials ist abstoßend, aber die Tensorkraft ist stark genug, um die zentrale Abstoßung zu kompensieren und das Deuteron zu binden. Bethe führte einige numerische Rechnungen durch und zeigte, daß seine Theorie etwa den richtigen Wert für das Quadrupolmoment des Deuterons ergeben würde. Er wies auch auf eine Schwierigkeit mit dem Tensorpotential hin: Dieses besaß eine $1/r^3$-Singularität am Koordinatenursprung, und die Schrödinger-Gleichung hat keine Lösung für Wellenfunktionen von Null verschiedener Ausdehnung, wenn das Potential eine so starke Divergenz enthält. Es war jedoch bekannt, daß das Einmeson-Austauschpotential für kleine Abstände der wechselwirkenden Nukleonen unzuverlässig ist. Um numerische Rechnungen zu machen, schnitt BETHE die Singularität in willkürlicher Weise ab und setzte die Stärke des Tensorpotentials für Radien unterhalb eines gewissen kritischen Wertes („cut-off") konstant. Seine Ergebnisse hingen nicht empfindlich von der Wahl des „cut-off" ab. So weit erwies sich BETHES Theorie als sehr erfolgreich, obwohl sie eine unerwünschte Eigenschaft besaß. Sie erforderte neutrale Mesonen, während man in der kosmischen Strahlung geladene Mesonen entdeckt hatte, und es war gerade dieser Umstand, der die Mesonentheorie der Kernkräfte glaubwürdig gemacht hatte.

Ein Blick auf Tab. 5 zeigt, daß die Theorie mit geladenen pseudoskalaren Mesonen ebenfalls viele angenehme Aspekte hat. Das Zentralpotential ist in Singulett- und Triplettzuständen anziehend, und das Vorzeichen der Tensorkraft ist mit einem positiven Deuteron-Quadrupolmoment verträglich. Um 1940 war die Theorie weitgehend ausgearbeitet, und nun wurden neue experimentelle Informationen über die Eigenschaften der Mesonen benötigt, um weiteren Anstrengungen eine Richtschnur zu geben. Viele Physiker glaubten noch, daß sich alle Eigenschaften der Materie durch einige wenige Elementarteilchen erklären ließen und daß die Natur so freigebig gewesen wäre, uns ein Meson zur Verfügung zu stellen, um damit die Kernkräfte zu erklären. Heute hat es den Anschein, daß sie es vorgezogen hat, zahlreiche Variationen zu benutzen, und zumindest vier aus der Vielfalt der in diesem Abschnitt diskutierten Mesonen scheinen für die Kernkräfte eine wichtige Rolle zu spielen (s. Abschnitt 6.8.).

6.4. *Das π-Meson*

Als Anderson und Neddermeyer (1937) das μ-Meson in der kosmischen Strahlung entdeckten, glaubten die meisten Physiker, daß sich Yukawas Voraussage bestätigt habe und daß dieses Meson für die Kernkräfte verantwortlich sein müßte. Das μ-Meson besaß etwa die richtige Masse. Die Kopplungskonstante g konnte aus der Stärke der Kernkräfte vorausgesagt werden. Mit dieser Information konnte man den Wirkungsquerschnitt für die Streuung von Mesonen abschätzen, aber die berechneten Werte waren stets viel zu groß, um mit Beobachtungen der kosmischen Strahlung übereinzustimmen. Ein großer Teil der theoretischen Bemühungen war darauf gerichtet, diese Diskrepanz zu erklären, aber nur selten wurde die Vermutung ausgesprochen, daß es mehrere Arten von Mesonen geben könnte (Sakata und Inoue 1946). 1947 war die Zeit für eine weitere Umwälzung reif.

Conversi, Pancini und Piccioni (1947) hatten an der Universität in Rom ein Experiment zur Untersuchung der Wechselwirkung langsamer negativer Mesonen mit Materie geleitet. Theoretische Rechnungen von Tomonaga und Araki (1940) hatten gezeigt, daß ein positives Meson beim Durchgang durch ein dichtes Medium seine Energie durch Stöße mit Atomelektronen verlieren und schließlich zur Ruhe kommen wird. Wenn seine Energie unter einen bestimmten Wert gesunken ist, dann kann es wegen der Coulomb-Abstoßung die Atomkerne des Mediums nicht mehr erreichen und wird schließlich mit seiner natürlichen Lebensdauer von etwa 10^{-6} s in ein Positron plus Neutrinos zerfallen. Ein negatives Meson könnte andererseits in derselben Weise wie ein positives abgebremst werden, würde aber dann von dem positiv geladenen Kern eines Atoms des Mediums durch elektrostatische Kräfte angezogen werden. Wenn das Meson — entsprechend Yukawas Voraussage — mit den Nukleonen stark wechselwirkt, wird es ziemlich schnell (innerhalb von 10^{-11} s) von einem Kern eingefangen und einen Kernzerfall verursachen. Die Lebensdauer bezüglich des Einfangs würde um einen Faktor 10^5 kürzer als die Lebensdauer für den natürlichen μ-Zerfall sein, daher sollten fast alle negativen Mesonen Zerfälle bewirken. CONVERSI und seine Mitarbeiter bestätigen diese Voraussage für Mesonen, die in Eisen bis zur Geschwindigkeit Null abgebremst wurden. Sie fanden jedoch, daß ein beträchtlicher Teil der negativen Mesonen durch den β-Prozeß zerfällt, wenn man Graphit zum Abbremsen der Mesonen benutzt. Zwischen dem experimentellen Ergebnis und der theoretischen Vorhersage von TOMONAGA und ARAKI (1940) bestand ein offensichtlicher Widerspruch. FERMI, TELLER und WEISSKOPF (1947) und unabhängig davon WHEELER (1947) untersuchten den theoretischen Mechanismus für den Mesoneneinfang ausführlicher und bestätigten, daß die Schlußfolgerungen von TOMONAGA und ARAKI korrekt waren. Wir drucken eine Übersetzung der Arbeit von FERMI et al. in Teil 2 dieses Buches ab. Sie fanden, daß ein langsames negatives Meson von einem Atomkern innerhalb von 10^{-12} s in eine BOHRsche K-Bahn eingefangen würde. Einmal in dieser Bahn angelangt, sollte es innerhalb von 10^{-18} s vom Kern eingefangen werden. Die Experimente von CONVERSI et al. zeigten jedoch, daß ein Einfang erst nach etwa 10^{-6} s stattfand. Zwischen der theoretischen Voraussage und dem experimentellen Ergebnis bestand eine Diskrepanz um einen Faktor 10^{12}, die schlüssig bewies, daß das in der kosmischen Strahlung gefundene μ-Meson nicht die Ursache der Kernkräfte sein konnte.

Die theoretische Diskussion von FERMI et al. wurde im Februar 1947 veröffentlicht, und bereits im Mai entdeckte man ein neues Meson. Inzwischen war eine neue Methode zum Studium der kosmischen Strahlung mit Hilfe von Photoplatten entwickelt worden. PERKINS (1947) sowie OCCHIALINI und POWELL (1947) zeigten, daß man die Spuren geladener Mesonen, die in der photographischen

Emulsion bis zur Geschwindigkeit Null abgebremst worden waren, nachweisen konnte, wenn man diese Platten auf Hochgebirgsniveau der kosmischen Strahlung aussetzte. Die Mesonenmassen konnten durch Auszählen der Schwärzungszentren und durch Untersuchung der Abweichungen in den Trajektorien infolge von Mehrfach-COULOMB-Streuung abgeschätzt werden. Es hatte den Anschein, daß zumindest einige dieser Teilchen mit den μ-Mesonen aus der durchdringenden Komponente der kosmischen Strahlung identisch waren. Im Mai 1947 veröffentlichten LATTES, MUIRHEAD, OCCHIALINI und POWELL von der Universität Bristol zwei Photographien, von denen jede ein in der Emulsion abgebremstes Meson und ein sekundäres Meson zeigte, das von demselben Punkt mit einer kinetischen Energie von etwa 2 MeV ausging. Die Autoren schlugen zur Deutung vor, daß jede sekundäre Mesonenspur von dem Zerfall eines schweren Mesons in ein leichtes herrührt. Kornzählungen ergaben für die Massen beider Mesonen einen Wert von etwa 100 MeV. Wenn das schwere Meson in ein leichtes zerfallen und dabei nur ein Rückstoßteilchen (ein Neutrino oder Photon) aussenden würde, dann würde aus der Rückstoßenergie des leichten Mesons von 2 MeV ein Massenunterschied von etwa 25 MeV folgen. Das leichte Meson wurde mit dem wohlbekannten μ-Meson identifiziert, und das neue schwerere Teilchen nannte man π-Meson oder Pion.

Im Juni 1947 fand in Shelter Island, USA, eine wichtige Konferenz über die Grundlagen der Quantenmechanik statt. Die Nachricht von der Entdeckung des π-Mesons durch POWELL und seine Mitarbeiter war zu Beginn der Konferenz noch nicht nach Amerika gelangt, und die sich aus den Experimenten der Gruppe in Rom ergebenden Probleme bildeten das Hauptthema der Diskussion. BETHE und MARSHAK (1947) griffen die von SAKATA und INOUE (1946) vorgeschlagene *Zweimesonenhypothese* auf. Sie zeigten, daß man viele der experimentellen Anomalien in der Physik der kosmischen Strahlung erklären konnte, wenn zwei Mesonen mit unterschiedlichen Massen in der Natur existierten: ein schweres Meson, das mit einem großen Wirkungsquerschnitt in den oberen Schichten der Atmosphäre erzeugt und mit YUKAWAS Teilchen, das für die Kernkräfte verantwortlich war, identifiziert werden sollte, und das leichtere μ-Meson, das als ein Zerfallsprodukt des schweren Teilchens zu betrachten sei. Sofort nach dem Bekanntwerden der Entdeckung der Bristoler Gruppe rückte dieses Bild in den Vordergrund, und eine neue Stufe in der Entwicklung der Kernphysik hatte begonnen.

Die Entdeckung des Neutrons im Jahre 1932 fiel zeitlich mit bedeutenden Entwicklungen im Bau von Teilchenbeschleunigern zusammen (siehe Kap. I). Eine ähnliche Situation wiederholte sich 1947. Die mit konventionellen Zyklotrons erreichbaren Energien waren auf etwa 40 MeV begrenzt. Ein Beschleuniger dieser Art mit einem 184-Zoll-Magnet befand sich 1945 am Berkeley Radiation Laboratory unter der Leitung von LAWRENCE im Bau. Gerade zu dieser Zeit wurde das Prinzip der „Phasenstabilität“ unabhängig voneinander von WEXLER (VEKSLER, 1945) in der UdSSR und von MCMILLAN (1945) am Berkeley Radiation Laboratory entdeckt. Die Berkeley-Gruppe entschied sich sofort dafür, ihr 184-Zoll-Zyklotron in ein Synchrozyklotron umzubauen. Dieses ging innerhalb eines Jahres (nämlich im November 1946) in Betrieb und konnte Deuteronen mit einer Energie von 190 MeV und Heliumionen mit einer Energie von 380 MeV erzeugen. Im Frühjahr 1948 erzeugten GARDNER und LATTES (1948) mit diesem Beschleuniger π-Mesonen. Die Intensität der π-Mesonen war um einen Faktor 10^8 höher als in der kosmischen Strahlung, und bald hatte man die hauptsächlichen Eigenschaften des π-Mesons mit Hilfe dieses Beschleunigers sowie gleichartiger, in anderen Laboratorien gebauter Beschleuniger festgestellt.

Im Jahre 1950 entdeckte man das neutrale π-Meson (π^0) und bestätigte damit die auf der Hypothese der Ladungsunabhängigkeit beruhende Voraussage von KEMMER

(1938), YUKAWA und SAKATA (1938) sowie FRÖHLICH, HEITLER und KEMMER (1938). In einer Reihe von Experimenten wurde festgestellt, daß der Spin sowohl des geladenen als auch des neutralen π-Mesons gleich Null ist, und 1951 fand man, daß das π-Meson negative Parität besitzt (PANOFSKY, 1951). Die letztere Messung erfolgte über den Einfang negativer π-Mesonen durch Deuteronen

$$\pi^- + d \to 2n .$$

Wenn die Mesonen den Spin Null haben und aus einer K-Bahn (s. FERMI et al., Teil 2, S. 302) eingefangen werden, dann muß der Gesamtdrehimpuls des Anfangszustandes gleich dem Deuteronspin sein ($J = 1$). Die Zustände der bei der Reaktion erzeugten zwei Neutronen werden durch das PAULI-Prinzip eingeschränkt, und nur der $^3P_1$-Zustand hat $J = 1$ (vgl. S. 111). Dieser Zustand besitzt eine negative Parität. Die orbitale Parität im Anfangszustand ist positiv, daher ist die Reaktion wegen der Paritätserhaltung nur dann erlaubt, wenn das Meson eine *negative innere Parität* besitzt. Die Reaktion wurde beobachtet, also war die Parität des π-Mesons negativ. Diese Ergebnisse zeigten, daß das π-Meson ein *pseudoskalares* Teilchen ist.

6.5. *Die Pion-Nukleon-Kopplungskonstante*

Nach der Entdeckung des Pions schien es sehr wahrscheinlich, daß dieser spezielle Mesonentyp für die Kernkräfte verantwortlich ist. Bevor man die Theorie quantitativ überprüfen konnte, war es erforderlich, den Wert der Pion-Nukleon-Kopplungskonstante f zu kennen. In YUKAWAS ursprünglicher Theorie war diese Konstante ein Koeffizient, der die Größe des Wechselwirkungsterms im HAMILTON-Operator des Meson-Nukleon-Systems bestimmte. Die theoretischen Ergebnisse wurden mit Hilfe der Störungstheorie, d. h. durch Entwicklung der beobachtbaren Größen nach Potenzen der Kopplungskonstante, berechnet. In früheren Arbeiten wurden nur Störungen der niedrigsten Ordnung berücksichtigt; bald jedoch erkannte man, daß dies nicht ausreichend war. Die Berechnungen von Termen höherer Ordnung in der Störungsreihe führten zu Schwierigkeiten, da viele der dabei auftretenden Integrale divergierten. In diesem Entwicklungsstadium der Feldtheorie war die physikalische Interpretation der Kopplungskonstanten überhaupt ziemlich unklar.

Die gleichen Schwierigkeiten existierten auch in der Theorie der Wechselwirkung von elektromagnetischer Strahlung mit Elektronen. Im Jahre 1947 wurde die Technik der „Renormierung" einer Feldtheorie entwickelt und erfolgreich bei der Berechnung des LAMB-Shifts und des anomalen magnetischen Moments des Elektrons angewendet. Bei dieser Methode unterschied man zwischen der unrenormierten elektrischen Ladung e_0, einer theoretischen Größe, die als Koeffizient in dem Wechselwirkungsterm des HAMILTON-Operators des Strahlungs- und des Elektronenfeldes auftritt, und der renormierten elektrischen Ladung e, einer physikalischen Größe, die experimentell gemessen werden konnte. Diese beiden Größen hatten unterschiedliche numerische Werte, und nur die renormierte Größe e besaß eine physikalische Bedeutung. Die Renormierungsmethode ermöglichte es, aus einer divergenten Theorie endliche Resultate zu berechnen, indem man die unbeobachtbaren unrenormierten Größen (die unendlich groß waren) unterdrückte und alle Ergebnisse durch endliche, renormierte Größen ausdrückte.

In der Mesonenthorie war die Situation ganz ähnlich. Jedoch erst im Jahre 1954 war die Definition der renormierten Kopplungskonstanten geklärt. KROLL und RUDERMAN (1954) schlugen vor, die renormierte Kopplungskonstante so zu definieren, daß man ihren Wert unmittelbar aus einem Experiment bestimmen konnte. Sie wiesen darauf hin, daß die Ladung eines Elektrons durch den Grenzwert des Wirkungsquerschnittes für die Streuung von Photonen an Elektronen bei niedrigen Energien (THOMSON-Streuung),

$$\sigma_{\text{Thomson}} = \frac{8\pi}{3} \frac{e^2}{m^2 c^4}, \tag{6.20}$$

definiert werden konnte. Sie machten den Vorschlag, den Grenzwert des Querschnitts für die Photoerzeugung geladener π-Mesonen bei niedrigen Energien,

$$\gamma + p \rightarrow n + \pi^+,$$

ganz analog zur Definition der Meson-Nukleon-Kopplungskonstanten zu benutzen. Diese Idee beruhte auf dem folgenden, von KROLL und RUDERMAN bewiesenen Theorem: Das in jeder Ordnung der Meson-Kopplungskonstanten korrekte Matrixelement für die Erzeugung von Photomesonen bei der Schwellenenergie strebt gegen das von der Störungstheorie zweiter Ordnung im Grenzfall verschwindender Mesonenmasse berechnete Resultat, unter der Voraussetzung, daß man die Meson-Kopplungskonstante und die Nukleonenmasse durch ihre renormierten Werte ersetzt. Anders ausgedrückt, besagt das Theorem, daß der Querschnitt für die Photoerzeugung geladener Mesonen in der Nähe der Schwelle durch die Formel[1])

$$\sigma(\gamma, \pi^\pm) = 2 e^2 f^2 k \mu^{-3} \tag{6.21}$$

gegeben sein sollte. Dabei ist k die Wellenzahl des Mesons, und $\mu = mc/\hbar$ mit m als der Pionmasse. Somit konnte eine Messung des Wirkungsquerschnittes in der Nähe der Schwelle die renormierte Pion-Nukleon-Kopplungskonstante f bestimmen. Die ersten Messungen wurden von

[1]) Es gibt einige Korrekturen infolge des Nukleonrückstoßes, der in Gleichung (6.21) nicht berücksichtigt ist. Diese hängen von dem Verhältnis Mesonenmasse/Nukleonenmasse ab.

BERNARDINI und GOLDWASSER im Jahre 1955 gemacht, die für die Kopplungskonstante den Wert

$$f^2/4\pi = 0{,}073 \pm 0{,}007$$

fanden. Um die Nukleonrückstoßeffekte zu erfassen, war es notwendig, sowohl die $p(\gamma,\pi^+)n$- als auch die $n(\gamma,\pi^-)p$-Reaktionen zu studieren. Information über die zweite Reaktion erhielt man durch die Untersuchung der Reaktion $\gamma + {}^2\mathrm{H} \to 2p + \pi^-$.

Im Jahre 1956 benutzten CHEW und LOW die pseudoskalare Mesonentheorie zu einer Diskussion der Streuung von Pionen an Nukleonen. Sie nahmen an, daß das Nukleon sehr schwer sei, so daß sein Rückstoß vernachlässigt werden konnte (sogenanntes statisches Modell), berechneten jedoch die Streuung ohne Verwendung der Störungstheorie. Diese Rechnungen paßten die beobachteten Pion-Nukleon-Streudaten für Pionenergien bis zu etwa 300 MeV mit zwei Parametern, der Kopplungskonstanten f und einem Hochenergie-„cut-off"-Parameter an. CHEW und LOW zeigten auch, daß die gleiche Kopplungskonstante sowohl die Pion-Nukleon-Streuung wie auch die Photoerzeugung beschreiben sollte. Die aus Mesonenstreuexperimenten bestimmte Pion-Kopplungskonstante betrug

$$f^2/4\pi = 0{,}08$$

in guter Übereinstimmung mit dem bei der Photoerzeugung gefundenen Wert.

Die Wellenfunktion des Nukleons mit seiner Mesonenwolke kann in dem statischen Modell von CHEW und LOW im Prinzip explizit aufgeschrieben werden. Wenn $|p,\alpha)$ die vollständige Wellenfunktion eines Protons mit seinem Zentrum am Ursprung und den Spinquantenzahlen α und $|n,\beta;\boldsymbol{r})$ die Wellenfunktion eines Neutrons am gleichen Ort mit den Spinquantenzahlen β sowie eines Mesons am Punkt $\boldsymbol{r}$ ist, so haben diese beiden Wellenfunktionen eine endliche Überlappung

$$(p,\alpha|n,\beta;\boldsymbol{r}) = \frac{f\mu^{-1/2}}{4\pi}(\alpha|\boldsymbol{\sigma}|\beta)\operatorname{grad}\frac{e^{-\mu r}}{r}, \quad (6.22)$$

wenn r groß genug ist. Mit anderen Worten, die Wellenfunktion für ein Proton enthält eine Komponente, die ein Neutron und ein π-Meson in einem P-Zustand mit einer zu grad $(e^{-\mu r}/r)$ proportionalen Wellenfunktion darstellt. Die Kopplungskonstante f bestimmt die Normierung dieser Komponente. In der (γ,π^+)-Reaktion regt das γ-Quant dieses „virtuelle" π-Meson an, so daß es in einen ungebundenen Zustand übergeht. Der Querschnitt (6.21) für diesen Prozeß kann aus der „Wellenfunktion" (6.22) und der üblichen quantenmechanischen Formel für den photoelektrischen Effekt berechnet werden.

Wenn sich die „virtuellen" Mesonenwolken zweier benachbarter Kerne überlappen, dann wird zwischen ihnen eine Austauschwechselwirkung bestehen, wie in Abschnitt 6.2. diskutiert wurde. Wenn die Kerne weit genug voneinander entfernt sind, so daß nur der Einmesonaustausch wesentlich ist, wird die Austauschwechselwirkung durch die Normierung des virtuellen Mesonenzustandes, d. h. durch die renormierte Kopplungskonstante, bestimmt. Mit anderen Worten, die Wechselwirkungsenergie wird durch die Störungstheorie zweiter Ordnung beschrieben (Gleichung (6.15)), vorausgesetzt, daß man die renormierte Kopplungskonstante benutzt.

Bald nach der Untersuchung des statischen Modells durch Chew und Low wurde die Methode der Dispersionsrelationen in die Elementarteilchenphysik eingeführt. Diese Methode enthält einige Züge der traditionellen Quantenmechanik; in einigen wichtigen Beziehungen unterscheidet sie sich jedoch von dieser. Um die Unterschiede zu erklären, betrachten wir ein typisches Problem der klassischen Quantenmechanik, nämlich die Theorie der Atomstruktur.

Man nimmt an, daß ein Atom aus einer Anzahl von

Elektronen besteht, die sich um einen im Zentrum befindlichen Kern bewegen. Die Elektronen wechselwirken untereinander und mit dem Kern mittels elektrostatischer Kräfte, und ihre Bewegung wird mit Hilfe der Methoden der Quantenmechanik behandelt. Das Problem der Atomstruktur behält viele Aspekte der Behandlung eines solchen Problems nach der klassischen Mechanik bei. Die Kräfte sind aus der klassischen Mechanik abgeleitet, und selbst die Bewegungsgleichungen sehen genauso aus wie dort, wenn man sie in der Heisenbergschen Form schreibt. Neue physikalische Charakteristika, die durch die Quantenmechanik eingeführt werden, sind das Heisenbergsche Unbestimmtheitsprinzip, das Paulische Ausschließungsprinzip und der Spindrehimpuls. In ähnlicher Weise entspricht die Quantentheorie des elektromagnetischen Feldes gerade Maxwells klassischer Theorie, die so modifiziert wurde, daß sie mit den Prinzipien der Quantenmechanik vereinbar ist. Die meisten Probleme in der traditionellen Quantenmechanik werden daher so behandelt, daß man eine Theorie aus der klassischen Mechanik übernimmt und sie nach bestimmten Regeln modifiziert, um spezifisch quantenmechanische Züge einzuführen. In fast allen Fällen sind die auf die Komponenten des quantenmechanischen Systems wirkenden Kräfte identisch mit den Kräften in dem entsprechenden klassischen System. Gerade auf Grund dieser Tatsache wurde das Bohrsche Korrespondenzprinzip zu einer so wirksamen Richtschnur in den frühen Entwicklungsstadien der Quantenmechanik.

Im Jahre 1943 zeigte Heisenberg, daß das Resultat eines allgemeinen Streuprozesses durch die Streumatrix vollständig bestimmt ist. Diese Matrix verknüpfte den Zustand der wechselwirkenden Teilchen zu einer Zeit lange nach der Streuung mit ihrem Zustand lange vor der Streuung. Nur das Endergebnis einer Streuung ist beobachtbar. Heisenberg regte deshalb an, daß eine Theorie nicht versuchen sollte, die unbeobachtbaren intermediären Stufen des Prozesses zu beschreiben, sondern, daß sie darauf gerichtet sein sollte, nur das Endergebnis, d. h. die Streumatrix, zu berechnen. Die Methode der Dispersionsrelationen versucht das zu tun.

In der Methode der Dispersionsrelationen wird nicht versucht, den Zustand eines Systems zu allen Zeiten durch eine Wellenfunktion darzustellen. Wellenfunktionen erscheinen nur deshalb in der Theorie, um die Bewegung der wechselwirkenden Teilchen vor und nach dem Streuprozeß zu beschreiben. Im Rahmen der Dispersionsrelationen gibt es nichts derartiges wie eine Wellenfunktion, die die innere Struktur eines Protons (oder sogar eines Wasserstoffatoms) beschreibt, und die Theorie hält Fragen nach der Struktur eines Elementarteilchens für gegenstandslos. Nur die Streumatrix ist von Bedeutung. In der Methode der Dispersionsrelationen sind fast alle klassisch-mechanischen Aspekte verschwunden. Nur die Erhaltungssätze für Größen wie Energie, Impuls, Drehimpuls sind davon übriggeblieben.

Die Dispersionsrelationen haben nicht alle Fragen beantwortet, die die Wechselwirkungen der Elementarteilchen betreffen, sie haben aber einige wichtige Beiträge geliefert. In der Elementarteilchenphysik wurden sie zuerst bei der Analyse der Ergebnisse der Pion-Nukleon-Streuexperimente angewandt. Dabei fand man, daß die Resultate des statischen Modells von CHEW und LOW aus sehr allgemeinen Annahmen mit Hilfe der Dispersionsbeziehungen abgeleitet werden konnten. Es wurden mehrere neue Methoden zur Bestimmung der renormierten Pion-Nukleon-Kopplungskonstanten entwickelt, die damit erhaltenen Werte lagen aber alle sehr nahe bei den in diesem Abschnitt weiter oben zitierten Werten. Kap. 5 des Buches von MORAVCSIK (1963) enthält eine Einführung in die Dispersionstheorie, wie sie auf die Nukleon-Nukleon-Streuung angewendet wird.

In diesem Abschnitt haben wir die „rationalisierte“ pseudoskalare Kopplungskonstante f benutzt. Mitunter wird eine „nichtrationalisierte“ Kopplungskonstante f'

verwendet, die mit f durch

$$f^2/4\pi = f'^2$$

verknüpft ist. Der Unterschied zwischen beiden ist dem Unterschied zwischen rationalisierten und nichtrationalisierten Einheiten in der klassischen Elektrodynamik analog. Häufig wird eine andere rationalisierte Kopplungskonstante g verwendet, die mit f durch die Gleichung

$$f^2 = g^2 \left(\frac{m}{2M}\right)^2$$

verknüpft ist; m/M ist das Verhältnis der Mesonenmasse zur Nukleonenmasse ($M/m = 6{,}72$, und $g^2/4\pi = 14{,}5$ für $f^2/4\pi = 0{,}08$). Historisch gesehen, kamen die Kopplungskonstanten f und g in zwei Formulierungen der pseudoskalaren Mesonentheorie vor, die sich durch die Art der Kopplung des Mesonenfeldes mit den Nukleonen unterschieden. Die beiden Kopplungsarten wurden als pseudovektoriell bzw. pseudoskalar bezeichnet. Einst hoffte man zwischen ihnen zu unterscheiden, die Voraussagen der beiden Theorien wichen jedoch nur dann voneinander ab, wenn die Rechnungen unzuverlässig waren. Die Methode der Dispersionsrelationen macht keine Unterscheidung zwischen den beiden Theorien.

6.6. *Die Einpion-Austauschwechselwirkung*

Wenn wir YUKAWAS Idee als korrekt annehmen, dann sollte in der Wechselwirkungsenergie zweier Nukleonen, die weit genug voneinander entfernt sind, der Beitrag des Einpionaustausches

$$V(r) = \frac{1}{3}\frac{f^2}{4\pi} m c^2 (\boldsymbol{\tau}_1 \boldsymbol{\tau}_2) \times \left[(\boldsymbol{\sigma}_1 \boldsymbol{\sigma}_2) + S_{12}\left(1 + \frac{3}{\mu r} + \frac{3}{(\mu r)^2}\right)\right] \frac{e^{-\mu r}}{\mu r} \quad (6.23)$$

dominieren; dabei ist f die renormierte Pion-Nukleon-Kopplungskonstante, und μ ist mit der Mesonenmasse durch die Gleichung $\mu = mc/\hbar$ verknüpft. Der numerische Wert von μ^{-1} beträgt 1,41 fm. Wenn sich die Kopplungskonstante f aus experimentellen Untersuchungen der Nukleon-Nukleon-Wechselwirkung bestimmen ließe, so könnte man ihren Wert mit dem aus den Experimenten zur Mesonenstreuung und Photoerzeugung von Mesonen erhaltenen Wert vergleichen. Ein solcher Vergleich könnte YUKAWAS Theorie quantitativ bestätigen.

Ein systematische Verfahren zur theoretischen Untersuchung der Mesonenaustauschwechselwirkung wurde von einer Gruppe japanischer Physiker im Jahre 1951 entwickelt (TAKETANI, NAKAMURA und SASAKI). Sie erkannten die Bedeutung von WICKS Beziehung zwischen der Reichweite einer Austauschwechselwirkung und der Gesamtmasse der ausgetauschten Teilchen und stellten fest, daß der Beitrag des Zweimesonenaustausches zur Wechselwirkungsenergie der Nukleonen eine halb so große Reichweite wie der Einmeson-Austauschanteil haben sollte. Die Dreimesonenreichweite sollte ein Drittel davon betragen, usw. Ausgehend von dieser Idee unterschieden sie drei Regionen in dem Austauschpotential zwischen den Nukleonen:

1. ein äußeres Gebiet, wo der Abstand zwischen den Nukleonen $r > 1{,}5\mu^{-1} = 2{,}1$ fm beträgt und der Einpionaustausch überwiegt; die Wechselwirkung wird durch das Einpion-Austauschpotential (OPEP) (Gleichung (6.23)) korrekt beschrieben;

2. ein Zwischengebiet $2\,\text{fm} > r > 1\,\text{fm}$, in dem der Zweimesonenaustausch wesentlich ist; sie gaben eine Abschätzung für das Potential in dieser Region mit Hilfe der Störungstheorie vierter Ordnung;

3. ein inneres Gebiet, in dem man nichts zuverlässig berechnen konnte; die Wechselwirkung wurde hier durch ein phänomenologisches Potential dargestellt.

Das erste nach dieser Methode berechnete Potential wurde von TAKETANI, MACHIDA und ONUMA (1952) angegeben. Im ersten Teil ihrer Arbeit untersuchten sie eine reine Einpion-Austauschwechselwirkung mit einem abstoßenden Core. Sie variierten die Kopplungskonstante f und den Radius des „hard core“, bis sie für die Bindungsenergie und das Quadrupolmoment des Deuterons Werte erhielten, die mit den experimentellen übereinstimmten. Die Kopplungskonstante ergab sich zu

$$f^2/4\pi = 0{,}075$$

in sehr guter Übereinstimmung mit dem einige Jahre später aus Mesonenstreuexperimenten erhaltenen Wert. Die effektive Triplettreichweite stimmte ebenfalls gut mit dem experimentellen Wert überein. Dieselbe Kopplungskonstante ergab keinen guten Wert für die effektive Singulettreichweite, aber TAKETANI und seine Mitarbeiter wußten, daß ihr Potential in dem Zweimesonen-Austauschgebiet, d. h. für Nukleonenabstände kleiner als 1,5 fm, völlig unrealistisch war. Sie berechneten dann das Zweipion-Austauschpotential mit der Störungstheorie vierter Ordnung. Unter Benutzung des Ein- und Zweipion-Austauschpotentials für große Abstände sowie einer phänomenologischen Wechselwirkung für das weiter innen liegende Gebiet des Potentials konnten sie die Parameter des Deuterons und die Singulett- und Triplettstreuparameter mit einer Kopplungskonstanten

$$f^2/4\pi = 0{,}09$$

anpassen.

Untersuchungen der Zweipion-Austauschwechselwirkung wurden von vielen anderen Gruppen und mit Hilfe verschiedener Näherungen fortgesetzt. MORAVCSIK (1963) hat einige dieser Potentiale in graphischer Form zusammengefaßt. Seine Diagramme zeigen klar, daß sich die verschiedenartigen theoretischen Potentiale im Bereich des Zweipionaustausches unterscheiden. Um 1956 erkannten die auf diesem Gebiet arbeitenden japanischen

Physiker, daß die Rechnungen in der Zweipion-Austauschregion quantitativ unzuverlässig waren. Nur für die Einpion-Austauschregion schienen die Voraussagen eindeutig zu sein. Gab es irgendwelche Eigenschaften des Zweinukleonsystems, die von dem Potential in dieser äußeren Region empfindlich abhingen?

Im Jahre 1956 zeigten IWADARE et al., daß das Quadrupolmoment des Deuterons sehr empfindlich gegenüber dem Nukleon-Nukleon-Potential im Gebiet des Einpionaustausches und viel weniger empfindlich gegenüber dem Potential in den Zwei- oder Multipion-Austauschregionen ist. Um die korrekten Werte für die Bindungsenergie und das Quadrupolmoment des Deuterons und für die effektive Triplettreichweite des Neutron-Proton-Systems wiederzugeben, muß die Pion-Nukleon-Kopplungskonstante der Bedingung

$$0{,}065 < f^2/4\pi < 0{,}09$$

genügen, unabhängig von der Wechselwirkung in den Regionen 2 und 3. Diese aus den Eigenschaften des Deuterons abgeleitete Einschränkung für die Pion-Nukleon-Kopplungskonstante war konsistent mit den aus der Mesonenstreuung und der Photoerzeugung von Mesonen erhaltenen Werten. Der von TAKETANI et al. unter Benutzung des Einmeson-Austauschpotentials mit einem „hard core“ abgeleitete Wert für die Kopplungskonstante war deshalb so gut, weil das Deuteron-Quadrupolmoment unempfindlich gegen Details der Wechselwirkung im inneren Gebiet ist.

Unlängst wurde die Einpion-Austauschwechselwirkung für die Phasenanalyse von Nukleon-Nukleon-Streuexperimenten bei hohen Energien verwendet. Wie wir in Kap. V gezeigt haben, wird die Streuung in Zuständen mit großem Bahndrehimpuls nur durch den weitreichenden Anteil der Wechselwirkung zwischen den Nukleonen beeinflußt. Die Streuphasen in diesen Zuständen sollten durch die Einpion-Austauschwechselwirkung bestimmt sein. In einer neueren Untersuchung behandelte BREIT (1960) die Pion-Nukleon-Kopplungskonstante bei der Phasenanalyse als freien Parameter, dessen Wert er so bestimmte, daß die Streudaten möglichst gut wiedergegeben werden. Eine Analyse aller experimentellen Daten über Proton-Proton- und Neutron-Proton-Streuung von 217 bis 350 MeV ergab

$$g^2/4\pi = 14{,}5 \pm 0{,}3$$

oder

$$f^2/4\pi = 0{,}080 \pm 0{,}002$$

Wir sehen also, daß die Bestimmungen der Pion-Nukleon-Kopplungskonstanten aus Pion-Nukleon-Streuexperimenten, Experimenten zur Photoerzeugung von Pionen, Nukleon-Nukleon-Streuexperimenten und aus Eigenschaften des Deuterons alle miteinander konsistent sind. Diese Tatsache bildet eine eindrucksvolle Bestätigung von YUKAWAS Theorie der Kernkräfte.

6.7. Phänomenologische Potentiale

In den ersten Kapiteln dieses Buches haben wir gezeigt, daß immer die Tendenz bestand, die Zweinukleonwechselwirkung durch ein Potential zu beschreiben. Moderne, auf den Dispersionsrelationen beruhende theoretische Verfahren verwenden jedoch den Potentialbegriff nicht, und es ist sicherlich richtig, daß die potentielle Energie zweier Nukleonen nicht direkt gemessen, sondern nur durch Analyse von Streuexperimenten und Eigenschaften des Deuterons abgeleitet werden kann. Künftige Theorien der Elementarteilchenwechselwirkungen werden vielleicht zeigen, daß der Potentialbegriff nicht wesentlich ist, wenn auch die Potentialdarstellung der Zweinukleonwechselwirkung zur Zeit für das Studium der Kernstruktur noch von Nutzen ist.

Es ist oft versucht worden, phänomenologische Potentiale zu finden, die die Nukleon-Nukleon-Streudaten und die Eigenschaften des Deuterons reproduzieren. Einige davon beruhten auf der Mesonentheorie, andere hingegen waren rein empirischer Natur.

Alle diese phänomenologischen Potentiale haben einen „hard core“ und einen Tensorkraftanteil. Neuere Ergebnisse zeigen, daß eine Spin-Bahn-Kraft ebenfalls notwendig ist, um die Streudaten gut wiederzugeben.

Unlängst wurden Potentiale von Hamada und Johnston (1962) und Lassila et al. (1962) angegeben. Beide Arbeiten verwendeten das Einpion-Austauschpotential als eine Komponente der Wechselwirkung und geben eine gute Beschreibung der Nukleon-Nukleon-Streudaten. Die Parameter des Hamada-Johnston-Potentials wurden von Wilson (1963) und Moravcsik (1963) tabuliert.

6.8. *Die Rolle schwerer Mesonen*

Bald nach der Entdeckung des π-Mesons fand man in der kosmischen Strahlung das K-Meson, das aber wegen der Erhaltung der *Strangeness* nicht in einfacher Weise zu den Kernkräften beitragen kann. Emittiert ein Nukleon ein K-Meson, so verwandelt es sich in ein Λ- oder Σ-Hyperon. Der einfachste mögliche Austauschprozeß enthält daher den Austausch zweier K-Mesonen, und ein Beispiel hierfür ist in Abb. 14 angegeben. Die Masse des K-Mesons beträgt das 3,5fache der Masse des π-Mesons, also muß die Reichweite der vom Austauch eines

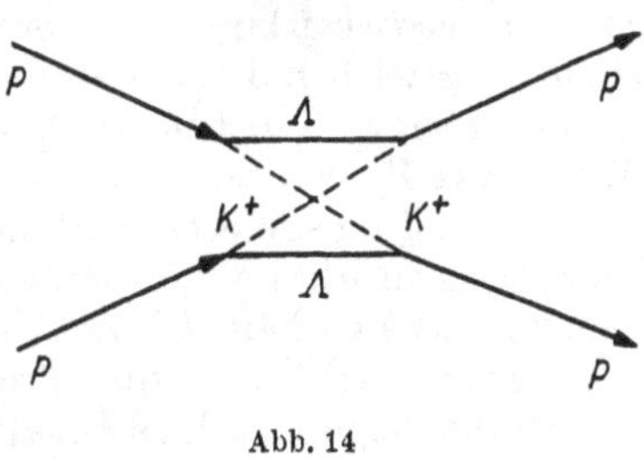

Abb. 14

K-Mesons herrührenden Kraft 7mal kleiner als die Reichweite der Einpion-Austauschwechselwirkung sein.

Unlängst hat man unter den Produkten von Reaktionen, die durch Nukleonen oder Pionen sehr hoher Energie ausgelöst wurden, eine Anzahl anderer schwerer Mesonen entdeckt. Einige davon sind mit ihren Quantenzahlen (Spin J, Isospin T und Parität π) und Massen (in Einheiten der Pionmasse) in Tab. 6 angeführt. Sie besitzen

Tab. 6. Einige experimentell gut fundierte Mesonen mit der Strangeness Null

Meson	Spin	Isospin	Parität	Masse in Einheiten der Pionmasse
π	0	1	–	1
ABC	0	0	+	2,3
η	0	0	–	3,93
ϱ	1	1	–	5,4
ω	1	0	–	5,6
φ	1	0	–	7,3

alle eine sehr kleine Halbwertszeit und sind schwerer als das Pion. Es gibt jedoch keinen Grund, warum sie nicht zu dem Anteil der Nukleon-Nukleon-Wechselwirkung mit kurzer Reichweite beitragen sollten. Alle haben die Strangeness-Quantenzahl Null und können zu Einmeson-Austauschwechselwirkungen Anlaß geben. Es erscheint zwar als inkonsistent, die Effekte des Austausches schwerer Mesonen zu berücksichtigen und die Zweipion- oder Dreipion-Austauschwechselwirkung zu vernachlässigen. Es gibt aber einige Anzeichen dafür, daß diese schweren Mesonen zusammengesetzte Teilchen sein könnten, die in irgendeiner Weise aus Pionen aufgebaut sind, und daß man hoffen könnte, daß eine Wechselwirkung vom Austausch schwerer Mesonen bereits die wichtigsten Effekte des Multipionaustausches enthält. Dies ist die Grundlage des *Einboson-Austauschmodells.* Darin wird das Zweinukleon-Wechselwirkungspotential als Überlagerung von

Einmeson-Austauschpotentialen angenommen, die dem Austausch der beobachteten schweren Mesonen entsprechen.

Die verschiedenen in Tab. 6 angeführten Mesonen lassen sich nach KEMMERS Klassifizierung (s. Abschnitt 6) gruppieren. Das ABC-Teilchen ist ein skalares, das η-Teilchen ein pseudoskalares Meson; ϱ, ω und φ sind Vektormesonen. Die entsprechenden Einmeson-Austauschpotentiale[1]) wurden zuerst von KEMMER im Jahre 1938 abgeleitet; sie sind in Abschnitt 6 angegeben.

Zwei hervorstechende qualitative Eigenschaften der Nukleon-Nukleon-Wechselwirkung sind der abstoßende „core“ und die starke Spin-Bahn-Kopplung. Diese Effekte können nicht einfach durch den Austausch von π-Mesonen erklärt werden. Sie sind aber natürliche Charakteristika einer Einvektormeson-Austauschwechselwirkung (BREIT, 1959). Die ω- und φ-Teilchen sind beide $(T = 0)$-Vektormesonen, während das ϱ-Teilchen ein $(T = 1)$-Vektormeson ist. Die Vektormeson-Austauschwechselwirkung hängt von zwei Parametern, den longitudinalen und transversalen Kopplungskonstanten f_l und f_t, ab. Für $f_l^2 > 2f_t^2$ ist der Zentralkraftanteil der $(T = 0)$-Austauschwechselwirkung stets abstoßend (Gleichung (6.16)). Der abstoßende „core“ in der Wechselwirkung zwischen den Nukleonen könnte daher von einem Austausch von ω- oder φ-Mesonen herrühren. Der Austausch von Vektormesonen gibt auch Anlaß zu einer Spin-Bahn-Kopplung (Gleichung (6.18)).

---

[1]) Diese Potentiale wurden im statischen Grenzfall unter der Annahme berechnet, daß das Meson viel leichter als das Nukleon ist. Sie müßten hinsichtlich der Nukleonrückstoßeffekte korrigiert werden (BRYAN 1963, WONG 1963).

Literatur

ADAIR, R. K.: Phys. Rev. **87** (1952) 1041.
ALFORD, W. P., und J. B. FRENCH: Phys. Rev. Letters **6** (1961) 119.
ANDERSON, C. D., Science [New York] **76** (1932) 238; Phys. Rev. **43** (1933) 491.
ANDERSON, C. D., und S. H. NEDDERMEYER: Phys. Rev. **51** (1937) 884.
ASTON, F. W.: Proc. Roy. Soc. [London] **A115** (1927) 487.
AUFFRAY, G. P.: Phys. Rev. Letters **6** (1961) 120.
BARTLETT, J. H.: Phys. Rev. **49** (1936) 102.
BAYER, HAHN und MEITNER: Phys. Z. **12** (1911) 273 und 378.
BERNARDINI, G., und E. L. GOLDWASSER: Phys. Rev. **54** (1955) 436.
BETHE, H.: Phys. Rev. **54** (1938) 436.
BETHE, H.: Phys. Rev. **55** (1939) 1261.
BETHE, H.: Phys. Rev. **76** (1949) 38.
BETHE, H., und R. F. BACHER: Rev. Mod. Phys. 8 (1937) 82.
BETHE, H., und R. E. MARSHAK: Phys. Rev. **72** (1947) 506.
BHABHA, H. J.: Nature [London] **143** (1939) 276.
BIELER, E. S.: Proc. Roy. Soc. [London] **A105** (1924) 434.
BJERGE, T., und C. H. WESTCOTT: Proc. Roy. Soc. [London] **A150** (1935) 709.
BLATT, J. M., und J. D. JACKSON: Phys. Rev. **76** (1950) 18.
BLATT, J. M., und J. D. JACKSON: Rev. Mod. Phys. **22** (1950) 77.
BOHR, N.: J. Chem. Soc. (1932) 349.
BREIT, G.: Phys. Rev. **120** (1960) 287.
BREIT, G.: Proc. Nat. Acad. Sci. USA **46** (1960) 746.
BREIT, G.: Rev. Mod. Phys. **34** (1962) 766.
BREIT, G., E. U. CONDON und R. D. PRESENT: Phys. Rev. **50** (1936) 825.
BREIT, G., H. M. THAXTON und L. EISENBUD: Phys. Rev. **55** (1939) 1018.
BROWN, A. B., C. Y. CHAO, W. A. FOWLER und C. C. LAURITSEN: Phys. Rev. **78** (1949) 88.
BRUECKNER, K. A., und K. M. WATSON: Phys. Rev. **92** (1953) 1023.
BRYAN, R. A., C. R. DISMUKES und W. RAMSAY: Nucl. Phys. **45** (1963) 353.
CHADWICK, J.: Nature [London] **129** (1932) 312.

CHADWICK, J., und E. S. BIELER: Philos. Mag. **42** (1921) 923.
CHEW, G. F., und F. E. LOW: Phys. Rev. **101** (1956) 1570 und 1579.
COCKCROFT, J. D., und E. T. S. WALTON: Proc. Roy. Soc. [London] **A129** (1932) 477.
COCKCROFT, J. D., und E. T. S. WALTON: Proc. Roy. Soc. [London] **A137** (1933) 229.
CONDON, E.U., und R. W. GURNEY: Nature [London] **122** (1928) 439.
CONVERSI, M., E. PANCINI und O. PICCIONI: Phys. Rev. **71** (1947) 209.
COOPER, L. M., und E. M. HENLEY: Phys. Rev. **92** (1953) 801.
DIRAC, P. A. M.: Proc. Roy. Soc. [London] **A114** (1927) 243.
DUNNING, J. R., G. B. PEGRAM, G. A. FINK und D. P. MITCHELL: Phys. Rev. **47** (1935) 970.
ECKART, C.: Phys. Rev. **35** (1930) 1303.
EHRENFEST, P., und J. R. OPPENHEIMER: Phys. Rev. **37** (1931) 333.
ELLIS, C. D., und W. A. WOOSTER: Proc. Roy. Soc. [London] **A117** (1927) 109.
FERMI, E.: Rev. Mod. Phys. **4** (1932) 84.
FERMI, E.: in Rapports du 7e Conseil de Physique, Solvay. 1933, S. 333.
FERMI, E.: Z. Phys. **88** (1934) 161.
FERMI, E.: Proc. Roy. Soc. [London] **A149** (1935) 522.
FERMI, E.: Ric. Sci. (2) **7** (1936) 13.
FERMI, E., E. TELLER und V. WEISSKOPF: Phys. Rev. **71** (1947) 314.
FERRELL, R. A., und W. M. VISSCHER: Phys. Rev. **92** (1953) 789.
FEYNMAN, R. P.: Phys. Rev. **76** (1949) 749 und 769.
FITCH, V. L., und J. RAINWATER: Phys. Rev. **92** (1953) 789.
FOWLER, W. A., L. A. DELSASSO und C. C. LAURITSEN: Phys. Rev. **49** (1936) 561.
FRÖHLICH, H., W. HEITLER und N. KEMMER: Proc. Roy. Soc. [London] **A166** (1938) 154.
GAMOW, G.: Z. Phys. **51** (1928) 204.
GAMOW, G.: Proc. Roy. Soc. [London] **A126** (1928a) 632.
GARDNER, E., und C. M. G. LATTES: Science [New York] **107** (1948) 270.
HALPERN, J.: Phys. Rev. **52** (1937) 142.
HAMADA, T., und I. D. JOHNSTON: Nucl. Phys. **34** (1962) 382.
HAMERMESH, M.: Phys. Rev. **77** (1950) 140.

HEISENBERG, W.: Z. Phys. **77** (1932) 1.

HEISENBERG, W.: in Rapports du 7e Conseil de Physique, Solvay. 1933a, S. 289.

HEITLER, W., und G. HERTZBERG: Naturwiss. **17** (1929) 673.

HERB, R. G., D. W. KERST, D. B. PARKINSON und A. J. PLAIN: Phys. Rev. **55** (1939) 998.

HUGHES, D. J., M. T. BURGY und G. R. RINGO: Phys. Rev. **77** (1950) 291.

IWADARE, J., S. OTSUKI, R. TAMAGAKI und W. WATARI: Progr. Theor. Phys. **16** (1956) 455.

IWANENKO, D.: Nature [London] **129** (1932) 798.

JASTROW, R.: Phys. Rev. **81** (1951) 165.

JENSEN, J. H. D.: Phys. Rev. **75** (1949) 1766.

KELLOGG, J. M. B., I. I. RABI, N. F. RAMSEY und J. R. ZACHARIAS: Phys. Rev. **55** (1939) 318.

KELLOGG, J. M. B., und I. I. RABI: Phys. Rev. **57** (1940) 677.

KEMMER, N.: Proc. Cambridge Philos. Soc. **34** (1938) 354.

KEMMER, N.: Proc. Roy. Soc. [London] **A166** (1938a) 127.

KONUMA, M., H. MIYAZAWA und S. OTSUKI: Progr. Theor. Phys. **19** (1957) 17.

KROLL, N. M., und L. L. FOLDY: Phys. Rev. **88** (1952) 1177.

KROLL, M., und M. A. RUDERMAN: Phys. Rev. **93** (1954) 233.

KRONIG, R.: Naturwiss. **16** (1928) 335.

KRONIG, R.: in Band Spectra and Molecular Spectra, Section 18. Cambridge 1930, S. 94.

LASSILA, K. E., M. H. HULL, H. M. RUPPEL, F. A. MCDONALD und G. BREIT: Phys. Rev. **126** (1962) 881.

LATTES, C. M. G., H. MUIRHEAD, G. P. S. OCCHIALINI und C. F. POWELL: Nature [London] **159** (1947) 694.

LAURITSEN, T., W. A. FOWLER und C. C. LAURITSEN: Nucleonics **18** (1948).

LAWRENCE, E. O,. und M. S. LIVINGSTON: Phys. Rev. **37** (1931) 1707.

LAWRENCE, E. O., und M. S. LIVINGSTON: Phys. Rev. **40** (1932) 19.

LAWRENCE, E. O., und M. S. LIVINGSTON: Phys. Rev. **42** (1932) 150.

MAJORANA, E.: Z. Phys. **82** (1933) 137.

MAYER, M. G.: Phys. Rev. **75** (1949) 1969.

MCMILLAN, E. M.: Phys. Rev. **68** (1945) 143.

MESSIAH, A.: Quantum Mechanics. Amsterdam 1962.

MORAVCSIK, M.: The Two-Nucleon Interaction. Oxford 1963.

NORDHEIM, L. W., und F. L. YOST: Phys. Rev. **51** (1937) 942.

OCCHIALINI, G. P. S., und C. F. POWELL: Nature [London] **159** (1947) 186.

PANOFSKY, W. K. H.: Phys. Rev. **81** (1951) 565.

PAULI, W. E.: Viert. Naturforsch. Ges. Zürich **102** (1957) 387; Collected Scientific Papers, Bd. 2. New York 1964, S. 1313.

PERKINS, D. H.: Nature [London] **159** (1947) 126.

PRESTON, M. A., und J. SHAPIRO: Canad. J. Phys. **34** (1956) 451.

RADICATI, L. A.: Phys. Rev. **87** (1952) 525.

RASSETTI, F.: Z. Phys. **61** (1930) 598.

RASSETTI, F., ed.: Collected Papers of E. FERMI, Bd. 1. Cambridge 1962, S. 538.

ROSENFELD, L.: Nuclear Forces. New York 1948.

RUTHERFORD, E.: Philos. Mag. **21** (1911) 669.

RUTHERFORD, E.: Philos. Mag. **37** (1919) 537.

RUTHERFORD, E.: Proc. Roy. Soc. [London] **A97** (1920) 374.

RUTHERFORD, E.: Philos. Mag. **4** (1927) 580.

RUTHERFORD, E.: Proc. Roy. Soc. [London] **A136** (1932) 735.

SAKATA, S., und T. INOUE: Progr. Theor. Phys. **1** (1946) 143.

SCHWINGER, J. S.: Phys. Rev. **52** (1937) 1250.

SCHWINGER, J. S.: Phys. Rev. **72** (1947) 742.

SCHWINGER, J. S., und E. TELLER: Phys. Rev. **52** (1937) 286.

SCOTTI, A., und D. Y. WONG: Phys. Rev. Letters **10** (1963) 142.

SHERR, R., H. R. MUETHER und M. G. WHITE: Phys. Rev. **75** (1948) 282.

SOMMERFELD, A.: Atombau und Spektrallinien. Braunschweig 1919, S. 538.

SQUIRES, G. L., und A. T. STEWART: Proc. Roy. Soc. [London] **A230** (1955) 19.

TAKETANI, M., S. NAKAMURA und M. SASAKI: Progr. Theor. Phys. **6** (1951) 581.

TAKETANI, M., S. MACHIDA und S. ONUMA: Progr. Theor. Phys. **7** (1952) 45.

TAMM, J., und D. IWANENKO: Nature [London] **133** (1934) 981.

THOMAS, R. G.: Phys. Rev. **80** (1950) 136.

TOMONAGA, S., und G. ARAKI: Phys. Rev. **58** (1940) 90.

TRAINOR, L.: Phys. Rev. **85** (1952) 962.

TUVE, M. A., L. R. HAFSTAD und O. DAHL: Phys. Rev. **43** (1933) 1055.

TUVE, M. A., N. HEYDENBERG und L. R. HAFSTAD: Phys. Rev. **50** (1936) 806.

VAN PATTER, D. M.: Phys. Rev. **76** (1949) 1264.

VEKSLER (WEXLER), V. I.: J. Phys. USSR **9** (1945) 153.

Wheeler, J. A.: Phys. Rev. **71** (1947) 320.
White, M. G.: Phys. Rev. **49** (1936) 309.
Wick, G. C.: Nature [London] **142** (1938) 994.
Wigner, E.: Phys. Rev. **43** (1932) 252.
Wigner, E.: Z. Phys. **83** (1933) 253.
Wigner, E.: Phys. Rev. **51** (1937) 106.
Wigner, E.: Phys. Rev. **56** (1939) 519.
Wigner, E., und L. Eisenbud: Proc. Nat. Acad. Sci. USA **27** (1941) 281.
Wilkinson, D.: 1958.
Wilson, R.: The Nucleon-Nucleon Interaction. 1963.
Wu, C. S.: Theoretical Physics in the 20th Century. 1960.
Yukawa, H.: Proc. Phys.-Math. Soc. Japan **17** (1935) 48.
Yukawa, H.: Proc. Phys.-Math. Soc. Japan **19** (1937) 1082.
Yukawa, H., S. Sakata und M. Taketani: Proc. Phys.-Math. Soc. Japan **20** (1938) 319 und 720.

Teil 2

1. Diskussion über die Struktur der Atomkerne*)

von

Ernest Rutherford

Eröffnungsansprache

In meiner heutigen Rede werde ich kurz einige der wichtigsten Entwicklungstendenzen unserer Erkenntnisse über die Atomkerne seit der letzten Diskussion[1]), die zu eröffnen ich die Ehre hatte, beleuchten. In diesem Zeitraum wurde in vielen Richtungen ein wesentlicher Fortschritt erzielt, und es wurden neue und vielversprechende Methoden zum Angehen dieses äußerst schwierigen Problems erschlossen. Ich kann nur flüchtig auf die wertvollen Daten über die Isotopenzusammensetzung der Elemente und die relative Isotopenverteilung vieler Elemente verweisen, die von Aston und anderen erhalten wurden. Diese ermöglichten es, das chemische Atomgewicht vieler Elemente mit ziemlich großer Genauigkeit unter Benutzung des Massenspektrographen zu bestimmen. Eine Anzahl neuer Experimente wurde durchgeführt, um die relativen Häufigkeiten der Isotope des Bleis und insbesondere des aus reinen Uran- und Thoriummineralen großen geologischen Alters gewonnenen Bleis genau zu bestimmen. Daten dieser Art sind von großem Interesse und großer Wichtigkeit, nicht nur vom Standpunkt der Radioaktivität her gesehen, sondern auch in bezug auf die Fixierung einer genauen Zeitskala in der Geologie. Es scheint sicher zu sein, daß das Endprodukt der Aktiniumreihe — das Aktiniumblei — die Atommasse 207 besitzt und daß das Aktinium aus der Umwandlung

*) Proc. Roy. Soc. [London] **A 136** (1932) 735.

[1]) Proc. Roy. Soc. [London] **A 123** (1929) 373.

eines Uranisotops stammt. Aus der relativen Häufigkeit des Aktiniumbleis und des Uranbleis, die aus alten radioaktiven Mineralen abgeleitet wurde, ist es möglich, die mittlere Lebensdauer dieses Uranisotops zu bestimmen. Ich habe vor einiger Zeit in der „Nature" darauf hingewiesen, daß aus der Betrachtung der mittleren Lebensdauer der beiden Uranisotope wichtige Schlüsse über die Erzeugung von Elementen in der Sonne gezogen werden können.

§ 1. Optische Methoden

Eine der interessantesten Entwicklungen der letzten Jahre war die Anwendung optischer Methoden, um das Vorhandensein von Isotopen zu bestimmen und Licht auf die Bewegungen des Kerns zu werfen. Die Untersuchungen der Molekülbandenspektren leichterer Elemente offenbarten die Anwesenheit von Isotopen, die in geringer Menge im Vergleich zu den Hauptisotopen vorhanden sind. Es wurde gezeigt, daß Sauerstoff aus drei Isotopen der Massen 16, 17 und 18 besteht und Kohlenstoff die Isotope 12 und 13, Beryllium die Isotope 8 und 9, Bor die Isotope 11 und 10 besitzt, während jüngste Beobachtungen von UREY, BRICKWEDDE und MURPHY, wie man annimmt, auf die Anwesenheit eines neuen Isotops der Masse 2, das in geringer Menge im Wasserstoff vorkommt, hinzuweisen scheinen. Es werden Versuche vorbereitet, das neue Isotop mit Hilfe der fraktionierten Destillation zu konzentrieren.

Neben der Identifizierung von Linien, die auf neue Isotope zurückzuführen sind, wurde den relativen Intensitäten der Linien in den Bandenspektren besondere Aufmerksamkeit gewidmet. Das liefert nicht nur Informationen über den Kernspin, sondern schafft auch eine Methode, eine der fundamentalsten Fragestellungen der Kernphysik anzugehen, nämlich die Frage, ob die Komponenten eines gegebenen Isotopensystems identisch sind.

Im Verlaufe der letzten Jahre wurden viele Untersuchungen zur Bestimmung der Hyperfeinstruktur optischer Spektren durchgeführt. Diese bieten eine weitere Möglichkeit, das komplizierte Problem des Kernspins anzugehen. Ich werde es Herrn Prof. R. H. FOWLER überlassen, die erhaltenen Daten und die Schlußfolgerungen, die daraus gezogen werden können, zu diskutieren.

§ 2. Anwendung der Wellenmechanik

In der letzten Diskussion wurde die Anwendung der damals neuen wellenmechanischen Ideen durch GAMOW sowie durch GURNEY und CONDON auf bestimmte nukleare Probleme erwähnt, insbesondere auf die Erklärung der wohlbekannten GEIGER-NUTTALL-Regel, welche die Geschwindigkeit eines Teilchens beim Entweichen aus einer radioaktiven Substanz und deren Umwandlungskonstante verknüpft. In dieser Theorie wurde angenommen, daß der Kern von einem hohen positiven Potentialwall umgeben ist und daß die α-Teilchen und andere Kernbestandteile innerhalb dieses Walles durch starke, jedoch unbekannte Anziehungskräfte im Gleichgewicht gehalten werden. In einem solchen Modell gibt es eine endliche Wahrscheinlichkeit dafür, daß das α-Teilchen im Kern ohne Energieverlust durch den Wall hindurch entweichen kann, wobei die Wahrscheinlichkeit mit wachsender α-Teilchenenergie stark ansteigt. Diese allgemeine Konzeption vom Kern erwies sich in mehreren Richtungen als sehr wertvoll und war ein sehr nützlicher Leitfaden für die Arbeit des Experimentators. Leider ist es der Theorie bisher nicht gelungen, irgendein detailliertes Bild der Struktur eines Kerns zu geben. Es wird allgemein vermutet, daß der Kern eines schweren Elements hauptsächlich aus α-Teilchen besteht, denen einige wenige freie Protonen und Elektronen beigemischt sind, aber die genaue Aufteilung zwischen diesen Bestandteilen ist unbekannt. In der Theorie gibt es eine große Schwierigkeit, Teilchen mit derart unterschiedlichen Massen wie die α-Teilchen und Elektronen innerhalb des winzigen Kerns einzusperren. Außerdem hat der Kern eine sehr konzentrierte Struktur, und die ihn bildenden Teilchen sind so nah beieinander, daß die Theorie von der Wirkung eines Teilchens auf das andere, die unter gewöhnlichen Bedingungen anwendbar ist, nicht mit Sicherheit für solch winzige Abstände benutzt werden kann.

Es hat den Anschein, als ob sich das Elektron innerhalb des Kerns völlig verschieden von dem Elektron der Atomhülle verhält. Diese Schwierigkeit wird vielleicht von uns selbst geschaffen, denn es scheint mir wahrscheinlicher, daß ein Elektron in einem stabilen Kern nicht in einem freien Zustand existieren kann, sondern immer mit einem Proton oder anderen möglichen massiven Einheiten vereinigt sein muß. Die Anzeichen für die Existenz des Neutrons in bestimmten Kernen sind in diesem Zusammenhang bedeutsam. Die Beobachtung von BECK, daß beim Aufbau schwererer Elemente aus leichteren die Elektronen paarweise hinzugefügt werden, ist von großem Interesse und weist darauf hin, daß es für die Bildung eines stabilen Kerns wesentlich ist, das große magnetische Moment des Elektrons durch Hinzufügen eines anderen zu neutralisieren. Es kann sein, daß ungeladene Einheiten der Masse 2, genau so gut wie das Neutron mit der Masse 1, sekundäre Einheiten der Kernstruktur sein können.

Wenn auch zur Zeit keine eindeutige Theorie des Kerns möglich erscheint, so kann dennoch mit Hilfe geeigneter Analogien, die auf dem zuvor skizzierten allgemeinen Modell des Kerns basieren, ein großer Fortschritt erreicht werden. GAMOW hat z. B. wichtige Schlüsse bezüglich des Massendefektes leichterer Atome, die aus α-Teilchen zusammengesetzt sind (d. h. Elemente des Typs $4n$), aus der Analogie abgeleitet, daß die Kräfte im Kern in allgemeiner Weise denen ähneln, die in einem kleinen Wassertropfen wirken. Außerdem diskutiert er in anschaulicher Weise die Bedingungen, die für die Bildung stabiler Kerne mit großem Atomgewicht zu erfüllen sind. Leider müssen erst die Isotopenmassen vieler Elemente mit viel größerer Genauigkeit bekannt sein, ehe ein weitergehender Fortschritt bei diesem Problem in dieser Richtung erreicht werden kann.

In einer anderen Richtung hat es sich ebenfalls als fruchtbar erwiesen, viele der allgemeinen Ideen über die Energieniveaus, die sich in der Diskussion der Elektronenstruktur der Atomhülle als so nützlich herausstellten, auf den Kern anzuwenden. Es ist seit langem vermutet worden, daß die Quantengesetze im Kern gelten. Die Richtigkeit dieser Annahme wurde in den letzten Jahren häufig bestätigt. Sie werden sehen, daß sich die Konzeptionen der Energieniveaus und der Anregung von Kernen in vielen neueren Arbeiten zu dem komplizierten Problem der Herkunft der γ-Strahlen und beim Verstehen der bei Versuchen zum künstlichen Zerfall von Elementen gemachten Beobachtungen als sehr vorteilhaft erwiesen haben.

§ 3. Die Herkunft der γ-Strahlen

Man hat seit langem erkannt, daß die γ-Strahlen im Kern entstehen und im gewissen Sinne die charakteristischen Schwingungsformen der Kernstruktur darstellen. Die Interpretation der komplizierten γ-Spektren der radioaktiven Elemente wurde jedoch durch unsere Unkenntnis über die Herkunft dieser Strahlung — ob sie von den Kernbestandteilen Elektron, Proton bzw. α-Teilchen oder von dem als Ganzes wirkenden Kern herrührt — erschwert. Während der letzten Jahre wurde dieses Problem energisch angegriffen, und es scheint nun klar zu sein, daß die nukleare γ-Strahlung auf den Übergang eines α-Teilchens zwischen Energieniveaus in einem angeregten Kern zurückzuführen ist. Zwei verschiedene Untersuchungsmethoden wurden entwickelt:

1. Untersuchung der α-Teilchen großer Reichweite des Radium C und Thorium C bzw.

2. die Feinstruktur, die sich in der α-Teilchenemission bestimmter radioaktiver Substanzen zeigt.

Man kann vermuten, daß die Emission eines β-Teilchens während einer Umwandlung eine starke Störung in dem resultierenden Kern verursacht, wobei einige der den Kern bildenden α-Teilchen auf viel höher gelegene Energieniveaus als ihre normalen angehoben werden. Diese α-Teilchen sind instabil und fallen nach einem sehr kurzen Zeitintervall auf das normale Niveau zurück, wobei sie ihre überschüssige Energie in Form eines γ-Quants definierter Frequenz, die durch die Quantenbeziehung bestimmt ist, emittieren. In diesem kurzen Intervall gibt es eine kleine Chance dafür, daß einige der α-Teilchen der höheren Niveaus durch den Potentialwall des Kerns entweichen können. Unter diesem Gesichtspunkt stellen die den verschiedenen Niveaus entweichenden α-Teilchen die beobachteten Gruppen von α-Teilchen großer Reichweite dar. Die Energie des entweichenden α-Teilchens gibt den Energiewert des Niveaus an, der von dem α-Teilchen vor seiner Freigabe im angeregten Kern besetzt wurde.

Um diese Hypothese zu überprüfen, wurden die α-Teilchen großer Reichweite des Radium C unter Benutzung der neuen Zählmethode durch eine Gruppe von Forschern, Wynn Williams, Ward, Lewis und den Autor, sorgfältig analysiert, und es wurde gefunden, daß sie aus mindestens neun verschiedenen Gruppen bestehen. Man entdeckte, daß die Energiedifferenz zwischen den verschiedenartigen Gruppen eng mit den Energien einiger der prominentesten γ-Strahlen zusammenhängt. Im allgemeinen lieferten die Experimente starke Hinweise darauf, daß die γ-Strahlen ihren Ursprung im Übergang eines oder mehrerer α-Teilchen in einem angeregten Kern haben. Gleichzeitig gaben uns die Experimente eine direkte Information über die Lage einer Anzahl der möglichen Energieniveaus in diesem speziellen Kern.

In der großen Mehrheit der Fälle werden die α-Teilchen bei einer radioaktiven Umwandlung mit gleicher

Geschwindigkeit ausgestoßen. ROSENBLUM zeigte jedoch, daß das Element Thorium C nicht nur eine, sondern fünf verschiedenartige Gruppen von α-Teilchen emittiert. Belege für eine Feinstruktur in der α-Strahlung wurden seitdem auch für andere radioaktive Stoffe erhalten. GAMOW zeigte, daß in allen Fällen, wo eine solche Feinstruktur in der α-Strahlung vorhanden ist, γ-Strahlen auftreten sollten. Infolge bestimmter technischer Schwierigkeiten im Falle des Thorium C war es schwierig, einen klaren Beweis der Korrektheit dieses Standpunktes zu geben. ELLIS und ebenfalls ROSENBLUM zogen den Schluß, daß GAMOWS Ansicht korrekt ist, MEITNER kam jedoch zu einer entgegengesetzten Schlußfolgerung.

Ich kann nur beiläufig auf einige neue Experimente von Herrn BOWDEN und mir zur Untersuchung der Emission von γ-Strahlung durch Aktiniumemanation verweisen, für die LEWIS und WYNN WILLIAMS fanden, daß sie zwei verschiedene Gruppen von γ-Strahlen emittiert. Die Resultate scheinen mir die allgemeine Korrektheit der Theorie, daß eine Feinstruktur in der Emission von α-Strahlen immer von einem Auftreten von γ-Strahlen begleitet ist, zu unterstützen. Ich werde die Aufgabe, sich ausführlicher mit der gegenwärtigen Situation dieses wichtigen Problems zu befassen, einem späteren Redner, Dr. ELLIS, überlassen.

Wenn einmal die Herkunft der γ-Strahlen eindeutig bestimmt ist, besteht eine vernünftige Aussicht, das gesamte Problem der Interpretation des γ-Strahlenspektrums, bei dem wir bei weitem erst den Anfang gemacht haben, im allgemeinen erfolgreich anzugehen. Ein tieferes Verständnis dieses Problems wird offensichtlich viel mehr Licht in die detaillierte Struktur des Kerns bringen. Zu diesem Zweck ist es sehr wichtig, das Spektrum der γ-Strahlen mit der größtmöglichen Präzision zu bestimmen, und dies wird viele Jahre Arbeit erfordern.

Bevor ich diesen Teil des Themas verlasse, möchte ich nachdrücklich den auffallenden Unterschied zwischen der Emission eines α-Teilchens und eines β-Teilchens in der Störung eines Kerns betonen. Seltsamerweise regt das Entweichen eines α-Teilchens einen Kern entweder überhaupt nicht an, oder es hebt nur eins der im Kern sitzenden α-Teilchen auf ein relativ niedriges Energieniveau über dem normalen Niveau an. In vielen Fällen ruft jedoch das Entweichen eines β-Teilchens eine starke Anregung des Restkerns hervor, wobei einige der α-Teilchen auf sehr hohe Energieniveaus angehoben und hochenergetische γ-Strahlen emittiert werden. Dieser Unterschied zwischen den Effekten der beiden Teilchenarten ist sehr auffällig und kann eng mit den Prozessen im Zusammenhang stehen, die die Emission eines β-Teilchens aus einem radioaktiven Element verursachen.

Immer wenn wir es mit dem Verhalten des Elektrons im Kern zu tun haben, stoßen wir auf ernste Schwierigkeiten bei der Anwendung unserer theoretischen Ideen. Das auffälligste Beispiel besteht vielleicht darin, daß radioaktive β-Strahler Elektronen in einem weiten Energiebereich emittieren und daß es anscheinend keinen kompensierenden Prozeß gibt, der die aus der Quantendynamik zu erwartende eindeutige Energiebilanz zu erfüllen gestattet. Das ist ohne Zweifel eins der fundamentalsten gegenwärtigen Probleme. Es ist jedoch unwahrscheinlich, daß wir genügend Zeit haben werden, seine theoretischen Konsequenzen zu diskutieren.

§ 4. Anregung von Kernen durch γ-Strahlung

Bis vor kurzem hatte man allgemein angenommen, daß die Absorption von X- und γ-Strahlen völlig auf die Wechselwirkung der Strahlung mit den Elektronen außerhalb des Kerns zurückzuführen sei und daß der Kern selbst an diesem Prozeß nicht teilnimmt. Heutzutage ist bekannt, daß dann, wenn die Energie der γ-Quanten etwa 2 MeV übersteigt, bei gewöhnlichen Kernen eine zusätzliche Art von Absorption auftritt, die von der Emission einer charakteristischen Strahlung begleitet wird, welche sich von der Primärstrahlung in den Frequenzen unterscheidet. Dieser Effekt der Absorption am Kern wurde in Arbeiten von CHAO, MEITNER, HUPFIELD, TARRANT und anderen entdeckt, die die durchdringende γ-Strahlung des Thorium C mit einer Energie von etwa $2{,}65 \cdot 10^6$ eV benutzten. In einer Arbeit, die von der Royal Society veröffentlicht werden wird, geben GRAY und TARRANT[1]) die Ergebnisse einer detaillierten Untersuchung dieser Kernanregung für verschiedene Elemente an. Dabei wurden nicht nur γ-Strahlen vom Thorium C, sondern auch die hochfrequenten Komponenten der Strahlung des Radium C benutzt. Sie kommen zu dem Schluß, daß diese Kernanregung auf jeden Fall eine allgemeine Eigenschaft der Elemente zwischen Sauerstoff und Blei ist. Eine Emission charakteristischer Strahlungen ähnlichen Typs scheint bei all diesen Elementen aufzutreten; die Intensität der Strahlung von unterschiedlichen Elementen ändert sich annähernd wie das Quadrat des Atomgewichts. Diese charakteristischen Strahlungen, die dem Anschein nach gleichmäßig in alle Richtungen emittiert werden, können in zwei Komponenten mit der Quantenenergie von etwa 500000 bzw. 1000000 eV aufgelöst werden. Zur Erklärung schlugen die Autoren vor, daß die γ-Strahlung nicht den Kern als Ganzes anregt, sondern irgendeinen Bestandteil, ähnlich dem α-Teilchen, der all den Elementen gemeinsam ist. Es kann sein, daß die beobachteten charakteristischen Strahlungen irgendwelche Schwingungsformen der α-Teilchenstruktur selbst verkörpern. Es wird von großem Interesse sein, diese wichtigen Untersuchungen fortzusetzen, das Vorankommen wird jedoch durch die Schwierigkeit, starke Quellen hochfrequenter Strahlung über einen weiten Bereich der Quantenenergie zu erhalten, behindert. Die Anregung des Kerns durch hochfrequente Strahlung ist zweifellos eng mit den Prozessen verknüpft,

---

[1]) Proc. Roy. Soc. [London] **A 186** (1943) 662.

welche die γ-Strahlung eines radioaktiven Kerns hervorrufen, und kann helfen, weiteres Licht auf dieses Problem zu werfen.

§ 5. *Künstliche Umwandlungen*

In den letzten Jahren ist unsere Kenntnis über die künstliche Umwandlung leichter Kerne durch Beschuß mit α-Teilchen stark angewachsen. Das ist zum großen Teil auf die Entwicklung neuer elektrischer Zählmethoden für α-Teilchen und Protonen anstelle der nützlichen, aber beschwerlichen Szintillationsmethode zurückzuführen. POSE zeigte als erster, daß einige der von Aluminium ausgesandten Protonen in Gruppen mit definierten Geschwindigkeiten auftreten. Unsere Kenntnis wurde durch die Arbeiten von POSE, MEITNER, BOTHE, DE BROGLIE und RINGUET sowie CHADWICK und CONSTABLE erweitert. Zum Beispiel lösten CHADWICK und CONSTABLE die durch α-Teilchen des Poloniums im Aluminium freigesetzten Protonen in acht verschiedene, paarweise verknüpfte Gruppen auf. Zur Erklärung wird angenommen, daß die Protonen oder α-Teilchen bestimmte Energieniveaus im bombardierten Kern einnehmen. Dem Vorschlag von GURNEY folgend, vermutet man, daß es infolge der Resonanz eine viel größere Chance gibt, den Potentialwall des Kerns zu durchstoßen, wenn das bombardierende α-Teilchen etwa die gleiche Energie wie das Proton oder α-Teilchen in dem Kernniveau besitzt. Für eine gegebene α-Teilchenenergie werden zwei Gruppen von Protonen emittiert, die, wie man glaubt, zwei verschiedenen Einfangprozessen des α-Teilchens durch den Kern entsprechen. Ähnliche Ergebnisse wurden in Fluor und anderen leichten Elementen beobachtet. Man fand, daß diese Resonanzniveaus für den bevorzugten Einfang von α-Teilchen ziemlich breit (etwa 5% der entsprechenden Niveauenergie) sind. Die Ergebnisse haben wichtige Informationen über die Lage der Energieniveaus leichter

Kerne geliefert, und unter Verwendung noch schnellerer Teilchen als die vom Polonium können wir erwarten, unsere Kenntnis über diese Niveaus noch weiter auszudehnen.

Bei der Interpretation dieser Experimente wurde implizit angenommen, daß die Erhaltungssätze der Energie und des Impulses gelten. Auf diese Weise war es möglich, die Atomgewichte der Elemente, die aus dem Einfang des α-Teilchens und der Emission des Protons resultieren, mit beträchtlicher Genauigkeit zu bestimmen.

Wenn zwei Protonengruppen unterschiedlicher Geschwindigkeit mit einem einzelnen Resonanzniveau verknüpft sind, so findet man, daß die γ-Strahlen mit einer Quantenenergie, die näherungsweise der Energiedifferenz der Protonen in den zwei Gruppen entspricht, auftreten. Die Untersuchung der γ-Strahlung, die während künstlicher Umwandlungen emittiert wird, hat in den letzten Monaten zu neuen und interessanten Entwicklungen geführt. Bothe und Becker fanden 1930, daß das Element Beryllium keine Protonen emittiert, wenn es mit α-Teilchen beschossen wird, sondern, wie es den Anschein hat, eine γ-Strahlung von größerem Durchdringungsvermögen als die γ-Strahlen des Radium C′ hervorbringt.

Die Absorption dieser Strahlung in Materie wurde von Frau Curie-Joliot und Herrn Joliot sowie auch von Webster untersucht. In diesem Jahr beobachteten Curie-Joliot und Joliot mit Hilfe der Ionisationsmethode, daß diese Strahlung Protonen hoher Geschwindigkeit aus wasserstoffhaltigem Material emittiert. Es wurde zuerst vermutet, daß die schnellen Protonen auf eine Wechselwirkung zwischen dem γ-Quant und dem Proton zurückzuführen seien. Dies erfordert aber, daß die Quantenenergie sehr hoch, von der Ordnung 50 MeV, ist. Als ein Resultat weiterer Experimente mit elektrischen Zählmethoden fand Chadwick, daß ein für alle leichten Atome ähnlicher Rückstoßeffekt beobachtet werden konnte, und er zog den Schluß, daß die Effekte unter der Annahme, daß ein Strom schneller Neutronen von den

Berylliumkernen freigesetzt wurde, erklärt werden könnten. Es ist nicht leicht, zwischen diesen beiden Vorschlägen zu unterscheiden, es wurden jedoch ausreichende Beweise gesammelt, um zu zeigen, daß dieser neue Strahlungstyp überraschende Eigenschaften besitzt und imstande ist, Zerfälle in Stickstoff auf wahrscheinlich neuartige Weise zu erzeugen.

Ich werde es Herrn Dr. CHADWICK überlassen, Ihnen einen vollständigeren Bericht über die Arbeit zur künstlichen Umwandlung und über die Eigenschaften dieser neuen Art von Strahlung zu geben.

Die Idee der möglichen Existenz von „Neutronen", d. h. einer abgeschlossenen Kombination aus einem Proton und einem Elektron, die eine Einheit von der Masse nahe 1 und der Ladung 0 bilden, ist nicht neu. In der Bakerian Lecture vor dieser Gesellschaft habe ich 1920 die wahrscheinlichen Eigenschaften des Neutrons diskutiert, während der verstorbene Dr. GLASSEN und J. K. ROBERTS im Cavendish Laboratory Experimente machten, um die Bildung von Neutronen in einer starken elektrischen Entladung durch Wasserstoff hindurch nachzuweisen, jedoch ohne Erfolg. Wenn die Neutronenhypothese durch das Experiment bestätigt wird, wird sie offensichtlich unsere Vorstellung von der Bildung und dem Aufbau der Kerne stark beeinflussen. In einer Lektion vor der Royal Institution habe ich vor vielen Jahren die Möglichkeit der Bildung schwerer Kerne aus Wasserstoff durch die Vermittlung des Neutrons diskutiert. Es erscheint nicht unwahrscheinlich, daß sich die Neutronen infolge ihrer gegenseitigen Anziehung in massiven Aggregaten ansammeln können, die sich im Laufe der Zeit durch die Zerfalls- und Vereinigungsprozesse umordnen, um die Kerne der stabilen Elemente zu bilden. Ich äußere diese alte Idee deshalb, weil sie im Lichte späterer Erkenntnisse möglicherweise einer weiteren Überlegung würdig ist.

§ 6. α-Teilchenstreuung

In vorhergehenden Diskussionen wurde die Aufmerksamkeit auf die anomale α-Teilchenstreuung an leichten Kernen und auf die Schwierigkeit der Interpretation der erhaltenen Ergebnisse gerichtet. Viele dieser Schwierigkeiten wurden durch die Anwendung der wellenmechanischen Ideen auf diese Probleme beseitigt. H. M. Taylor war z. B. in der Lage, durch einfache, auf der Wellenmechanik beruhende Überlegungen sowohl die in Wasserstoff als auch die in Helium beobachtete α-Teilchenstreuung ziemlich detailliert zu erklären. Mott lenkte die Aufmerksamkeit auf die Anomalien, die in der Streuung von α-Teilchen kleiner Geschwindigkeit an Helium zu erwarten seien, und seine Schlußfolgerungen wurden durch die Arbeit von Chadwick und Blackett sowie Champion vollauf bestätigt. Nach der Theorie von Mott sind ähnliche Anomalien bei Stößen zwischen zwei identischen Kernen beliebiger Art zu erwarten.

§ 7. Allgemeines

In der obigen Übersicht habe ich versucht, Ihre Aufmerksamkeit auf die Dinge zu lenken, die mir als die interessantesten Ansatzpunkte für das experimentelle Herangehen an das Problem der Struktur der Atomkerne erschienen. Ich bin nicht auf spekulative Fragen wie die Möglichkeit der Vernichtung von Materie und ihrer Umwandlung in Strahlung eingegangen. Ich habe auch nicht auf Vermutungen über zahlenmäßige Beziehungen zwischen der Einheitsladung und der Planckschen Konstanten h oder zwischen den Massen des Elektrons und Protons Bezug genommen, von denen wir hoffen, daß sie sich als gehaltvoll erweisen mögen, noch bin ich, außer andeutungsweise, auf die komplizierte Frage der Bildung und Umwandlung von Kernen unter den in heißen Sternen herrschenden Bedingungen eingegangen, über die viel geschrieben wurde.

Als ich diese Übersicht zusammenstellte, war ich beeindruckt von dem verhältnismäßig rapiden Fortschritt, der seit unserer letzten Diskussion über das Herangehen an dieses zentrale Problem der Physik gemacht wurde. Der Fortschritt wäre noch viel beträchtlicher, wenn wir in den Laboratorien intensive, aber kontrollierbare Quellen von Atomen hoher Geschwindigkeit und hochfrequenter Strahlung erhalten könnten, um die Materie zu beschießen. Die Experimente von TUVE, HAFSTAD und DAHL im Department of Terrestrial Magnetism, Washington, und von COCKCROFT und WALTON im Cavendish Laboratory zeigten, daß es möglich ist, durch die Anwendung hoher Potentiale einen Strahl von Protonen mit einer Energie von etwa 1 MeV künstlich zu erzeugen und ihre Eigenschaften zu untersuchen. Eine Reihe anderer Methoden zur Erzeugung von Atomen hoher Geschwindigkeiten werden von anderen Forschern erprobt, und ich möchte speziell auf die geistvolle Methode hinweisen, die von LAWRENCE und LIVINGSTON von der University of California entwickelt wurde, wo man mit Hilfe einer Mehrfachbeschleunigung Protonen einer Energie, die etwa 1 MeV entspricht, erhielt. In einer neueren Veröffentlichung kommen sie zu dem Schluß, daß es durch diese Methode möglich sein sollte, einen Strahl von Atomen hoher Geschwindigkeit von viel höherer Energie zu erhalten. Es gibt deshalb hoffnungsvolle Aussichten darauf, daß wir in naher Zukunft in der Lage sein können, brauchbare Quellen von Atomen hoher Energie und von hochfrequenter Strahlung zu erhalten und dadurch unsere Kenntnis über die Struktur der Kerne zu erweitern.

§ 8. *Ergänzung*

Seitdem dieser Bericht unter den Mitgliedern der Gesellschaft zirkuliert, wurden einige neue interessante Experimente von J. D. COCKCROFT und E. T. S. WALTON im

Cavendish Laboratory durchgeführt. Eine Apparatur wurde entworfen, um ein stationäres Potential von 600000 ··· 800000 V zu liefern. Mit einer Hilfsentladungsröhre werden Protonen erzeugt und danach durch ein hohes Potential in einer Vakuumröhre beschleunigt. Auf diese Weise konnte ein stationärer Strom schneller Protonen von Energien bis zu 600000 eV erzeugt und zum Beschuß einer Reihe von Elementen benutzt werden. Das durch die schnellen Ionen zu beschießende Material wurde innerhalb der Röhre unter einem Winkel von 45° zur Strahlrichtung angebracht. Ein dünnes Glimmerfenster schloß die Röhre seitlich ab, und die Existenz schneller Teilchen wurde durch die Szintillationsmethode außerhalb der Röhre untersucht.

Das erste untersuchte Element war Lithium, für das einige helle Szintillationen bei einer Beschleunigungsspannung von etwa 125000 V beobachtet wurden. Die Zahl wuchs mit der Erhöhung der Spannung bis zu 400000 eV rapide an, wobei viele Hundert Szintillationen pro Minute bei einem Protonenstrom von einigen Mikroampere beobachtet wurden. Diese Teilchen besaßen eine maximale Reichweite von etwa 8 cm in Luft. Die Helligkeit der Szintillationen zeigte an, daß es sich wahrscheinlich um α-Teilchen handelte, und dies wurde durch die Beobachtungen der Spuren bestätigt, die von diesen Teilchen in einer Expansionskammer erzeugt wurden. Es scheint klar zu sein, daß einige der Lithiumkerne gespalten wurden. Die einfachste Annahme ist die, daß die Lithiumkerne der Masse 7 ein Proton einfangen und der resultierende Kern der Masse 8 in zwei α-Teilchen zerbricht. Aus dieser Sicht entspricht die emittierte Energie etwa 16 MeV, einem Wert, der in gutem Einklang mit der Erhaltung der Energie steht, wenn wir die Differenz zwischen den Anfangs- und Endmassen der Kerne berücksichtigen. Wenn sich diese Ansicht als korrekt herausstellt, sollte ein zerfallender Lithiumkern bewirken, daß die α-Teilchen in entgegengesetzte Richtungen geschleudert werden, und es ist beabsichtigt, Experimente zum Test dieses Sachverhaltes zu versuchen. Für etwa 200000 eV kann man abschätzen, daß die Zahl der Spaltungen etwa 1 für 10^9 Protonen beträgt.

Es wurden Experimente mit einer Anzahl anderer Elemente gemacht. Bor, Fluor und Aluminium führten alle zu Teilchen mit einer charakteristischen Reichweite für jedes Element, die den α-Teilchen ähneln. Eine Anzahl von Szintillationen (einige leuchtend und andere schwach) wurden ebenfalls für Beryllium und Kohlenstoff beobachtet, und es gibt auch ein Anzeichen dafür, daß Stickstoff einige leuchtende Szintillationen liefert. Sauerstoff und Kupfer ergaben keine Szintillationen für Protonen der Energie bis zu 400000 eV.

Es ist offensichtlich, daß ein beträchtlicher Arbeitsaufwand erforderlich ist, um alle Elemente mit dieser Methode zu untersuchen und um die Natur der schnellen Teilchen, die emittiert werden können, zu untersuchen. In einigen Fällen scheinen es α-Teilchen zu sein, aber wir müssen immer die Möglichkeit der Emission von Teilchen unterschiedlichen Typs und Masse berücksichtigen.

Es ist nicht schwer, Vorschläge bezüglich der möglichen Art und Weise des Zerfalls einiger der erwähnten Elemente zu machen, die mit der Energieerhaltung vereinbar sind. Zum Beispiel kann es möglich sein, daß der Fluorkern mit der Masse 19 nach einem Protoneneinfang in ein α-Teilchen und einen Sauerstoffkern zerbricht. Ähnlich kann Aluminium vielleicht in Magnesium verwandelt werden. Wir müssen jedoch erst weitere Beweise abwarten, bevor irgendeine bestimmte Entscheidung in derartigen Fragen getroffen werden kann. Es ist klar, daß die erfolgreiche Anwendung dieser neuen Methoden ein neues und weites Forschungsgebiet eröffnet, wo der Effekt des Materiebeschusses durch schnelle Ionen unterschiedlicher Art untersucht werden kann. Dr. COCKCROFT und Dr. WALTON sind zu ihren Erfolgen bei diesen neuen Experimenten zu beglückwünschen, die einige Jahre harter Vorbereitungsarbeit erfordert haben.

J. Chadwick, F. R. S.: Experimente, in denen Elemente mit α-Teilchen beschossen werden, haben sich als besonders fruchtbar für die Gewinnung von Informationen über die Struktur der Kerne erwiesen. Die seit der letzten Diskussion gemachten Fortschritte sind teilweise auf die verbesserte experimentelle Technik und teilweise auf die Anwendung der neuen Mechanik auf diese Probleme zurückzuführen. Um zu zeigen, wie diese erweiterten Erkenntnisse erhalten wurden, werde ich den Fall des Aluminiumkerns als Beispiel wählen.

Wenn ein α-Teilchenstrahl auf eine dünne Aluminiumfolie fällt, werden einige der Teilchen durch Stöße mit den Aluminiumkernen gestreut. Wenn die einfallenden α-Teilchen langsam sind, wird die Streuung vollständig durch die Rutherfordsche Streutheorie beschrieben, und wir ziehen den Schluß, daß die Kraft zwischen dem α-Teilchen und dem Kern durch das Coulombsche Gesetz gegeben ist. Sowie die Geschwindigkeit der einfallenden Teilchen wächst, beginnt die Streuung von den normalen Gesetzen abzuweichen: Zum Beispiel fällt der Betrag für die Streuung bei 135° zuerst unter den normalen Wert und steigt dann rapide an, wenn die Geschwindigkeit der α-Teilchen weiter erhöht wird. Diese anomale Streuung ist schwer mit Hilfe der klassischen Mechanik zu erhalten, jedoch leicht mit der Wellenmechanik zu berechnen. Angenommen, ein Teilchen kommt einem Kern sehr nahe und gelangt an einen Punkt des Potentialwalls, wo die Dicke des Walls von derselben Größenordnung wie die Wellenlänge des α-Teilchens ist. Dann gibt es eine bestimmte Wahrscheinlichkeit dafür, daß das α-Teilchen den Wall durchdringt. Die gestreute Welle, die ein solches Teilchen beschreibt, wird eine bestimmte Phasenverschiebung besitzen und die klassische Verteilung der gestreuten Teilchen stören. Die Experimente von Riezler zeigen, daß die Streuung anomal wird, wenn sich die α-Teilchen dem Al-Kern bis zu Abständen von weniger als $6 \cdot 10^{-13}$ cm nähern. Aus bestimmten plausiblen Annahmen folgt, daß der Radius des Gipfels des Potentialwalls zwischen $3 \cdot 10^{-13}$ und $6 \cdot 10^{-13}$ cm liegen muß. Für einen Mittelwert von $4,5 \cdot 10^{-13}$ cm beträgt die Höhe des COLOUMB-Walls von Al gegenüber einem α-Teilchen etwa $8 \cdot 10^6$ eV.

Ich wende mich nun den Beobachtungen bei der künstlichen Umwandlung von Aluminium zu. Wenn Aluminium mit α-Teilchen beschossen wird, so beobachten wir zusätzlich zu den gestreuten α-Teilchen eine Emission von Protonen hoher Energie, die in allen Richtungen annähernd gleich ist. Ein α-Teilchen, das in den Kern von ^{27}Al eindringt, kann eingefangen werden; ein Proton wird emittiert und ein ^{30}Si-Kern wird gebildet. Wir nehmen an, daß sich die α-Teilchen und die Protonen im Kern auf bestimmten Energieniveaus befinden. Das eingefangene α-Teilchen mit der kinetischen Energie W fällt, sagen wir, in ein Niveau E_α, und ein Proton wird aus dem Niveau E_p (beide unterhalb des Niveaus mit der Energie Null) emittiert. Die kinetische Energie des ausgestoßenen Protons wird bei Vernachlässigung der geringen kinetischen Energie des Restkerns $W + E_\alpha - E_p$ betragen. Nach dieser Ansicht sollte ein homogener α-Teilchenstrahl, der auf eine sehr dünne Al-Folie fällt, die Emission von Protonen ein- und derselben Energie (in einer gegebenen Richtung) bewirken. Die Beobachtungen zeigen jedoch, daß in einem solchen Fall zwei Protonengruppen emittiert werden. Das ist unter der Annahme zu erklären, daß in einigen Fällen (in der überwiegenden Mehrzahl) der Endkern ^{30}Si in zwei Schritten gebildet wird; das α-Teilchen wird eingefangen (vielleicht in ein Zwischenniveau) und ein Proton unter Bildung eines angeregten ^{30}Si-Kerns emittiert, der unter Emission eines Strahlungsquants in den Grundzustand übergeht. Diese Erklärung wird durch die Beobachtung unterstützt, daß Al, das mit α-Teilchen beschossen wird, tatsächlich eine γ-Strahlung mit ungefähr der passenden Energie emittiert.

Beobachtungen von Protonen, die aus dicken Al-Folien bei Bestrahlung durch Polonium-α-Teilchen emittiert werden, zeigen, daß die Protonen aus acht paarweise einander zugeordneten Gruppen bestehen. Obwohl Stöße zwischen Al-Kernen und α-Teilchen bei allen Energien von Null bis zur Einfallsenergie der Polonium-α-Teilchen erfolgen, scheinen die Zerfälle jedoch nur von α-Teilchen mit ganz bestimmten Geschwindigkeiten herzurühren. Eine solche Möglichkeit wurde zuerst von GURNEY gezeigt, der anregte, daß es einen Resonanzeffekt zwischen den einfallenden α-Teilchen und den Atomkernen geben kann. Wenn das α-Teilchen genau die Energie besitzt, die einem Resonanzniveau des Kerns entspricht, so wird seine Chance, den Potentialwall zu durchdringen, sehr viel größer sein als bei einer größeren oder kleineren Energie. Der erste Nachweis für diesen Resonanzeffekt wurde von POSE im Zerfall des Aluminiums gefunden. Die späteren, soeben erwähnten Beobachtungen zeigen, daß es vier Resonanzniveaus bei Aluminiumkernen zwischen ungefähr $4 \cdot 10^6$ und $5{,}3 \cdot 10^6$ eV gibt. Die Niveaus sind nicht sehr scharf, sondern haben eine Breite von etwa 250000 eV. Das Eindringen des α-Teilchens und sein Einfang bewirken für jedes Niveau die Emission eines Paares von Protonengruppen.

Es gibt noch ein großes Gebiet des Potentialwalls von Aluminium, das nicht auf diese Art untersucht wurde. Es ist möglich, daß weitere Experimente bestimmte Beziehungen zwischen den Niveaus desselben Elements und Beziehungen zwischen den Niveaus eines Elements mit denen von anderen ausfindig machen werden.

Besonderes Interesse haben unlängst die Zerfälle der Elemente Beryllium und Bor gefunden. BOTHE und BECKER entdeckten, daß diese Elemente eine durchdringende Strahlung, anscheinend vom γ-Typ, emittieren, wenn sie mit Polonium-α-Teilchen beschossen wurden. Vor einigen Monaten machten CURIE-JOLIOT und JOLIOT die sehr eindrucksvolle Beobachtung, daß diese Strahlungen die Eigenschaft besitzen, Protonen mit großen Geschwindigkeiten aus wasserstoffhaltigen Stoffen herauszuschlagen. Sie fanden, daß die Protonen, die durch die Berylliumstrahlung herausgeschlagen werden, Geschwindigkeiten bis zu etwa $3 \cdot 10^9$ cm/s besitzen. Sie vermuteten, daß die Protonenemission durch einen zum COMPTON-Effekt analogen Prozeß erfolgt und schlußfolgerten, daß die Berylliumstrahlung eine Quantenenergie von etwa $50 \cdot 10^6$ eV hat. Wenn diese Erklärung angenommen wird, entstehen zwei ernste Schwierigkeiten. Erstens ist bekannt, daß die Streuung eines Quants durch ein Elektron gut mit Hilfe der KLEIN-NISHINA-Formel beschrieben wird, und es gibt keinen Grund zu der Annahme, daß eine ähnliche Beziehung für die Streuung an Protonen nicht zutreffen sollte. Die beobachtete Streuung ist jedoch viel zu groß. Zweitens ist es schwer, die Emission eines Quants so hoher Energie der Umwandlung $^9\text{Be} + {}^4\text{He} \rightarrow {}^{13}\text{C}$ + Quant zuzuschreiben. Ich untersuchte deshalb die Eigenschaften dieser Strahlung mit Hilfe des Röhrenzählers. Es zeigte sich, daß die Strahlung nicht nur aus Wasserstoff, sondern auch aus Helium, Lithium, Beryllium usw. und vermutlich aus allen Elementen Teilchen herausschlägt. In jedem Fall scheinen die Teilchen Rückstoßatome der Elemente zu sein. Es erschien unmöglich, die Aussendung dieser Teilchen einem Rückstoß von einem Strahlungsquant zuzuschreiben, wenn Energie und Impuls bei den Stößen erhalten bleiben sollen.

Eine befriedigende Erklärung der experimentellen Ergebnisse erhielt man, wenn man annahm, daß die Strahlung nicht aus Quanten, sondern aus Teilchen der Masse 1 und der Ladung 0 oder Neutronen besteht.

Im Falle der Elemente Wasserstoff und Stickstoff wurden die Reichweiten der Rückstoßatome mit guter Genauigkeit gemessen und daraus ihre Maximalgeschwindigkeiten abgeleitet. Sie betrug $3{,}3 \cdot 10^9$ cm/s bzw. $4{,}7 \cdot 10^8$ cm/s. M, V seien die Masse und die Maximalgeschwindigkeit der Teilchen, aus denen die Strahlung besteht. Dann ist die Maximalgeschwindigkeit, die einem Wasserstoffkern bei einem Stoß vermittelt werden kann,

$$u_{\mathrm{H}} = \frac{2M}{M+1} V$$

und die für einen Stickstoffkern

$$u_{\mathrm{N}} = \frac{2M}{M + 14} V.$$

Folglich gilt

$$\frac{M + 14}{M + 1} = \frac{u_{\mathrm{H}}}{u_{\mathrm{N}}} = \frac{3{,}3 \cdot 10^9}{4{,}7 \cdot 10^8}$$

und

$$M = 1{,}15.$$

Innerhalb des experimentellen Fehlerbereiches kann $M = 1$ gewählt werden, und folglich ist

$$V = 3{,}3 \cdot 10^9 \,\mathrm{cm/s}.$$

Da die Strahlung extrem durchdringender Natur ist, müssen die Teilchen eine sehr kleine Ladung im Vergleich mit der des Elektrons besitzen. Es wird angenommen, daß die Ladung gleich Null ist, und wir können vermuten, daß das Neutron aus einem Proton und einem Elektron besteht, die eng miteinander verbunden sind.

Das verfügbare Material unterstützt stark die Neutronenhypothese. Im Falle des Berylliums ist der Umwandlungsprozeß, der zu einer Emission eines Neutrons führt, $^{9}\mathrm{B} + {}^{4}\mathrm{He} \rightarrow {}^{12}\mathrm{C} + n$. Man kann zeigen, daß die Beobachtungen mit den Energiebeziehungen dieses Prozesses verträglich sind. Im Falle des Bors ist die Umwandlung wahrscheinlich $^{11}\mathrm{B} + {}^{4}\mathrm{He} \rightarrow {}^{14}\mathrm{N} + n$. In diesem Fall sind die Massen von $^{11}\mathrm{B}$, $^{4}\mathrm{He}$ und $^{14}\mathrm{N}$ aus den Astonschen Messungen bekannt, die kinetischen Energien können im Experiment bestimmt werden, und es ist deshalb möglich, eine viel genauere Abschätzung der Neutronenmasse zu bekommen. Die so abgeleitete Masse beträgt 1,0067. Unter Berücksichtigung des Fehlers der Massenbestimmungen erscheint es, daß die Masse des Neutrons wahrscheinlich zwischen 1,005 und 1,008 liegt.

Ein solcher Wert bekräftigt die Ansicht, daß das Neutron eine Kombination aus Proton und Elektron ist und liefert für die Bindungsenergie der Teilchen etwa $(1 \cdots 2) \cdot 10^6$ eV

Man kann sich das Neutron als kleinen Dipol vorstellen oder vielleicht besser als ein in ein Elektron eingebettetes Proton. Nach beiden Ansichten wird der „Radius" des Neutrons zwischen 10^{-13} cm und 10^{-12} cm liegen. Das Feld des Neutrons muß, außer bei geringen Abständen, sehr klein sein, und die Neutronen werden bei ihrem Durchgang durch Materie nicht beeinflußt werden, außer wenn sie einen Atomkern direkt treffen. Messungen, die zum Durchgang von Neutronen durch Materie gemacht wurden, liefern Ergebnisse, die in genereller Übereinstimmung mit dieser Ansicht sind. Die Stöße von Neutronen mit Stickstoffkernen wurden von Dr. FEATHER unter Benutzung einer automatischen Nebelkammer untersucht. Er fand, daß es außer den normalen Spuren der Stickstoffrückstoßkerne noch eine Reihe verzweigter Spuren gibt. Diese sind auf den Zerfall des Stickstoffkerns zurückzuführen. In einigen Fällen wird das Neutron eingefangen und ein α-Teilchen emittiert, wobei ein ^{11}B-Kern gebildet wird. In anderen Fällen ist der Mechanismus noch nicht mit Sicherheit bekannt.

2. Chemie und Quantentheorie des Atombaus*)

von

NIELS BOHR

Wenn wir uns dem Problem des *Aufbaus der Atomkerne* zuwenden, müssen wir vor allem folgende Situation vor Augen haben. Die empirischen Befunde bezüglich der Ladungen und Massen dieser Kerne sowie die Fakten über spontane und künstlich hervorgerufene Kernzerfälle führen, wie wir gesehen haben, zu der Annahme, daß alle Kerne aus Protonen und Elektronen bestehen. Sobald wir jedoch den Aufbau selbst der einfachsten Kerne genauer untersuchen, versagt die gegenwärtige Formulierung der Quantenmechanik im wesentlichen noch immer. Sie ist z. B. völlig außerstande, zu erklären, wieso vier Protonen und zwei Elektronen zusammenhalten und einen stabilen Heliumkern bilden. Offensichtlich befinden wir uns hier völlig außerhalb des Anwendungsbereiches eines beliebigen Formalismus, der auf der Annahme punktförmiger Elektronen beruht, was aus der Tatsache zu ersehen ist, daß die Größe des Heliumkerns, die man aus der Streuung von α-Teilchen in Helium ableitet, von derselben Größenordnung wie der klassische Elektronendurchmesser ist. Gerade dieser Umstand deutet darauf hin, daß die Stabilität des Heliumkerns untrennbar verbunden ist mit der Einschränkung, die der klassischen Elektrodynamik durch die Existenz und die Stabilität des Elektrons auferlegt wird. Das bedeutet jedoch, daß ein direkter, auf dem üblichen Korrespondenzargument beruhender Angriff auf dieses Problem nicht möglich ist, sofern es sich um das Verhalten der inner-

*) J. Chem. Soc. (1932) 349.

nuklearen Elektronen handelt. Was das Verhalten der Protonen betrifft, so ist die Lage wesentlich anders, da deren relativ große Masse zweifellos den Gebrauch der Vorstellung einer räumlichen Koordinierung sogar innerhalb nuklearer Dimensionen gestattet. In Ermangelung einer allgemeinen konsistenten Theorie, die die Stabilität des Elektrons erklärt, können wir natürlich keine direkte Abschätzung für die Kräfte geben, die die Protonen im Heliumkern festhalten. Es ist jedoch interessant festzustellen, daß die bei der Bildung des Kerns freigesetzte Energie, die man nach EINSTEINS Gleichung aus dem sogenannten Massendefekt erklärt, annähernd übereinstimmt mit der Bindungsenergie der Protonen, die man aus den bekannten Kernabmessungen nach der Quantenmechanik erwarten muß. Diese Übereinstimmung zeigt in der Tat, daß der Wert für das Verhältnis der Massen des Elektrons und des Protons für die Stabilität der Atomkerne von grundlegender Bedeutung ist. In dieser Hinsicht unterscheidet sich das Problem des Kernaufbaus in charakteristischer Weise von dem Problem des Aufbaus der Elektronenkonfiguration der Atomhülle, da die Stabilität dieser Konfiguration im wesentlichen unabhängig vom Massenverhältnis ist. Geht man vom Heliumkern zu schwereren Kernen über, so wird das Problem der Kernstruktur natürlich noch komplizierter, wenn auch eine gewisse Vereinfachung dadurch erreicht wird, daß man annehmen kann, daß die α-Teilchen vorwiegend als separate Gebilde in die Struktur dieser Kerne eingehen. Diese Annahme wird nicht nur durch die allgemeinen Fakten der Radioaktivität nahegelegt, sondern auch durch die Kleinheit des zusätzlichen Massendefekts, der durch ASTONS Ganzzahligkeitsregel für die Atomgewichte der Isotope ausgedrückt wird.

Die hauptsächliche Quelle der Kenntnisse über die Struktur der Atomkerne bildet das Studium ihrer Zerfälle. Wichtige Informationen wurden aber auch aus der gewöhnlichen Spektralanalyse abgeleitet. Wie bereits erwähnt wurde, erlaubt die Hyperfeinstruktur von Spektrallinien, Rückschlüsse auf die magnetischen Momente und Drehimpulse der Atomkerne zu ziehen, und aus den Intensitätsänderungen in Bandenspektren leiten wir die Statistik ab, der die Kerne gehorchen. Wie man erwarten konnte, liegt die Interpretation dieser Ergebnisse größtenteils außerhalb des Anwendungsbereiches der heutigen Quantenmechanik. Insbesondere erwies sich die Idee des Spins für innernukleare Elektronen als nicht anwendbar, worauf zuerst KRONIG hingewiesen hat. Diese Situation tritt in den Befunden über die Kernstatistik besonders klar zutage. Es stimmt, daß die bereits erwähnte Tatsache, daß die Heliumkerne der BOSE-Statistik genügen, gerade nach der Quantenmechanik für ein System zu erwarten war, das aus einer geraden Zahl von Teilchen besteht, die wie Elektronen und Protonen dem PAULIschen Ausschließungsprinzip gehorchen. Aber der nächste Kern, für den Angaben über die Statistik verfügbar sind, nämlich der Stickstoffkern, genügt ebenfalls der BOSE-Statistik, obwohl er aus einer ungeraden Zahl von Teilchen, nämlich 14 Protonen und 7 Elektronen, besteht und daher der FERMI-Statistik genügen sollte. In der Tat scheinen die allgemeinen experimentellen Befunde in diesem Punkte der Regel zu folgen, daß Kerne, die eine gerade Zahl von Protonen enthalten, der BOSE-Statistik genügen, während für Kerne mit einer ungeraden Zahl von Protonen die FERMI-Statistik gilt. Auf der einen Seite ist diese bemerkenswerte „Passivität" der innernuklearen Elektronen bei der Bestimmung der Statistik in der Tat ein sehr direkter Hinweis darauf, daß die Vorstellung von separaten dynamischen Gebilden nur mit wesentlichen Einschränkungen auf Elektronen angewendet werden kann. Genaugenommen sind wir nicht einmal berechtigt zu sagen, daß ein Kern eine definierte Zahl von Elektronen enthält, sondern nur, daß seine negative Elektrizitätsmenge ein ganzzahliges Vielfaches einer Elementareinheit beträgt und daß die Emission eines β-Strahls aus einem Kern in diesem Sinn als die Erzeugung eines Elektrons als mechanisches Gebilde angesehen werden kann. Andererseits kann man die soeben erwähnte Regel bezüglich der Kernstatistik aus dieser Sicht als eine Bestätigung der grundsätzlichen Gültigkeit einer quantenmechanischen Behandlung des Verhaltens der α-Teilchen und Protonen in den Kernen betrachten. Eine derartige Beschreibung hat sich bei der Erklärung der Rolle dieser Teilchen in spontanen und künstlich erzeugten Kernzerfällen in der Tat als sehr fruchtbar erwiesen.

In den zehn Jahren, die seit RUTHERFORDS grundlegenden Entdeckungen vergangen sind, hat sich eine große Menge von äußerst wertvollem Material zu diesem Gegenstand angesammelt, das wir vor allem der großen Forschungsarbeit auf diesem neuen Gebiet verdanken, die am Cavendish Laboratory unter seiner Leitung durchgeführt wurde. Vom theoretischen Standpunkt ist es nun eines der interessantesten Ergebnisse der neueren Entwicklung der Atomtheorie, daß sich die Verwendung von Wahrscheinlichkeitsbetrachtungen bei der Formulierung des grundlegenden *Zerfallsgesetzes*, die zu ihrer Zeit eine völlig isolierte und sehr kühne Hypothese war, als völlig übereinstimmend mit den allgemeinen Ideen der Quantenmechanik erwiesen hat. Dieser Punkt wurde bereits auf der primitiveren Stufe der Quantentheorie von EINSTEIN im Zusammenhang mit seiner Formulierung der Wahrscheinlichkeitsgesetze elementarer Strahlungsprozesse zur Sprache gebracht und von ROSSELAND in seiner fruchtbaren Arbeit über inverse Stoßprozesse weiter betont. Es war jedoch der wellenmechanische Formalismus, der zuerst die Basis für eine detaillierte Interpretation von radioaktiven Zerfällen, in völliger Übereinstimmung mit RUTHERFORDS Ableitung der Kerndimensionen aus der Streuung von α-Strahlen, lieferte. Wie CONDON und GURNEY sowie unabhängig davon GAMOW gezeigt haben, führt der Wellenformalismus in Verbindung mit einem einfachen Kernmodell zu einer lehrreichen Erklärung des Gesetzes des α-Zerfalls sowie der eigentümlichen Beziehung zwischen der mittleren Lebensdauer des Mutterelements und der Energie des herausgeschleuderten α-

Strahls, die als Regel von GEIGER und NUTTALL bekannt ist. Insbesondere gelang es GAMOW, die quantenmechanische Behandlung nuklearer Probleme auf eine allgemeine qualitative Erklärung der Beziehung zwischen α- und γ-Spektren auszudehnen, in der die Ideen von stationären Zuständen und elementaren Übergangsprozessen die gleiche Rolle wie im Falle gewöhnlicher atomarer Reaktionen und der Emission optischer Spektren spielen. Bei diesen Untersuchungen werden die α-Teilchen in den Kernen ähnlich wie die außernuklearen Elektronen in den Atomen behandelt, jedoch mit dem charakteristischen Unterschied, daß die α-Teilchen der BOSE-Statistik genügen und durch ihre eigene Wechselwirkung im Inneren des Kerns festgehalten werden, während die Elektronen, die der FERMI-Statistik gehorchen, infolge der Anziehung durch den Kern im Atom festgehalten werden. Dieser Umstand ist neben anderen Ursachen für die geringe Wahrscheinlichkeit der Energieemission aus angeregten Kernen in Form von γ-Strahlung verantwortlich, die sogar mit der Wahrscheinlichkeit des Austausches mechanischer Energie zwischen solchen Kernen und den umgebenden Elektronen, der sogenannten inneren Konversion, vergleichbar ist. Im Gegensatz zu einem Atom, das aus separaten positiven und negativen Teilchen besteht, wird ein kernähnliches, nur aus α-Teilchen zusammengesetztes System niemals ein elektrisches Moment besitzen, und es ist kaum zu erwarten, daß die zusätzlichen Protonen und negativen Ladungsmengen realer Kerne in dieser Hinsicht viel ausmachen. Von solchen einfachen Anwendungen des Korrespondenzarguments abgesehen, erlaubt es unsere Unkenntnis der auf die α-Teilchen und Protonen in den Kernen wirkenden Kräfte, von denen man annehmen muß, daß sie von der negativen Ladungsmenge wesentlich abhängen, zur Zeit nicht, genauere theoretische Voraussagen zu machen. Ein vielversprechendes Mittel zur Erforschung dieser Kräfte bildet jedoch die Untersuchung künstlich angeregter Zerfälle und damit im Zusammenhang stehender

Phänomene. Sofern es sich um das Verhalten von α-Teilchen und Protonen handelt, kann es sich daher als möglich erweisen, mit Hilfe der Quantenmechanik schrittweise eine detaillierte Theorie der Kernstruktur aufzubauen, aus der man wiederum weitere Informationen über die neuen Aspekte der Atomtheorie, die durch das Problem der negativen nuklearen Ladungsmenge gestellt werden, gewinnen kann.

Was diese letzte Frage betrifft, so haben die eigentümlichen Eigenschaften der *β-Emissionen* unlängst ein großes theoretisches Interesse geweckt. Einerseits besitzen die Mutterelemente eine definierte Zerfallsrate, die ebenso wie bei den α-Zerfällen durch ein einfaches Wahrscheinlichkeitsgesetz ausgedrückt wird. Andererseits findet man, daß die bei einem einzelnen β-Zerfallsakt freigesetzte Energie in einem weiten kontinuierlichen Bereich variiert, während die bei einem α-Zerfall emittierte Energie für alle Atome desselben Elements die gleiche zu sein scheint, wenn man die begleitende elektromagnetische Strahlung und die mechanische Energiekonversion gebührend berücksichtigt. Ausgenommen den Fall, daß die Emission von β-Strahlen durch Atomkerne wider Erwarten kein spontaner Prozeß ist, sondern durch irgendeine äußere Einwirkung verursacht wird, würde die Anwendung des Prinzips der Energieerhaltung auf β-Zerfälle bedeuten, daß die Atome eines gegebenen radioaktiven Elements verschiedene Energien besitzen. Wenn auch die entsprechenden Massenunterschiede viel zu klein wären, um mit den gegenwärtigen experimentellen Methoden nachgewiesen zu werden, wären solche definitive Energieunterschiede zwischen den individuellen Atomen sehr schwer mit anderen atomaren Eigenschaften zu vereinbaren. Erstens finden wir kein Analogon zu solchen Variationen im Bereich nichtradioaktiver Elemente. Soweit die Untersuchungen der Kernstatistik reichen, findet man tatsächlich, daß Kerne von beliebigem Typ, die dieselbe Ladung und innerhalb der Grenzen der experimentellen Genauigkeit die gleiche Masse besitzen, einer bestimmten Statistik im quantenmechanischen Sinn gehorchen. Das bedeutet, daß solche Kerne nicht als annähernd gleich, sondern dem Wesen nach als identisch anzusehen sind. Diese Schlußfolgerung ist die für unser Argument wichtigere, da die fragliche Identität mangels jeglicher Theorie der innernuklearen Elektronen keineswegs eine Folge der Quantenmechanik ist wie etwa die Identität der außernuklearen Elektronenkonfigurationen aller Atome eines Elements in einem gegebenen stationären Zustand, sondern eine neue grundlegende Eigenschaft der Atomstabilität darstellt. Zweitens kann man bei der Untersuchung der stationären Zustände radioaktiver Kerne, die an einer α- oder γ-Emission durch Glieder einer radioaktiven Zerfallsreihe beteiligt sind, welche einem β-Zerfallsprodukt vorangehen oder folgen, keinerlei Anzeichen einer Energievariation der zur Debatte stehenden Art finden. Schließlich weist die definierte Zerfallsrate, die ein gemeinsamer Wesenszug von α- und β-Zerfällen ist, selbst für ein β-Zerfallsprodukt auf eine grundlegende Ähnlichkeit aller Mutteratome hin, trotz der Variation der bei einer β-Emission freigesetzten Energie. In Ermangelung einer allgemeinen konsistenten Theorie, die die Beziehungen zwischen der inneren Stabilität von Elektronen und Protonen und der Existenz der Elementarquanten von elektrischer Ladung und Wirkung einschließt, ist es sehr schwierig, in dieser Angelegenheit zu einer definitiven Schlußfolgerung zu kommen. Beim heutigen Stand der Atomtheorie können wir jedoch sagen, daß wir kein Argument, weder empirischer noch theoretischer Natur, haben, um das Prinzip der Energieerhaltung für β-Zerfälle aufrechtzuerhalten, und daß wir bei dem Versuch, dies zu tun, sogar in Verwicklungen und Schwierigkeiten geraten. Natürlich würde ein radikales Abgehen von diesem Prinzip seltsame Konsequenzen beinhalten, falls solch ein Prozeß umgekehrt werden könnte. Wenn ein Elektron bei einem Stoßprozeß unter Verlust seiner mechanischen Individualität mit einem Kern verschmelzen und danach als ein β-Teilchen wiedererzeugt werden könnte, so sollten wir in der Tat finden, daß sich die Energie dieses β-Strahles generell von der des ursprünglichen Elektrons unterscheidet. Ebenso wie die Berücksichtigung jener Aspekte der Atomstruktur, die für die Erklärung der gewöhnlichen physikalischen und chemischen Eigenschaften der Materie wesentlich sind, einen Verzicht auf die klassische Idee der Kausalität beinhaltet, so können uns die charakteristischen Merkmale der Atomstabilität, die noch tiefer liegen und für die Existenz und die Eigenschaften von Atomkernen verantwortlich sind, vielleicht noch veranlassen, sogar auf die Idee der Energieerhaltung zu verzichten. Ich werde auf solche Spekulationen und ihren möglichen Zusammenhang mit der häufig diskutierten Frage nach dem Ursprung der stellaren Energie nicht weiter eingehen. Ich habe sie hier hauptsächlich deshalb zur Sprache gebracht, um zu betonen, daß wir in der Atomtheorie, ungeachtet der letzten Fortschritte, noch auf neue Überraschungen gefaßt sein müssen.

3. Über den Bau der Atomkerne I*)

von

Werner Heisenberg

Es werden die Konsequenzen der Annahme diskutiert, daß die Atomkerne aus Protonen und Neutronen ohne Mitwirkung von Elektronen aufgebaut seien. § 1. Die Hamilton-Funktion des Kerns. § 2. Das Verhältnis von Ladung und Masse und die besondere Stabilität des He-Kerns. § 3 bis 5. Stabilität der Kerne und radioaktive Zerfallsreihen. § 6. Diskussion der physikalischen Grundannahmen.

Durch die Versuche von Curie und Joliot[1]) und deren Interpretation durch Chadwick[2]) hat es sich herausgestellt, daß im Aufbau der Kerne ein neuer fundamentaler Baustein, das Neutron, eine wichtige Rolle spielt. Dieses Ergebnis legt die Annahme nahe, die Atomkerne seien aus Protonen und Neutronen ohne Mitwirkung von Elektronen aufgebaut.[3]) Ist diese Annahme richtig, so bedeutet sie eine außerordentliche Vereinfachung für die Theorie der Atomkerne. Die fundamentalen Schwierigkeiten, denen man in der Theorie des β-Zerfalls und der Stickstoffkernstatistik begegnet, lassen sich nämlich dann reduzieren auf die Frage, in welcher Weise ein Neutron in Proton und Elektron zerfallen kann und welcher Statistik es genügt, während der eigentliche Aufbau der Kerne nach den Gesetzen der Quantenmechanik aus den Kraftwirkungen zwischen Protonen und Neutronen beschrieben werden kann.

---

*) Z. Phys. **77** (1932) 1.

[1]) Curie, I., und F. Joliot: C. R. hebd. Séances Acad. Sci. [Paris] **194** (1932) 273 und 876.

[2]) Chadwick, J.: Nature [London] **129** (1932) 312.

[3]) Vgl. auch Iwanenko, D.: Nature [London] **129** (1932) 798.

§ 1

Für die folgenden Überlegungen wird angenommen, daß die Neutronen den Regeln der FERMI-Statistik folgen und den Spin $\hbar/2$ besitzen. Diese Annahme wird notwendig sein, um die Statistik des Stickstoffkerns zu erklären, und entspricht den empirischen Ergebnissen über die Kernmomente. Wollte man das Neutron als zusammengesetzt aus Proton und Elektron auffassen, so müßte man daher dem Elektron BOSE-Statistik und Spin Null zuschreiben. Es erscheint aber nicht zweckmäßig, ein solches Bild näher auszuführen. Vielmehr soll das Neutron als selbständiger Fundamentalbestandteil betrachtet werden, von dem allerdings angenommen wird, daß er unter geeigneten Umständen in Proton und Elektron aufspalten kann, wobei vermutlich die Erhaltungssätze für Energie und Impuls nicht mehr anwendbar sind.[1])

Von den Kraftwirkungen der elementaren Kernbausteine aufeinander betrachten wir zunächst die zwischen Neutron und Proton. Bringt man Neutron und Proton in einen mit Kerndimensionen vergleichbaren Abstand, so wird — in Analogie zum H_2^+-Ion — ein Platzwechsel der negativen Ladung eintreten, dessen Frequenz durch eine Funktion $(1/h)\,J(r)$ des Abstandes r der beiden Teilchen gegeben ist. Die Größe $J(r)$ entspricht dem Austausch- oder richtiger Platzwechselintegral der Molekültheorie. Diesen Platzwechsel kann man wieder durch das Bild der Elektronen, die keinen Spin haben und den Regeln der BOSE-Statistik folgen, anschaulich machen. Es ist aber wohl richtiger, das Platzwechselintegral $J(r)$ als eine fundamentale Eigenschaft des Paares Neutron und Proton anzusehen, ohne es auf Elektronenbewegungen reduzieren zu wollen.

Ähnlich wird die Wechselwirkung zweier Neutronen

[1]) Vgl. BOHR, N.: Faraday Lecture, J. Chem. Soc. (1932) 349.

durch eine Wechselwirkungsenergie $-K(r)$ beschrieben werden, wobei man wegen der Analogie zum H_2-Molekül annehmen kann, daß diese Energie zu einer Anziehungskraft zwischen den Neutronen führt.[1]) Endlich bezeichnen wir den Massendefekt des Neutrons relativ zum Proton (im Energiemaß) mit D. Es wird nun weiter angenommen, daß außer den durch die Funktionen $J(r)$ und $K(r)$ gegebenen Kraftwirkungen und der COULOMBschen Abstoßung e^2/r zwischen je zwei Protonen keine merklichen Kraftwirkungen zwischen den Bausteinen des Kerns auftreten sollen. Ferner sollen alle relativistischen Effekte, also auch die Wechselwirkung zwischen Spin und Bahn, vernachlässigt werden. Über die Funktionen $J(r)$ und $K(r)$ lassen sich nur einige ganz allgemeine Aussagen machen. Man wird vermuten, daß sie in Bereichen der Ordnung 10^{-12} cm mit wachsendem r rasch nach Null absinken. Ferner soll in Analogie zu den Molekülen angenommen werden, daß für normale Werte von r die Funktion $J(r)$ größer ist als $K(r)$; diese Annahme erweist sich später als wichtig. Der Massendefekt D des Neutrons dürfte klein gegen die gewöhnlichen Massendefekte der Elemente sein.

Um nun die HAMILTON-Funktion des Atomkerns aufzuschreiben, erweisen sich folgende Variablen als zweckmäßig: Jedes Teilchen im Kern wird charakterisiert durch fünf Größen, die drei Ortskoordinaten $(x, y, z) = \boldsymbol{r}$, den Spin σ^z in der z-Richtung und durch eine fünfte Zahl ϱ^ζ, die der beiden Werte $+1$ und -1 fähig ist. $\varrho^\zeta = +1$ soll bedeuten, das Teilchen sei ein Neutron, $\varrho^\zeta = -1$ bedeutet, das Teilchen sei ein Proton. Da in der HAMILTON-Funktion wegen des Platzwechsels auch Übergangselemente von $\varrho^\zeta = +1$ nach $\varrho^\zeta = -1$ vorkommen, erweist es sich als zweckmäßig, auch die Matrizen

$$\varrho^\xi = \begin{vmatrix} 0 & 1 \\ 1 & 0 \end{vmatrix}, \quad \varrho^\eta = \begin{vmatrix} 0 & -i \\ i & 0 \end{vmatrix}, \quad \varrho^\zeta = \begin{vmatrix} 1 & 0 \\ 0 & -1 \end{vmatrix}$$

[1]) Für den Hinweis hierauf und für manche anderen wertvollen Diskussionen möchte ich Herrn W. PAULI herzlich danken.

einzuführen. Der Raum der ξ, η, ζ hat aber natürlich nichts mit dem wirklichen Raum zu tun.

In diesen Variablen lautet die vollständige HAMILTON-Funktion der Kerne (M Protonenmasse, $r_{kl} = |\boldsymbol{r}_k - \boldsymbol{r}_l|$, $\boldsymbol{p}_k$ Impuls des Teilchens k):

$$\begin{aligned} H = \frac{1}{2M} \sum_k \boldsymbol{p}_k^2 &- \frac{1}{2} \sum_{k>l} J(r_{kl}) (\varrho_k^\xi \varrho_l^\xi + \varrho_k^\eta \varrho_l^\eta) \\ &- \frac{1}{4} \sum_{k>l} K(r_{kl}) (1 + \varrho_k^\zeta)(1 + \varrho_l^\zeta) \\ &+ \frac{1}{4} \sum_{k>l} \frac{e^2}{r_{kl}} (1 - \varrho_k^\zeta)(1 - \varrho_l^\zeta) \\ &- \frac{1}{2} D \sum_k (1 + \varrho_k^\zeta). \end{aligned} \tag{1}$$

Von den fünf Gliedern bedeutet das erste die kinetische Energie der Teilchen, das zweite die Platzwechselenergien, das dritte die Anziehungskräfte der Neutronen, das vierte die COULOMBsche Abstoßung der Protonen, das fünfte die Massendefekte der Neutronen.

Es entsteht nun die rein mathematische Aufgabe, aus Gleichung (1) Schlüsse über den Bau der Kerne zu ziehen.

§ 2

Wir betrachten im folgenden einen Kern, der aus n Partikeln besteht, und zwar aus n_1 Neutronen und n_2 Protonen. $n_1 = {}^1/_2 \sum (1 + \varrho_k^\zeta)$ ist mit H in Gleichung (1) vertauschbar, also eine Integrationskonstante, ebenso n_2. Vernachlässigt man zunächst die letzten drei Glieder in (1) und behält nur die beiden ersten bei, so bleibt die Energie bei Vorzeichenumkehr von $\sum \varrho_k^\zeta$ aus Symmetriegründen unverändert. Dem Wert $\sum \varrho_k^\zeta = 0$ entspricht also sicher ein Extremwert der Energie. Da für $\sum \varrho_k^\zeta = n$

in dieser Näherung überhaupt keine Bindungsenergie auftritt, so wird im allgemeinen der *Minimalwert* aller Energien zu $\sum \varrho_k^\zeta = 0$ gehören. Man kann den Sachverhalt auch so ausdrücken: Die ersten beiden Glieder der HAMILTON-Funktion sind völlig symmetrisch in Protonen und Neutronen. Das durch Platzwechselintegrale erreichbare Minimum der Energie bekommt man daher dann, wenn der Kern aus ebenso vielen Neutronen wie Protonen besteht. Dieses Resultat paßt gut zu dem experimentellen Befund, daß die Masse der Atomkerne im allgemeinen etwa doppelt so groß ist wie ihre Ladung (in den Einheiten von Ladung und Masse des Protons). Durch die drei letzten Glieder der Gleichung (1) wird das dem Energieminimum entsprechende Verhältnis von Neutronenzahl zu Protonenzahl zugunsten der ersteren verschoben, und zwar mit wachsender Gesamtanzahl n in immer steigendem Maße wegen der COULOMB-Kräfte der Protonen. Eine ins einzelne gehende Anwendung dieses Ergebnisses auf die Frage, welche Atomkerne in der Natur vorkommen können und welche nicht, setzt eine ausführliche Diskussion der Kernstabilität voraus und soll erst in § 3 bis 5 durchgeführt werden.

Der einzige Kern, für den sich die Lösung von (1) noch unmittelbar angeben läßt, ist das UREYsche Wasserstoffisotop[1]) vom Gewicht 2. Es besteht aus einem Proton und einem Neutron, und die Wellenfunktion $\psi(\boldsymbol{r}_1\varrho_1^\zeta, \boldsymbol{r}_2\varrho_2^\zeta)$, welche Gleichung (1) löst, läßt sich in Analogie zum Heliumproblem der Quantenmechanik stets in der Form schreiben:

$$\psi(\boldsymbol{r}_1\varrho_1^\zeta, \boldsymbol{r}_2\varrho_2^\zeta) = \varphi(\boldsymbol{r}_1, \boldsymbol{r}_2)\left(\alpha(\varrho_1^\zeta)\beta(\varrho_2^\zeta) \pm \alpha(\varrho_2^\zeta)\beta(\varrho_1^\zeta)\right). \quad (2)$$

Hier ist zur Abkürzung gesetzt:

$$\left.\begin{aligned} \alpha(\varrho) &= \delta_{\varrho,1}, \\ \beta(\varrho) &= \delta_{\varrho,-1}. \end{aligned}\right\} \quad (3)$$

[1]) UREY, H., F. BRICKWEDDE und G. MURPHY: Phys. Rev. 39 (1932) 164; 40 (1932) 1 und 464.

Anziehung der beiden Teilchen resultiert, wenn in der Klammer der rechten Seite von (2) das positive Zeichen gewählt wird. $\varphi(\boldsymbol{r}_1,\boldsymbol{r}_2)$ genügt dann der Wellengleichung:

$$\left\{\frac{1}{2M}(\boldsymbol{p}_1^2+\boldsymbol{p}_2^2)-J(r_{12})-D-W\right\}\varphi(\boldsymbol{r}_1,\boldsymbol{r}_2)=0. \quad (4)$$

Im energetisch tiefsten Zustand ist $\varphi(\boldsymbol{r}_1\boldsymbol{r}_2)$ symmetrisch in $\boldsymbol{r}_1$ und $\boldsymbol{r}_2$, was wegen des Spins trotz der FERMI-Statistik der Teilchen möglich ist.

Eine genauere mathematische Untersuchung des He-Kerns nach Gleichung (1) soll einstweilen nicht unternommen werden. Nur folgende qualitative Überlegungen sollen hier Platz finden: Betrachtet man zunächst Kerne, die nur aus Neutronen bestehen, so erkennt man, daß ein Kern aus zwei Neutronen nach Gleichung (1) ein besonders stabiles Gebilde sein müßte, da die Eigenfunktion des Systems in *zwei* Neutronen (d. h. in ihren Koordinaten $\boldsymbol{r}$ und ϱ), aber wegen des PAULI-Prinzips nicht in mehr als zwei Neutronen, symmetrisch sein darf. [Der Umstand, daß solche nur aus Neutronen bestehende Kerne aus anderen, nicht in Gleichung (1) enthaltenen Gründen labil sind, soll erst später besprochen werden und spielt für das Folgende keine Rolle.] Aus demselben Grund wird man annehmen dürfen, daß der He-Kern, der aus zwei Protonen und zwei Neutronen besteht, wegen des PAULI-Prinzips die Rolle einer „abgeschlossenen Schale" spielt und besonders stabil ist, wie ja auch die Erfahrung lehrt. Dem entspricht auch, daß sein Gesamtspin verschwindet.

Ferner soll die Kraftwirkung untersucht werden, die zwei Kerne in größerem Abstand aufeinander ausüben. Es sei angenommen, daß für jeden der beiden Kerne $\sum \varrho^\zeta = 0$, d. h. die Neutronenzahl gleich der Protonenzahl ist. Die Wechselwirkungsenergie der Kerne, die als kleine Störung betrachtet werden kann, hat nach (1) die Form

$$H^{(1)} = -\frac{1}{2}\sum_{k,k'} J(r_{kk'})\,(\varrho_k^\xi \varrho_{k'}^\xi + \varrho_k^\eta \varrho_{k'}^\eta)$$
$$-\frac{1}{4}\sum_{k,k'} K(r_{kk'})\,(1+\varrho_k^\zeta)\,(1+\varrho_{k'}^\zeta)$$
$$+\frac{1}{4}\sum_{k,k'}\frac{e^2}{r_{kk'}}\,(1-\varrho_k^\zeta)\,(1-\varrho_{k'}^\zeta). \qquad (5)$$

Hierbei bezieht sich der Index k auf die Teilchen des einen, der Index k' auf die Teilchen des anderen Kerns. Bildet man den zeitlichen Mittelwert von (5) über die ungestörte Bewegung der Kerne, so bleibt eine mittlere COULOMBsche Abstoßung der Kerne und eine mittlere Anziehung der Neutronen übrig, wobei die erstere für große, die letztere für kleine Abstände überwiegt. Der zeitliche Mittelwert des an sich größten ersten Gliedes in (5) verschwindet, da der Erwartungswert von ϱ^ξ verschwindet, wenn $\sum \varrho^\zeta = 0$ bekannt ist (dies folgt am einfachsten aus der Symmetrie des Problems im ξ, η, ζ-Raum um die ζ-Achse). Führt man dagegen die Störungsrechnung bis zur zweiten Näherung durch, so geben die Übergangselemente des ersten Gliedes in (5) Anlaß zu einer Anziehung vom Typus der VAN DER WAALSschen Kräfte; denn die Energiestörung zweiter Ordnung hat stets die Form:

$$W_k^{(2)} = -\sum_l \frac{|H_{kl}^{(1)}|^2}{h\nu_{kl}}. \qquad (6)$$

Zwei Kerne stoßen sich also in großem Abstand vermöge ihrer Ladung ab, in kleinem Abstand werden sie durch eine VAN DER WAALSsche Anziehung und durch die Anziehung der Neutronen aneinander gebunden.

§ 3

Nach den bisher durchgeführten Überlegungen wird man sich den Kern vorstellen dürfen als ein Gebilde, das im allgemeinen etwas mehr Neutronen als Protonen enthält und in dem je zwei Protonen und zwei Neutronen zu besonders stabilen Konfigurationen, den α-Teilchen, zusammengefaßt sind. Es soll nun die Frage untersucht werden, unter welchen Bedingungen ein solcher Kern stabil ist und in welcher Weise er bei Instabilität zerfallen kann.

Betrachten wir zunächst einen Kern, der nur aus Neutronen besteht; wegen der durch das dritte Glied in Gleichung (1) gegebenen Neutronenanziehung wäre ein solcher Kern scheinbar stabil, da es Arbeit kosten würde, ein Neutron aus dem Kern zu entfernen. Wohl aber würde man Energie gewinnen, wenn man ein Neutron aus dem Kern entfernen und ein Proton hinzufügen würde, da der Gewinn beim Zufügen des Protons den Verlust bei Wegnahme des Neutrons überkompensiert; dies gilt unter unserer Annahme, daß die Platzwechselkräfte die Anziehungskräfte zwischen den Neutronen überwiegen. Man wird daher annehmen dürfen, daß ein solcher Kern durch Aussendung von β-Strahlung zerfallen würde. Obwohl also die Anwendbarkeit von Energie- und Impulssatz auf den Zerfall eines Neutrons nach den experimentellen Befunden über die kontinuierlichen β-Strahlspektren durchaus fraglich erscheint, so soll hier doch insoweit von einer Energiebilanz der β-Strahlung Gebrauch gemacht werden, als behauptet wird: Ein β-Zerfall findet dann und nur dann statt, wenn die Ruhmasse des betrachteten Kerns größer ist als die Summe der Ruhmasse des durch β-Zerfall entstehenden Kerns und der Ruhmasse des Elektrons. Diese Annahme ist auch bisher in der Theorie des Atomkerns üblich gewesen.[1]) Zu ihrer Begründung

---

[1]) GAMOW, G.: Der Bau des Atomkerns und die Radioaktivität. Leipzig 1932.

kann man anführen, daß ein Neutron in Analogie zu quantenmechanischen Systemen wohl auch bei Einwirkung eines starken elektrischen Feldes ab und zu spontan zerfallen würde. Ist nun die Energiebilanz im oben beschriebenen Sinne positiv, so bedeutet dies: Auf das Neutron wirkt im Kern ein Kraftfeld, das es — ähnlich, wie ein elektrisches Feld dies tut — zu zerlegen sucht. Ist die Energiebilanz (die ja stets scharf definiert ist) negativ, so wirkt keine solche Kraft.

Unter Voraussetzung der eben diskutierten Annahme über die Stabilität der Kerne gegenüber dem β-Zerfall wird man daher schließen dürfen: Der zunächst nur aus Neutronen bestehende Kern wird so lange Neutronen in Protonen durch Aussendung von β-Strahlen verwandeln, bis die Energie, die durch Zufügung eines Protons gewonnen wird, genau gleich groß ist wie die Energie, die beim Abreißen des Neutrons aufgewendet werden muß, also bis das Minimum der bei konstanter Teilchenzahl gezeichneten Energiekurve erreicht ist. Bei noch geringeren Neutronenzahlen ist der Kern jedenfalls gegen β-Zerfall stabil.

Die Lage des Minimums als Funktion der Ordnungszahl kann man etwa folgendermaßen abschätzen: Der Gewinn an Platzwechselenergie, der beim Zufügen eines Protons frei wird, kann — wenn man annimmt, daß die Funktion $J(r)$ mit wachsendem Abstand hinreichend rasch verschwindet — bei schweren Kernen im wesentlichen nur von dem Verhältnis n_1/n_2 der Neutronenzahl zur Protonenzahl abhängen; er wird also durch eine Funktion $f(n_1/n_2)$ gegeben sein. Ebenso wird der Energieverlust, der mit dem Abreißen eines Neutrons verbunden ist, für schwere Kerne einem nur von n_1/n_2 abhängigen Wert $g(n_1/n_2)$ zustreben. Schließlich ist beim Zufügen des Protons noch gegen die elektrostatischen Kräfte die Energie

$$\frac{n_2 e^2}{R} \sim \text{const.} \frac{n_2}{\sqrt[3]{n}}$$

aufzuwenden (R bedeutet den Kernradius und wird hier näherungsweise proportional $\sqrt[3]{n}$ gesetzt). Die Lage des Minimums wird also durch die Gleichung gegeben:

$$f\left(\frac{n_1}{n_2}\right) = g\left(\frac{n_1}{n_2}\right) + \text{const.}\,\frac{n_2}{\sqrt[3]{n}}. \tag{7}$$

Nimmt man an, daß $f(n_1/n_2)$ und $g(n_1/n_2)$ näherungsweise als lineare Funktionen von n_1/n_2 betrachtet werden können, so erhält man in dieser Näherung

$$\frac{n_1}{n_2} = C_1 + C_2\,\frac{n_2}{\sqrt[3]{n}}, \tag{8}$$

wobei C_1 und C_2 Konstanten sind.

In Abb. 3.1 ist zu jeder Kernladungszahl der Maximalwert und der Minimalwert des Verhältnisses n_1/n_2 aufgetragen, der für das betreffende Element beobachtet ist. Diese Werte schwanken noch sehr stark, was zum Teil wohl darauf zurückzuführen ist, daß für viele Elemente

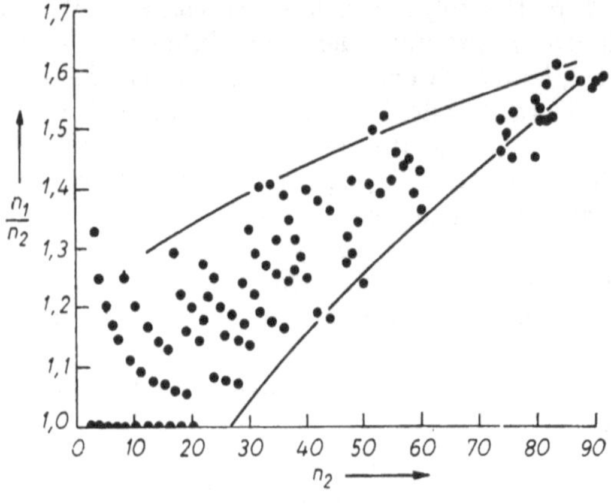

Abb. 3.1

noch stabile Isotope existieren können, die wegen ihrer Seltenheit bisher nicht bemerkt wurden. Zum Vergleich mit (8) wurde durch die höchstgelegenen Punkte eine Kurve vom Typus (8) mit den Konstanten $C_1 = 1{,}173$, $C_2 = 0{,}0225$ gezogen. Der qualitative Verlauf des Verhältnisses n_1/n_2 im System der Kerne wird also durch eine Kurve der Art (8) gut wiedergegeben.

§ 4

Sinkt der Wert des Verhältnisses n_1/n_2 unter einen bestimmten kritischen Wert, so kann insbesondere bei schweren Kernen die COULOMBsche Abstoßung der positiven Ladungen im Verhältnis zu den Platzwechsel- und Neutronenkräften so groß werden, daß der Kern durch Aussendung von α-Teilchen spontan zerfällt. Daß dieser Zerfall nicht unter Aussendung von Protonen, sondern von α-Teilchen erfolgt, ergibt sich aus der im allgemeinen erheblich geringeren Bindung der α-Teilchen an den Kern. Die Kerne, die durch β-Zerfall höherer Kerne entstanden sind, könnten sogar prinzipiell nicht unter Aussendung von Protonen zerfallen, da der β-Zerfall stets an einer Stelle ein Ende erreicht, wo die Entfernung eines Protons noch einen Energieaufwand erfordern würde.

Der Minimalwert des Verhältnisses n_1/n_2 ergibt sich aus der Bedingung, daß die bei Aussendung des α-Teilchens zu gewinnende COULOMBsche Energie kompensiert wird durch die anderen Wechselwirkungsenergien des α-Teilchens mit dem Restkern. Die letzteren Energien werden bei schweren Kernen wieder nur vom Verhältnis n_1/n_2 abhängen. Nimmt man wieder die Abhängigkeit näherungsweise als linear an, so kommt man wie in (8) zu einer Gleichung:

$$\frac{n_1}{n_2} = c_1 + c_2 \frac{n_2}{\sqrt[3]{n}}. \tag{9}$$

In Abb. 3.1 wurde die Kurve (9) mit den Konstanten $c_1 = 0{,}47$, $c_2 = 0{,}077$ eingezeichnet, die ungefähr die Lage der tiefstgelegenen Punkte wiedergibt. Bei der Beurteilung der beiden Kurven in Abb. 3.1 ist zu beachten, daß die vier Konstanten C_1, C_2, c_1, c_2 empirisch bestimmt wurden, daß die Gleichungen (8) und (9) nur Näherungslösungen darstellen und daß schließlich — und dies ist der wichtigste Punkt — in einer entwickelten Theorie die Stabilität eines Kerns nicht allein vom Wert des Verhältnisses n_1/n_2, sondern auch von feineren Zügen der Kernstruktur abhängen muß. Die beiden Kurven haben daher als Stabilitätsgrenzen für β- und α-Zerfall nur qualitative Bedeutung. In dem Gebiet, wo die beiden Kurven einander nahekommen, liegen die radioaktiven Elemente, und das Verhalten dieser Elemente soll im folgenden genauer diskutiert werden.

§ 5

Schon ein oberflächlicher Blick auf Abb. 3.1 lehrt, daß bei den radioaktiven Elementen der Wert des Verhältnisses n_1/n_2 allein nicht genügt, um die Stabilität der Kerne zu beurteilen. Die kritischen Verhältniszahlen liegen in den drei radioaktiven Familien an verschiedenen Stellen, und selbst innerhalb der einzelnen radioaktiven Zerfallsreihe hängt die Stabilität gegenüber β-Zerfall noch an speziellen Eigenschaften des Kerns, die sogleich zu diskutieren sind. Nehmen wir etwa an, daß am Anfang einer Zerfallsreihe ein Kern mit gerader Protonenzahl steht und daß dieser noch stabil ist gegenüber β-Zerfall. Durch Aussendung von α-Teilchen wird sich dieser Kern in Kerne geringerer Protonen- und Neutronenzahl verwandeln, und das Verhältnis n_1/n_2 wird hierdurch anwachsen, bis es einen kritischen Wert übersteigt. Dann tritt β-Zerfall ein, d. h., es ist nun eben energetisch günstig, ein Neutron wegzunehmen und ein Proton hinzuzufügen; nach diesem Zerfall ist die Protonenzahl ungerade.

Wegen der großen Stabilität des He-Kerns ist es dann sicher auch noch energetisch günstig, ein zweites Neutron in ein Proton zu verwandeln und auf diese Weise einen He-Kern im Innern des Kerns aufzubauen. Bei anfänglich gerader Ordnungszahl kann der Kern also stets *zwei* β-Teilchen hintereinander emittieren, bei anfänglich ungerader Protonenzahl wird nur *eins* ausgeschleudert. Diese Regel bestätigt sich überall in den radioaktiven Zerfallsreihen. Das kritische Verhältnis n_1/n_2 liegt also für die Aussendung des ersten β-Teilchens höher als für die Aussendung des zweiten. Nach Aussendung der beiden β-Teilchen wird im allgemeinen das Verhältnis n_1/n_2 so weit gesunken sein, daß nun kein weiterer β-Zerfall eintritt. Wohl aber kann sich dann ein Zerfall durch α-Strahlung anschließen, der das Verhältnis n_1/n_2 allmählich wieder erhöht, bis es zum zweiten Mal den kritischen Wert (und zwar den für gerade Protonenzahl) überschreitet; dann tritt wieder β-Zerfall ein, usw. Schließlich wird der Kern an irgendeiner Stelle stabil. Es kommt auch vor, daß ein Kern sowohl durch Aussendung von β-Strahlen wie von α-Strahlen zerfallen kann; dort treten dann die bekannten Verzweigungen auf, die hier nicht weiter diskutiert werden sollen. Die Tabelle 1 gibt für die drei radioaktiven Zerfallsreihen die Ordnungszahl n_2, die Neutronenzahl n_1 und das Verhältnis n_1/n_2 an. Die Verhältniszahlen, für die β-Zerfall eintritt, sind fettgedruckt. Man entnimmt aus der Tabelle, daß in der Tat die zweite β-Labilität der Zerfallsreihen (bei den B-Produkten) genau an der Stelle eintritt, wo das Verhältnis n_1/n_2 den durch die erste β-Labilität bestimmbaren kritischen Wert überschreitet. Nur die dritte β-Labilität in der Radiumreihe (bei RaD) läßt sich durch diese einfache Vorstellung nicht deuten.

Die kritischen Verhältnisse für den β-Zerfall bei gerader bzw. ungerader Protonenzahl sind also ungefähr in der Thoriumreihe 1,585 bzw. 1,55, in der Radiumreihe 1,595 bzw. 1,57, in der Actiniumreihe 1,62 bzw. 1,59. Der β-Zerfall des RaD lehrt uns allerdings, daß außer der Zahl

Tab. 1

Thoriumreihe				Radiumreihe				Actiniumreihe			
Element	n_2	n_1	n_1/n_2	Element	n_2	n_1	n_1/n_2	Element	n_2	n_1	n_1/n_2
Th	90	142	1,579	U_I	92	146	1,588	Pa	91	144	1,582
α				α				α			
MTh_1	88	140	**1,591**	UX_1	90	144	**1,600**	Ac	89	142	**1,596**
β				β				β			
MTh_2	89	139	**1,562**	UX_2	91	143	**1,571**	RaAc	90	141	1,567
β				β				α			
RaTh	90	138	1,533	U_{II}	92	142	1,544	AcX	88	139	1,580
α				α				α			
ThX	88	136	1,545	Jo	90	140	1,556	AcEm	86	137	1,593
α				α				α			
ThEm	86	134	1,558	Ra	88	138	1,569	AcA	84	135	1,608
α				α				α			
ThA	84	132	1,571	RaEm	86	136	1,582	AcB	82	133	**1,622**
α				α				β			
ThB	82	130	**1,587**	RaA	84	134	1,595	AcC	83	132	**1,590**
β				α				β			
ThC	83	129	**1,555**	RaB	82	132	**1,610**	AcC'	84	131	1,560
β				β				α			
ThC'	84	128	1,524	RaC	83	131	**1,579**	AcD	82	129	1,573
α				β							
ThD	82	126	1,537	RaC'	84	130	1,548				
				α							
				RaD	82	128	**1,561**				
				β							
				RaE	83	127	**1,530**				
				β							
				RaF	84	126	1,500				
				α							
				RaG	82	124	1,512				

n_1/n_2 und der besonderen Stabilität des He-Kerns noch andere Struktureigenschaften der Kerne für ihre Stabilität eine Rolle spielen können.

§ 6

Zum Schluß soll noch kurz auf die Frage eingegangen werden, welches die prinzipiellen Genauigkeitsgrenzen sind, innerhalb deren eine HAMILTON-Funktion des Kerns vom Typus (1) das physikalische Verhalten der Kerne sinngemäß beschreiben kann. Betrachtet man die Kerne als analog zu Molekülen, und vergleicht die Neutronen mit Atomen, so kommt man zu dem Schluß, daß Gleichung (1) nur gelten kann, wenn die Bewegung der Protonen langsam relativ zur Bewegung des Elektrons im Neutron erfolgt; d. h., die Protonengeschwindigkeit muß klein sein gegen die Lichtgeschwindigkeit. Aus diesem Grunde hatten wir alle relativistischen Glieder in der HAMILTON-Funktion (1) fortgelassen. Der Fehler, den man hierbei begeht, ist von der Größenordnung $(v/c)^2$, also etwa 1%. In dieser Näherung kann sozusagen das Neutron noch als statisches Gebilde aufgefaßt werden, wie wir es oben getan haben. Man muß sich aber darüber klar sein, daß es andere physikalische Phänomene gibt, bei denen das Neutron nicht mehr als statisches Gebilde betrachtet werden kann und von denen dann Gleichung (1) keine Rechenschaft geben kann. Zu diesen Phänomenen gehört z. B. der MEITNER-HUPFELD-Effekt, die Streuung von γ-Strahlen an Kernen. Ebenso gehören alle die Experimente dazu, bei denen die Neutronen in Protonen und Elektronen zerlegt werden können; ein Beispiel hierfür bildet die Bremsung von Höhenstrahlungselektronen beim Durchgang durch Atomkerne. Für die Diskussion solcher Versuche wird daher ein genaueres Eingehen auf die fundamentalen Schwierigkeiten, die in den kontinuierlichen β-Strahlspektren in Erscheinung treten, unerläßlich.

Anmerkungen

1. In einer späteren Arbeit wies HEISENBERG darauf hin, daß die Konstanten C_1 und C_2 aus Gleichung (8) nicht der Kurve in Abb. 3.1 entsprechen. Diese Konstanten sollten wie folgt korrigiert werden: $C_1 = 1{,}16$ und $C_2 = 0{,}0313$.

2. Bei der Diskussion der Kernstabilität betrachtete HEISENBERG die Stabilität gegenüber β- und α-Zerfall, aber nicht gegen-

über dem Positronenzerfall. Das Positron wurde erst entdeckt, nachdem er diese Arbeit geschrieben hatte.

3. HEISENBERG vermutete, daß die innere Struktur des Neutrons wichtig für die Streuung von γ-Strahlen am Kern ist. Wir wissen jetzt, daß dem nicht so ist. Die von MEITNER und HUPFELD beobachteten sekundären γ-Strahlen hängen mit der Annihilation von Positronen zusammen, die durch die primären γ-Strahlen erzeugt wurden.

4. Über den Bau der Atomkerne III*)

von

WERNER HEISENBERG

Die Experimente von CURIE, JOLIOT und CHADWICK über die Existenz und die Stabilität des Neutrons veranlaßten den in Teil I und II dieser Arbeit unternommenen Versuch, die Rolle, welche die Neutronen im Aufbau der Atomkerne spielen, in ganz bestimmten physikalischen Annahmen festzulegen und die Brauchbarkeit dieser Annahmen am Tatsachenmaterial der Kernphysik zu erproben. Die Unvollständigkeit der bisher vorliegenden empirischen Ergebnisse führt bei diesem Problem zu einer großen Unsicherheit selbst der Fundamente jeglicher Theorie und nur in ganz wenigen Fällen erzwingen die Experimente eine bestimmte Interpretation. Aus diesem Grunde schien es geboten, zunächst eine bestimmte Hypothese an die Spitze zu stellen und zuzusehen, wie sie sich zur Ordnung der Erfahrungen eignet. Im folgenden soll jedoch auch ausführlich diskutiert werden, welche Konsequenzen gerade für die gewählte Hypothese charakteristisch sind und an welchen Punkten eine andere Wahl der Grundannahmen zu den gleichen Ergebnissen führen würde. Vor dieser Diskussion sollen die Überlegungen der beiden ersten Teile ergänzt und an einigen Stellen berichtigt werden.

---

*) Z. Phys. 80 (1933) 587 (die Paragraphen 2 und 3 der Originalarbeit sind nicht mit abgedruckt).

§ 1. *Anwendung des Thomas-Fermischen Verfahrens auf die Hamilton-Funktion des Atomkerns*

Den Untersuchungen von Teil I wurde eine HAMILTON-Funktion zugrunde gelegt, die abhängt von den Ortskoordinaten $\boldsymbol{r}_k$ der Kernpartikeln und den dazu konjugierten Impulsen $\boldsymbol{p}_k$, ferner den Variablen ϱ_k^ζ, die angeben, ob das betreffende Teilchen ein Neutron ($\varrho_k^\zeta = +1$) oder ein Proton ($\varrho_k^\zeta = -1$) sei. Außer den in Teil I, Gleichung (1) eingeführten Wechselwirkungsgliedern $J(r_{kl})$ und $K(r_{kl})$ soll, um die Analogie zu den Molekülwechselwirkungen vollständig zu machen, noch eine „statische" Wechselwirkung $L(r_{kl})$ zwischen Neutron und Proton zugefügt werden, die dem elektrostatischen Teil der Bindungsenergie etwa von H und H^+ im H_2^+-Ion entspricht. In Teil I war dieses Glied als vermutlich klein weggelassen worden. Die vollständige HAMILTON-Funktion lautet nunmehr:

$$\begin{aligned} H = \frac{1}{2M} \sum_k \boldsymbol{p}_k^2 &- \frac{1}{2} \sum_{k>l} J(r_{kl}) (\varrho_k^\xi \varrho_l^\xi + \varrho_k^\eta \varrho_l^\eta) \\ &+ \frac{1}{2} \sum_{k>l} L(r_{kl}) (1 - \varrho_k^\zeta \varrho_l^\zeta) \\ &- \frac{1}{4} \sum_{k>l} K(r_{kl}) (1 + \varrho_k^\zeta) (1 + \varrho_l^\zeta) \\ &+ \frac{1}{4} \sum_{k>l} \frac{e_2}{r_{kl}} (1 - \varrho_k^\zeta) (1 - \varrho_l^\zeta) \\ &- \frac{1}{2} D \sum_k (1 + \varrho_k^\zeta). \end{aligned} \tag{1}$$

Eine Annäherungsmethode zur Lösung von (1) bei Kernen mit vielen Partikeln läßt sich in Analogie zur THOMAS-FERMI-Methode in folgender Weise herleiten: Zunächst kann die zu (1) gehörige SCHRÖDINGER-Funktion des Normalzustandes in bekannter Weise aufgefaßt werden als Lösung des Minimalproblems:

$$\int \psi^* H \psi \, \mathrm{d}\Omega = \text{Min.} \tag{2}$$

unter der Nebenbedingung

$$\int \psi^* \psi \, \mathrm{d}\Omega = 1. \tag{3}$$

Läßt man nun im Minimalproblem (2) nur solche SCHRÖDINGER-Funktionen zur Konkurrenz zu, bei denen

$$4P(P+1) = \Big(\sum_k \varrho_k^\xi\Big)^2 + \Big(\sum_k \varrho_k^\eta\Big)^2 + \Big(\sum_k \varrho_k^\zeta\Big)^2 \tag{4}$$

(d. h. sozusagen der gesamte „ϱ-Spin") einen bestimmten Zahlwert hat,[1]) so stellt sich bei der auch in Teil I gemachten Annahme, daß $J(r_{kl})$ positiv sei, heraus, daß $2P = n = n_1 + n_2$ zum tiefsten Energiewert führt. ψ kann in dieser Näherung in der Form

$$\psi(\boldsymbol{r}_1, \varrho_1^\zeta, \ldots, \boldsymbol{r}_n, \varrho_n^\zeta) = \varphi(\boldsymbol{r}_1, \ldots, \boldsymbol{r}_n) \, f(\varrho_1^\zeta, \ldots, \varrho_n^\zeta) \tag{5}$$

geschrieben werden. Hier bedeutet f eine symmetrische Funktion der ϱ_k^ζ, deren Gestalt nach den üblichen Verfahren der Quantenmechanik berechnet werden kann, wenn $\sum \varrho_k^\zeta = n_1 - n_2$ gegeben ist.

Die Funktion φ gehört dann als SCHRÖDINGER-Funktion zu einer HAMILTON-Funktion, die aus (1) dadurch hervorgeht, daß die von den ϱ_k abhängigen Ausdrücke durch ihren Erwartungswert bei $P = n/2$, $P^\zeta = \sum \varrho_k^\zeta =$

---

[1]) In ähnlicher Weise kann nach SLATER, J. C. Phys. Rev. 35 (1930) 210 die HARTREE-Methode bei Atomen aufgefaßt werden als Näherungslösung des Minimalproblems, bei der nur ein bestimmter einfacher Typus von SCHRÖDINGER-Funktionen zur Konkurrenz zugelassen wird.

$= n_1 - n_2$ ersetzt werden. Für diese Erwartungswerte findet man:

$$\left.\begin{aligned} k \neq l \qquad \overline{\varrho_k^\xi \varrho_l^\xi + \varrho_k^\eta \varrho_l^\eta} &= 4\,\frac{n_1 n_2}{n(n-1)}, \\ \overline{1 - \varrho_k^\zeta \varrho_l^\zeta} &= 4\,\frac{n_1 n_2}{n(n-1)}, \\ \overline{(1 + \varrho_k^\zeta)\,(1 + \varrho_l^\zeta)} &= 4\,\frac{n_1(n_1-1)}{n\,(n-1)}, \\ \overline{(1 - \varrho_k^\zeta)\,(1 - \varrho_l^\zeta)} &= 4\,\frac{n_2(n_2-1)}{n(n-1)}, \\ \sum_k (1 + \varrho_k^\zeta) &= 2 n_1 . \end{aligned}\right\} \tag{6}$$

Die HAMILTON-Funktion lautet also für φ:

$$H = \frac{1}{2M}\sum \boldsymbol{p}_k^2 - 2\,\frac{n_1 n_2}{n(n-1)}\sum_{k>l}[J(r_{kl}) - L(r_{kl})] \\ - \frac{n_1(n_1-1)}{n(n-1)}\sum_{k>l} K(r_{kl}) + \frac{n_2(n_2-1)}{n\,(n-1)}\sum_{k>l}\frac{e^2}{r_{kl}} - n_1 D. \tag{7}$$

Die Symmetrieeigenschaften von $\varphi(\boldsymbol{r}_1, \ldots, \boldsymbol{r}_n)$ in bezug auf die Vertauschung der Partikelkoordinaten sind wie bei den Atomen durch das PAULI-Prinzip vorgeschrieben. Der Atomkern erscheint nach (7) als mechanisches System gleichartiger Massenpunkte, wobei die Wechselwirkungsenergie zweier Massenpunkte jeweils durch den Ausdruck

$$U(r) = -2\,\frac{n_1 n_2}{n(n-1)}[J(r) - L(r)] - \frac{n_1(n_1-1)}{n(n-1)} K(r) \\ + \frac{n_2(n_2-1)}{n(n+1)}\,\frac{e^2}{r} \tag{8}$$

gegeben ist. Betrachtet man nun nach dem Vorbild der THOMAS-FERMI-Methode den Kern als Gas freier Teilchen, die den Gesetzen der FERMI-Statistik folgen und durch die Kräfte (8) zusammengehalten werden, ist ferner $\varrho(\boldsymbol{r})$ die Anzahl der Teilchen pro Volumeneinheit, so wird nach FERMI die kinetische Energie dieses Gases

$$E_{\text{kin}} = \frac{h^2}{M} \frac{4\pi}{5} \left(\frac{3}{8\pi}\right)^{2/3} \int \varrho(\boldsymbol{r})^{5/3} \, \mathrm{d}\tau \tag{9}$$

und die Gesamtenergie des Atomkerns

$$E = \frac{h^2}{M} \frac{4\pi}{5} \left(\frac{3}{8\pi}\right)^{2/3} \int \varrho(\boldsymbol{r})^{5/3} \, \mathrm{d}\tau + \frac{1}{2} \iint \varrho(\boldsymbol{r}) \varrho(\boldsymbol{r}') \times U(|\boldsymbol{r} - \boldsymbol{r}'|) \, \mathrm{d}\tau \, \mathrm{d}\tau' - n_1 D. \tag{10}$$

Die Dichteverteilung $\varrho(\boldsymbol{r})$ wird aus der Forderung bestimmt, E solle unter der Nebenbedingung

$$\int \varrho(\boldsymbol{r}) \, \mathrm{d}\tau = n$$

zu einem Minimum gemacht werden. Allerdings ist bei der Anwendung der THOMAS-FERMI-Methode zu beachten, daß der approximative Ansatz (10) für die Energie nur unter gewissen Einschränkungen richtig ist. Wenn z. B. die Funktion $U(|\boldsymbol{r} - \boldsymbol{r}|)$, die in ihrem Verlauf dem GAMOW-Berg ähnelt und für große n_1 und n_2 nur vom Verhältnis n_1/n_2 abhängt, für abnehmende Werte von $|\boldsymbol{r} - \boldsymbol{r}'|$ an einer bestimmten Stelle plötzlich außerordentlich stark zunimmt, d. h., wenn sehr große Abstoßungskräfte die weitere Annäherung zweier Teilchen zu hindern suchen, so würde das Integral $\iint \varrho(\boldsymbol{r}) \varrho(\boldsymbol{r}') U(|\boldsymbol{r} - \boldsymbol{r}'|) \, \mathrm{d}\tau \, \mathrm{d}\tau'$ divergieren oder jedenfalls völlig unrichtige Werte für die potentielle Energie liefern, da es eben in Wirklichkeit nicht vorkommt, daß zwei Teilchen sich über den kritischen Abstand hinaus nähern. In diesem Falle erhält man eine sehr viel bessere Approximation an die Wirklichkeit, wenn man in Analogie zur

Konstanten „b“ der VAN DER WAALSschen Gleichung einen Minimalabstand zweier Teilchen und entsprechend eine Maximaldichte ϱ_0 einführt und dafür in der potentiellen Energie die Funktion $U(|\boldsymbol{r}-\boldsymbol{r}'|)$ für Werte von $|\boldsymbol{r}-\boldsymbol{r}'|$, die kleiner sind als der Minimalabstand zweier Teilchen, Null setzt. In der kinetischen Energie tritt dann anstelle von $\varrho^{5/3}$ (Anzahl der Teilchen pro Kubikzentimeter: ϱ, multipliziert mit der mittleren Energie der einzelnen Partikel: $\varrho^{2/3}$) in genauer Analogie zur VAN DER WAALSschen Gleichung $\varrho(1/\varrho - 1/\varrho_0)^{-2/3}$. Statt Gleichung (10) erhält man so den allgemeineren Ansatz:

$$E = \frac{h^2}{M}\frac{4\pi}{5}\left(\frac{3}{8\pi}\right)^{5/3}\int\left(\frac{1}{\varrho}-\frac{1}{\varrho_0}\right)^{-2/3}\varrho\,\mathrm{d}\tau + \frac{1}{2}\times$$

$$\times\int\int\varrho(\boldsymbol{r})\,\varrho(\boldsymbol{r}')\,U_0(|\boldsymbol{r}-\boldsymbol{r}'|)\,\mathrm{d}\tau\,\mathrm{d}\tau' - n_1 D, \quad (11)$$

wobei U_0 für U gesetzt wurde, um anzudeuten, daß in $U(|\boldsymbol{r}-\boldsymbol{r}'|)$ die Beiträge, für die $|\boldsymbol{r}-\boldsymbol{r}'|$ kleiner ist als der Minimalabstand, wegzulassen sind. Durch Variation von ϱ unter Berücksichtigung der Nebenbedingung $\int\varrho\,\mathrm{d}\tau = n$ folgt aus (11) die Beziehung:

$$\frac{h^2}{M}\frac{4\pi}{3}\left(\frac{3}{8\pi}\right)^{5/3}\left(\frac{1}{\varrho}-\frac{1}{\varrho_0}\right)^{-5/3}\left(\frac{1}{\varrho}-\frac{3}{5\varrho_0}\right)+\int\varrho(\boldsymbol{r}')$$

$$\times\, U_0(|\boldsymbol{r}'-\boldsymbol{r}|)\,\mathrm{d}\tau' - \lambda = 0. \quad (12)$$

Multipliziert man Gleichung (12) mit $\mathrm{d}\varrho/\mathrm{d}n$ und integriert über $\mathrm{d}\tau$, so erkennt man aus (11) und (12):

$$\lambda = \frac{\mathrm{d}E}{\mathrm{d}n}. \quad (13)$$

$U_0(r)$ wird dabei als unabhängig von n angenommen. Die Gleichung (12) gilt nur in dem Gebiet, in dem ϱ von Null verschieden ist. Außerhalb dieses Gebietes ist der Zustand des Systems durch die Forderung $\varrho = 0$ vollständig bestimmt. Durch Multiplikation von (12) mit

$\varrho/2$ und Integration erhält man

$$\frac{h^2}{M}\frac{2\pi}{3}\left(\frac{3}{8\pi}\right)^{2/3}\int\left(\frac{1}{\varrho}-\frac{1}{\varrho_0}\right)^{-2/3}\left(\varrho+\frac{2}{5}\frac{\varrho^2}{\varrho_0-\varrho}\right)\mathrm{d}\tau + \frac{1}{2}\iint\varrho(\mathfrak{r})\,\varrho(\mathfrak{r}')\,U_0\,\mathrm{d}\tau\,\mathrm{d}\tau' - \frac{n}{2}\frac{\mathrm{d}E}{\mathrm{d}n} = 0, \tag{14}$$

und durch Vergleich mit (11):

$$E - \frac{n}{2}\frac{\mathrm{d}E}{\mathrm{d}n} = \frac{h^2}{M}\frac{2\pi}{15}\left(\frac{3}{8\pi}\right)^{5/3}\left[\int\left(\frac{1}{\varrho}-\frac{1}{\varrho_0}\right)^{-2/3}\varrho\,\mathrm{d}\tau - 2\int\frac{\varrho}{\varrho_0}\left(\frac{1}{\varrho}-\frac{1}{\varrho_0}\right)^{-5/3}\mathrm{d}\tau\right]. \tag{15}$$

Verwendet man diese Formel zur Diskussion der Abhängigkeit der Massendefekte von n_1 und n_2, so folgt zunächst aus den Astonschen Messungen, daß für die Kerne eine maximale Dichte ϱ_0 existiert, die größenordnungsmäßig übereinstimmen muß mit der Dichte des α-Teilchens. Solange nämlich, wie in der üblichen Thomas-Fermi-Methode $1/\varrho_0 \ll 1/\varrho$ angenommen werden kann, ist die rechte Seite von (15) positiv, es müßte daher $-E$ als Funktion von n stärker als const $\cdot\, n^2$ anwachsen. Empirisch nimmt jedoch $-E$ für kleine n etwa proportional n, für große n noch langsamer zu. Die Funktion $U(|\mathfrak{r}-\mathfrak{r}'|)$ steigt also offenbar für abnehmende Werte von $|\mathfrak{r}-\mathfrak{r}'|$ in der Gegend kleiner Abstände sehr stark an. Für die schweren Kerne läßt sich daraus schließen, daß die Dichte in einem großen Teil des Kerns nahe am Wert ϱ_0 liegt und außen in einem relativ kleinen Bereich nach Null absinkt. Wenn daher die $J(r_{kl})$, $K(r_{kl})$, $L(r_{kl})$ als Funktionen des Abstandes rasch abnehmen, so wird sich für große n ($n_1/n_2 = \text{const}$) die Energie nach (15) in der Form

$$E = -an + bn^{5/3} + c \tag{16}$$

darstellen lassen (dabei rührt das Glied $-an$ von den rasch abnehmenden Kräften, das Glied $bn^{5/3}$ von den Coulomb-Kräften her), wie in Teil I bei der Diskussion der Stabilitätskurven implizite angenommen wurde.

Da aus der Symmetrie des Problems folgt, daß $\varrho(r)$ kugelsymmetrisch ist, so dürfte es auch im allgemeinen Fall nicht allzu schwierig sein, Näherungslösungen für $\varrho(r)$ zu finden, wenn $U(r)$ gegeben ist. Einstweilen wird man umgekehrt aus den empirisch gefundenen Massendefekten auf den Verlauf der Funktion $U(r)$ zu schließen suchen …

5. Über die Kerntheorie*)

von

ETTORE MAJORANA

Es wird eine Neubegründung der HEISENBERGschen Kerntheorie diskutiert, die zu einer etwas abweichenden HAMILTON-Funktion führt. Dementsprechend wird eine statistische Behandlung der Kerne entwickelt.

Die Entdeckung des Neutrons, d. h. eines schweren und ladungslosen Elementarteilchens, hat die Möglichkeit geboten, eine Kerntheorie aufzubauen, die, ohne allerdings die grundsätzlichen mit dem β-Zerfall verbundenen Schwierigkeiten aufzulösen, wohl aber die Begriffe der Quantenmechanik in einem Bereich zu benutzen gestattet, der geschlossen schien. Nach HEISENBERG[1]) ist es möglich, für viele Zwecke die Kerne als aus Protonen und Neutronen bestehend, d. h. aus Teilchen mit fast der gleichen Masse, die den Drehimpuls $(1/2)\, h/2\pi$ haben und der FERMIschen Statistik gehorchen, zu betrachten. Das Studium der Kerne ist also zurückgeführt auf die Aufsuchung einer geeigneten HAMILTON-Funktion, die für ein solches System materieller Punkte gültig sei, und zwar in nichtrelativistischer Näherung, da die Geschwindigkeiten der Teilchen vermutlich ziemlich klein im Vergleich zur Lichtgeschwindigkeit sind $(v \approx c/10)$. Um eine zweckmäßige Wechselwirkung zwischen den Bausteinen der Kerne aufzustellen, hat sich HEISENBERG von einer offenbaren Analogie leiten lassen. Das Neutron wird als aus einem Proton und einem Elektron bestehend, also wie ein nach einem den jetzigen Theorien unzugäng-

*) Z. Phys. 82 (1933) 137.

[1]) HEISENBERG, W.: Z. Phys. 77 (1932) 1; 78 (1933) 156.

lichen Prozeß konzentriertes Wasserstoffatom gedacht, und zwar so, daß es seine statistischen Eigenschaften und seinen Drehimpuls verändere. Heisenberg nimmt nun an, daß zwischen Protonen und Neutronen Austauschkräfte wirken denjenigen ähnlich, die für die Molekularbindung von H und H^+ vor allem verantwortlich sind. Zu einer solchen Wechselwirkung zwischen Neutronen und Protonen, die als maßgebend für die Kernstabilität betrachtet wird, fügen sich die Coulomb-Abstoßungskräfte zwischen Protonen, Anziehungskräfte vom Van-der-Waals-Typus zwischen Neutronen und eine Art von „elektrostatischer" Wechselwirkung zwischen Protonen und Neutronen.[1])

Man kann natürlich an der Gültigkeit dieser Analogie zweifeln, denn einerseits gibt die Theorie keine Auskunft über die innere Struktur des Neutrons, andererseits scheint die Wechselwirkung zwischen Neutron und Proton groß im Vergleich zum Massendefekt des Neutrons, wie er von Chadwick bestimmt worden ist, zu sein. Ich glaube also, es sei nicht ohne Interesse zu zeigen, wie man zur Aufstellung einer der von Heisenberg betrachteten sehr ähnlichen Hamilton-Funktion gelangen kann, wenn man nur die allgemeinsten und offenbarsten Kerneigenschaften am einfachsten wiedergeben will. Wir werden dafür ein statistisches Verfahren zu benutzen haben, an dessen Zulässigkeit für Größenordnungsbestimmungen kaum zu zweifeln ist. Ich möchte noch darauf aufmerksam machen, daß infolge des von mir festgelegten Kriteriums für die Auswahl der Hamilton-Funktion jetzt die Austauschkräfte das umgekehrte Vorzeichen wie in der Heisenbergschen Theorie haben, daher sind die Symmetriecharaktere der Eigenfunktionen, die zum Normalzustand gehören, und die ganze statistische Behandlung verschieden von der in Heisenbergs Arbeit.

---

[1]) Heisenberg, W.: Z. Phys. **80** (1933) 587.

§ 1

Die ziemlich zahlreichen Auskunftquellen, die wir über die Kernstruktur besitzen, d. h. radioaktive Zerfälle, künstliche Zerfälle und Anregungen, anomale Streuung von α-Teilchen, Massendefektmessungen usw., scheinen einstimmig darauf hinzudeuten, daß den Kernen keine stark unitäre, den Atomen ähnliche Organisation zuzuschreiben ist. Im Gegenteil sieht es so aus, als ob die Kerne aus ziemlich unabhängigen Konstituenten bestehen, die nur bei unmittelbarer Berührung aufeinander wirken. Man findet so im Zentrum des Atoms eine Art von Materie wieder, die mit denselben Eigenschaften von Ausdehnung und Undurchdringlichkeit versehen ist wie die makroskopische Materie. Aus einer solchen Materie sind die leichten und schweren Kerne ebenfalls konstituiert, und der Unterschied zwischen den einen und den anderen hängt vor allem von ihrem verschiedenen Inhalt von „Kernmaterie“ ab. Eine solche Vorstellung kann natürlich nur richtig sein, wenn die Coulomb-Abstoßung zwischen den positiven Konstituenten der Kerne keine sehr große Rolle spielt; das ist sicher der Fall für ziemlich leichte Kerne; für die schwereren Kerne muß infolgedessen eine gewisse Korrektur eingeführt werden.

Nehmen wir nach dem oben Gesagten an, daß die Kerne aus Protonen und Neutronen bestehen, so ist unser Problem, das einfachste Wechselwirkungsgesetz zwischen diesen Teilchen aufzustellen, welches, sofern die elektrostatische Abstoßung vernachlässigbar ist, zur Definition einer undurchdringlichen Materie führt. Es handelt sich eigentlich darum, drei Wechselwirkungsgesetze aufzustellen, und zwar zwischen Protonen, zwischen Protonen und Neutronen und zwischen Neutronen. Wir werden aber der Einfachheit halber annehmen, daß zwischen jedem Paar von Protonen nur die Coulombsche Kraft wirke; diese Annahme kann sich darauf einigermaßen stützen, daß der klassische Radius der Protonen viel kleiner als der mittlere Abstand der Teilchen innerhalb des Kernes ist. Ferner kommt der COULOMBschen Kraft keine große Wichtigkeit für leichte Kerne zu, und da diese aus beinahe ebensovielen Neutronen wie Protonen bestehen, liegt es nahe, als wichtigste Ursache der Kernstabilität eine besondere Wechselwirkung zwischen Protonen und Neutronen zu betrachten; zwischen den Neutronen aber nehmen wir an, daß keine merkliche Wechselwirkung sich abspiele, da kein sicherer Grund für das Gegenteil vorliegt. Also müssen wir nunmehr nur eine geeignete Kopplung zwischen Protonen und Neutronen aufstellen. Infolge der schon hervorgehobenen, scheinbaren Ähnlichkeit zwischen der Kernstruktur und derjenigen der festen Körper oder der Flüssigkeiten könnte es plausibel scheinen, eine Wechselwirkung von demselben Typus wie für Atome und Moleküle, d. h. Anziehungskräfte bei großem Abstand und stark abstoßende Kräfte bei kleinem Abstand, festzulegen, so daß die „Undurchdringlichkeit" der Teilchen gesichert ist (siehe Abb. 5.1). Außerdem müßte man aber noch Abstoßungs-

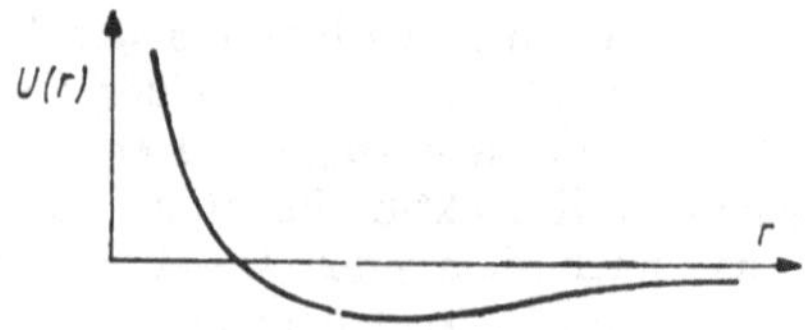

Abb. 5.1. Potentielle Energie zwischen zwei Atomen

kräfte zwischen Neutronen bei kleiner Entfernung annehmen, um die gewünschte Proportionalität zwischen Teilchenzahl und Kernvolumen zu erhalten. Eine solche Lösung des Problems ist aber vom ästhetischen Standpunkt aus unbefriedigend, denn man muß nicht nur Anziehungskräfte von unbekanntem Ursprung zwischen den Elementarteilchen annehmen, sondern noch, bei kleinem Abstand, Abstoßungskräfte von ungeheurer Größenordnung, die von einem Potential von etwa einigen hundert Millionen Volt abhängen. Wir wollen deshalb einen anderen Weg einschlagen, mit Einführung von so wenigen willkürlichen Elementen, wie es möglich ist. Die Hauptschwierigkeit, die zu überwinden ist, besteht in der Frage, wie man zu einer von der Masse des Kernes unabhängigen Dichte gelangen kann, ohne die freie Beweglichkeit der Teilchen durch eine künstliche Undurchdringlichkeit zu hindern. Wir dürfen z. B. nach einem Typus von Wechselwirkung suchen, bei dem die mittlere Energie pro Teilchen nie eine gewisse Grenze überschreiten kann, wie groß auch die Dichte sein mag; das könnte eintreten infolge irgendeiner Absättigungserscheinung, die der Valenzsättigung einigermaßen analog sein dürfte. Eine solche Wechselwirkung zwischen Neutronen und Protonen wird, wie wir beweisen werden, durch folgenden Ausdruck gegeben:

$$(Q', q' \,|\, J \,|\, Q'', q'') = -\delta\,(q' - Q'')\,\delta(q'' - Q')\,J(r). \tag{1}$$

Hierbei ist $r = |q' - Q'|$ gesetzt worden, und Q und q sind die Koordinaten eines Neutrons bzw. eines Protons. Die Funktion $J(r)$ ist positiv und sie darf den in Abb. 5.2

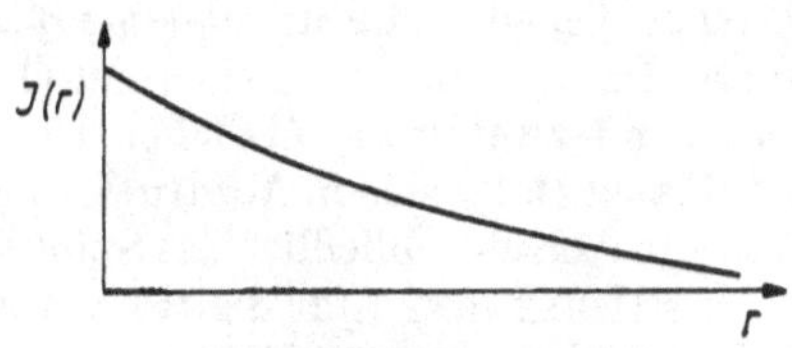

Abb. 5.2. Gang der Resonanzkräfte

bezeichneten Gang aufweisen. Der Ausdruck (1) bedeutet, daß zwischen dem Neutron und dem Proton Anziehung bzw. Abstoßung stattfindet, je nachdem die Wellenfunktion ungefähr symmetrisch oder antisymmetrisch in den beiden Teilchen ist. Um der besonderen Stabilität des α-Teilchens Rechnung zu tragen, werden wir noch annehmen, daß Q und q in (1) nur die Schwerpunktskoordinaten mit Ausschließung des Spins sein sollen. So erhält man, daß auf jedes Proton im α-Teilchen beide Neutronen statt eins wirken und umgekehrt, da wir eine symmetrische Funktion in den Schwerpunktskoordinaten aller Protonen und Neutronen (was streng bei Vernachlässigung der COULOMBschen Energie der Protonen gilt) annehmen können. Im α-Teilchen sind alle vorhandenen vier Partikeln in demselben Zustand, so daß es eine abgeschlossene Schale in höherem Sinne als das Heliumatom ist. Geht man vom α-Teilchen zu schwereren Kernen über, so kann man nicht mehr, wegen des PAULI-Verbots, weitere Teilchen in demselben Zustand ansetzen, und da außerdem die Austauschenergie (1) nur dann im allgemeinen groß ist, wenn Proton und Neutron sich in demselbem Zustand befinden, muß man erwarten, was genau der Erfahrung entspricht, daß bei schweren Kernen der Massendefekt pro Partikel nicht wesentlich größer als beim α-Teilchen sein dürfte.

Wir wollen jetzt den Ausdruck (1) der Wechselwirkungsenergie zwischen Proton und Neutron mit demjenigen vergleichen, den man aus dem Resonanzglied der HEISENBERGschen HAMILTON-Funktion herleiten kann, wenn man durch Betrachtung der Neutronen und Protonen als verschiedener Teilchen die unbequeme ϱ-Spinkoordinate eliminiert. Dann findet man einen zu (1) ähnlichen Ausdruck, aber mit zwei grundsätzlichen Unterschieden. Erstens nach HEISENBERGschem Ausdruck sollen Q und q in (1) alle Koordinaten einschließlich des Spins bezeichnen. Zweitens nimmt HEISENBERG für die Resonanzkräfte das umgekehrte Vorzeichen an, was für die statistischen Folgen am wichtigsten ist, denn infolgedessen sind die Symmetriecharaktere der Eigenfunktionen bei der HEISENBERGschen Theorie solche, daß keine Absättigung stattfindet und noch Abstoßungskräfte bei kleinen Entfernungen notwendig sind.[1]) Wir werden jetzt näher unter-

---

[1]) HEISENBERG, W.: Z. Phys. **80** (1933) 587. Für die Möglichkeit, diese Arbeit vor der Publikation zu sehen, bin ich Herrn Prof. HEISENBERG zum größten Dank verpflichtet.

suchen, in welcher Weise diejenige Absättigung eintritt, die zur experimentellen Erscheinung der Undurchdringlichkeit der Kernkonstituenten führt.

§ 2

In erster Näherung betrachten wir die Eigenfunktion des Kernes als durch ein Produkt zweier Funktionen darstellbar, die von den Koordinaten der n_1 Neutronen, bzw. der n_2 Protonen, abhängen:

$$\psi = \psi_N(Q_1, \Sigma_1, \ldots, Q_{n1}, \Sigma_{n1})\, \psi_P(q_1, \sigma_1, \ldots, q_{n2}, \sigma_{n2}), \quad (2)$$

und denken wir uns ψ_N und ψ_P als aus Produkten von individuellen, orthogonalen Eigenfunktionen durch Antisymmetrisierung erhalten:

$$\left.\begin{aligned} \psi_N &= \frac{1}{\sqrt{n_1!}} \sum_R \pm R\, \psi_N'(Q_1, \Sigma_1) \ldots \psi_N^{n_1}(Q_{n1}, \Sigma_{n1}), \\ \psi_P &= \frac{1}{\sqrt{n_2!}} \sum_R \pm R\, \psi_P'(q_1, \sigma_1) \ldots \psi_P^{n_2}(q_{n2}, \sigma_{n2}). \end{aligned}\right\} \quad (3)$$

Im Falle einer großen Anzahl von Teilchen dürfen die individuellen Wellenfunktionen ψ mit freie Teilchen darstellenden Wellenpaketen identifiziert werden. Aus der Rechnung wird es sich ergeben, daß jedes Proton im Mittel der Wirkung einer kleinen Anzahl (eins oder zwei) Neutronen unterliegt und umgekehrt; daher führt die Annahme von zu freien Teilchen gehörenden Wellenfunktionen infolge merklicher Polarisationseffekte einen gewissen Fehler ein. Die Methode ist aber für Größenordnungsbestimmungen ohne Zweifel anwendbar.

Wir müssen also den über die Eigenfunktion (2) genommenen Mittelwert der gesamten Energie berechnen und nach den Bedingungen suchen, unter denen er minimal wird. Die Energie besteht aus drei Teilen:

$$W = T + E + A\,, \tag{4}$$

wobei T die kinetische Energie, E die elektrostatische Energie der Protonen und A die Austauschenergie bezeichnen sollen. Wir nehmen der Einfachhheit halber an, daß alle individuellen im Schwerpunkt festgesetzten Zustände entweder frei oder zweimal mit entgegengesetzter Spinrichtung besetzt seien. Dann sind n_1 und n_2 gerade Zahlen. Wir führen noch die DIRACschen Dichtenmatrizen ein:

$$\left.\begin{aligned} (q'|\varrho_N|q'') &= \sum_{\sigma_i=1}^{2} \sum_{i=1}^{n_1} \psi_N^i(q',\sigma_i)\,\overline{\psi}_N^i(q'',\sigma_i)\,,\\ (q'|\varrho_P|q'') &= \sum_{\sigma_i=1}^{2} \sum_{i=1}^{n_2} \psi_P^i(q',\sigma_i)\,\overline{\psi}_P^i(q'',\sigma_i)\,. \end{aligned}\right\} \tag{5}$$

Es gelten die Gleichungen:

$$\varrho_N^2 = 2\varrho_N, \qquad \varrho_P^2 = 2\varrho_P, \tag{6}$$

wobei der Faktor 2 vom Spin herrührt, und daraus folgt:

$$\varrho_N = \left\langle\begin{matrix}2\\0\end{matrix}\right., \qquad \varrho_P = \left\langle\begin{matrix}2\\0\end{matrix}\right.. \tag{7}$$

Wenn M die Masse jedes Teilchens, näherungsweise dieselbe für Neutronen und Protonen, ist, wird sich ergeben:

$$T = \frac{1}{2M}\,\mathrm{Spur}\,[(\varrho_N + \varrho_P)p^2], \tag{8}$$

$$E = \frac{e^2}{2}\int (q'|\varrho_P|q')\,\frac{1}{|q'-q''|}\,(q''|\varrho_P|q'')\,\mathrm{d}q'\,\mathrm{d}q'' + \cdots \tag{9}$$

Wir haben in (9) ein Glied, das im wesentlichen die *gewöhnliche*, von der COULOMBschen Wechselwirkung der Protonen abhängige Austauschenergie darstellt, weggelassen. Dieses Glied ist von DIRAC[1]) berechnet worden, und es ist nicht sehr wichtig, wenn die Anzahl der Teilchen groß ist.

Wir haben schließlich:

$$A = -\int (q' | \varrho_N | q'') \, J \, | q' - q'' | \, (q'' | \varrho_P | q') \, \mathrm{d}q' \, \mathrm{d}q''. \quad (10)$$

Wenn die Zahl der Teilchen groß ist, dürfen ϱ_N und ϱ_P als fast diagonale Matrizen und sogar als klassische Funktionen von p und q betrachtet werden, und zwar ist die beste Bindung zwischen Matrizen und klassischen Funktionen[2]) durch folgende Beziehungen gegeben:

$$\left.\begin{aligned} \left(q - \frac{v}{2} \,|\varrho_N|\, q + \frac{v}{2}\right) &= \frac{1}{h^3}\int \varrho_N(p, q)\, e^{-\frac{2\pi i}{h}(p,v)}\, \mathrm{d}p, \\ \left(q - \frac{v}{2} \,|\varrho_P|\, q + \frac{v}{2}\right) &= \frac{1}{h^3}\int \varrho_P(p, q)\, e^{-\frac{2\pi i}{h}(p,v)}\, \mathrm{d}p \end{aligned}\right\} \quad (11)$$

und durch diejenige, die man aus Umkehrung der FOURIERschen Integrale erhält.

Wenn man in die vorigen Ausdrücke (11) einsetzt, bekommt man:

$$T = \frac{1}{2M}\int \frac{\varrho_N(p, q) + \varrho_P(p, q)}{h^3}\, p^2 \, \mathrm{d}p \, \mathrm{d}q, \quad (12)$$

$$E = \frac{e^2}{2}\int \frac{\varrho_P(p, q)\, \varrho_P(p', q')}{h^6}\, \frac{1}{|q - q'|}\, \mathrm{d}p \, \mathrm{d}q \, \mathrm{d}p' \, \mathrm{d}q', \quad (13)$$

$$\begin{aligned} A &= \int \frac{\varrho_N(p, q)\, V_N(p, q)}{h^3}\, \mathrm{d}p \, \mathrm{d}q \\ &= \int \frac{\varrho_P(p, q)\, V_P(p, q)}{h^3}\, \mathrm{d}p \, \mathrm{d}q, \end{aligned} \quad (14)$$

[1]) DIRAC, P. A. M.: Proc. Cambridge Philos. Soc. 26 (1930) 376.

[2]) Siehe z. B. DIRAC, ebenda.

wobei $V_N(p, q)$ und $V_P(p, q)$ die klassischen Funktionen, die den Matrizen

$$\left.\begin{aligned} (q'|V_N|q'') &= -(q'|\varrho_P|q'')J|q'-q''|, \\ (q'|V_P|q'') &= -(q'|\varrho_N|q'')J|q'-q''| \end{aligned}\right\} \tag{15}$$

entsprechen, bezeichnen sollen.

Wir nehmen nun an, daß in der Nähe eines Punktes q die Zustände kleiner Energie besetzt seien, sowohl von den Neutronen wie von den Protonen. Es wird dann einen maximalen Wert des Impulses $P_N(q)$ für die Neutronen und einen solchen für die Protonen geben; und als Folge von (7) wird sein:

$$\varrho_N(p, q) = \left.\begin{cases} 2, \text{ wenn } p < P_N(q), \\ 0, \text{ wenn } p > P_N(q), \end{cases}\right\} \tag{16}$$

$$\varrho_P(p, q) = \left.\begin{cases} 2, \text{ wenn } p < P_P(q), \\ 0, \text{ wenn } p > P_P(q). \end{cases}\right\} \tag{17}$$

Betrachten wir zunächst einen Grenzfall, d. h. den Fall sehr hoher Dichte, so daß h/p_N und h/p_P, die der Größenordnung nach der gegenseitigen Entfernung der Teilchen im Kern entsprechen, klein im Vergleich zum Wirkungsradius der Resonanzkräfte sind. Nehmen wir noch an, daß $P_N > P_P$, also die Dichte der Neutronen größer als diejenige der Protonen sei, und bemerken wir, daß man in der zweiten Gleichung (15) infolge der praktischen Diagonalität von $\varrho_N J|q'-q''|$ durch den Grenzwert $J(0)$ ersetzen kann, wenn $J(0)$ endlich ist, so wird diese Gleichung einfach

$$(q'|V_P|q'') = -J(0)(q'|\varrho_N|q''),$$

woraus folgt

$$V_P(p, q) = -J(0)\,\varrho_N(p, q). \tag{18}$$

Wenn wir nun in (14) diese einsetzen und bemerken, daß, wenn $\varrho_P(p, q) > 0$, auch immer $\varrho_N = 2$ ist, bekommen wir

$$A = -2J(0)\int \frac{\varrho_P(p, q)}{h^3}\,\mathrm{d}p\,\mathrm{d}q = -2J(0)n_2. \quad (19)$$

Das bedeutet, daß die von den Austauschkräften abhängige Bindungsenergie pro Proton im Falle sehr hoher Teilchendichte bloß gleich $-2J(0)$ ist, wenn die Neutronendichte nur größer ist als die Protonendichte. Vernachlässigen wir zunächst die COULOMBsche gegenseitige Abstoßung zwischen den Protonen, was für leichte Kerne mit einer gewissen Näherung zulässig ist, und setzen wir das Verhältnis n_1/n_2, aber nicht die Dichte fest; dann wird die potentielle Energie pro Teilchen eine gewisse Funktion der gesamten Dichte:

$$a = a(\mu), \qquad \mu = \frac{8\pi}{3h^3}(P_N^3 + P_P^3), \quad (20)$$

die natürlich für $\mu = 0$ verschwindet und sich dem konstanten Wert $-2n_2/(n_1 + n_2)J(0)$ für $\mu \to \infty$ nähert. Dieser Grenzwert wird das Minimum $-J(0)$ erreichen, wenn $n_1 = n_2$ ist. Für mittlere Dichten ist der allgemeine Ausdruck von $a(\mu)$ wegen (10) und (11) durch

$$a = \frac{1}{\mu(q)}\iint \frac{\varrho_N(p, q)\,\varrho_P(p', q)}{h^6}\,G(p, p')\,\mathrm{d}p\,\mathrm{d}p' \quad (21)$$

gegeben, wobei $G(p, p')$ eine Funktion von $|p - p'|$ ist, die folgendermaßen mit $J(r)$ zusammenhängt:

$$G(p, p') = \int e^{-\frac{2\pi i}{h}(p-p', v)}\,J|v|\,\mathrm{d}v. \quad (22)$$

Die kinetische Energie pro Teilchen wird die Form haben:

$$t = \varkappa\mu^{2/3},$$

und die gesamte Energie $a + t$ kann ein Minimum für einen gewissen, nur vom Verhältnis n_1/n_2 abhängigen Wert erreichen (Abb. 5.3). Man erhält also eine konstante, von der Masse des Kernes unabhängige Dichte, und so ein Kernvolumen und einen Energieinhalt bloß proportional der Anzahl der Teilchen, wie die Erfahrung

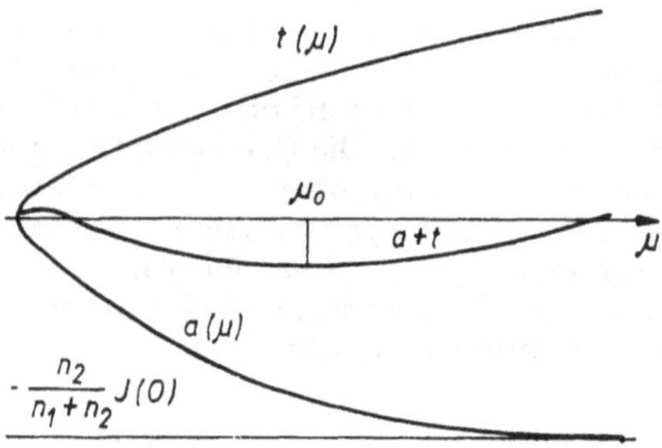

Abb. 5.3. Kinetische und potentielle Energie pro Teilchen

verlangt. Man kann versuchen, die Funktion $J(r)$ so zu bestimmen, daß die experimentellen Angaben am besten wiedergegeben werden. Der Ausdruck

$$J(n) = \lambda \frac{e^2}{r},$$

z. B. mit einer willkürlichen Konstante, ist zweckmäßig, wenn er auch unendlich bei $r = 0$ wird. Er ist aber bei großem Abstand zu modifizieren, da er einen unendlichen Wirkungsquerschnitt für den Zusammenstoß zwischen Proton und Neutron gibt; außerdem scheint er ein zu kleines Verhältnis für die Massendefekte vom α-Teilchen und vom Wasserstoffisotop zu liefern. So muß man einen Ausdruck mit mindestens zwei Konstanten benutzen, z. B. eine Exponentialfunktion, $J(r) = A\,e^{-\beta r}$. Wir werden aber auf diese Untersuchung nicht näher eingehen, denn, wie schon hervorgehoben, kann die erste statistische Näherung zu erheblichen Fehlern führen, wie groß auch die Anzahl der Teilchen ist. Für schwere Kerne spielt die COULOMBsche Kraft eine wichtige Rolle, und sie hat zur Folge, daß die Kernausdehnung etwas anwächst, und auch die Dichte, sowohl der Neutronen wie der Protonen, nicht mehr örtlich konstant ist. Die Austauschbindungsenergie wird jetzt nicht bloß vom Verhältnis n_1/n_2 abhängen, sie wird sogar etwas kleiner als im Falle leichter Kerne sein, infolge der von den COULOMB-schen Kräften verursachten Verminderung der Dichte.

Ich möchte Herrn Prof. HEISENBERG für zahlreiche Ratschläge und Erörterungen herzlich danken. Auch Herrn Prof. EHRENFEST sei für wertvolle Diskussion bestens gedankt. Endlich danke ich noch dem Consiglio Nazionale delle Ricerche für die Ermöglichung meines Aufenthaltes in Leipzig.

6. Über den Massendefekt des Heliums*)

von

EUGEN P. WIGNER

Wenn man annimmt, daß die potentielle Energie zwischen Protonen und Neutronen die Form einer einfachen Potentialmulde besitzt, ist es möglich, aus dem experimentellen Wert des Massendefektes von ^{2}H eine Beziehung zwischen der mittleren Breite und der Tiefe dieser Kurve abzuleiten. Dieser Zusammenhang erweist sich für einen großen Bereich als unabhängig von feineren Details der Potentialkurve. Bei Annahme eines bestimmten wahrscheinlichen Wertes für die Breite der Potentialmulde, der aus Streuexperimenten gewonnen wurde, ist es möglich, Berechnungen über die Massendefekte anderer Kerne durchzuführen. Solche Rechnungen wurden für He ausgeführt und ergaben Werte, die um einen ziemlich großen Faktor größer als der Massendefekt des ^{2}H sind. Das stimmt mit dem Experiment überein. Für die schwereren Elemente muß man das PAULI-Prinzip berücksichtigen, und auf dieser Grundlage wird die Struktur von schwereren Kernen diskutiert.

1

Die Entdeckung des Neutrons durch CHADWICK[1]) und durch CURIE und JOLIOT[2]) ermöglichte ein detaillierteres Bild über die Zusammensetzung der Kerne. Soweit heute zu sehen ist, gibt es drei verschiedene mögliche Annahmen betreffs der Elementarteilchen:

a) Die einzigen Elementarteilchen sind das Proton und das Elektron. Dieser Standpunkt wurde von HEISEN-

---

*) Phys. Rev. **43** (1933) 252.

[1]) CHADWICK, J.: Nature [London] **129** (1932) 469.

[2]) CURIE, I., und JOLIOT, P.: C. R. hebd. Séances Acad. Sci. [Paris] **193** (1931) 1412 und 1415.

BERG betont und von ihm in einer Reihe von Artikeln behandelt.[1])

b) Die Neutronen sind Elementarteilchen, und die Kerne sind aus Protonen, Elektronen und Neutronen aufgebaut. Dieser Standpunkt wurde von DIRAC vorgeschlagen und von BARTLETT[2]) in seiner Diskussion der Bestandteile der leichten Elemente übernommen.

c) Man kann weiterhin annehmen, daß es zusätzlich zu den Neutronen, die von CHADWICK entdeckt wurden („schwere Neutronen"), noch „leichte Neutronen" mit der Elektronenmasse gibt, wie zuerst von PAULI vorgeschlagen wurde.[3]) Die Zahl der leichten Neutronen sollte der Zahl der Elektronen in jedem Kern gleich sein, und sie verlassen den Kern gleichzeitig mit den β-Strahlen. Die Zahl der Elektronen (und leichten Neutronen) sollte, genau wie unter *b*), der Zahl der „freien Elektronen" gleich sein, wie von BECK[4]) vorgeschlagen wurde. Einige Argumente zur Unterstützung dieser Annahme wurden von dem Autor gegeben.[5])

Für den vorliegenden Zweck (den Vergleich der Massendefekte der leichtesten Elemente) ist es gleichgültig, ob wir die in *b*) oder *c*) enthaltenen Hypothesen übernehmen, da die ersten Elemente, selbst bis zum Cl, keinerlei freie Elektronen enthalten. Die Berechnungen bleiben wahrscheinlich sogar dann gültig, wenn die Hypothese *a*) angenommen wird.

Es scheint drei alternative mögliche Annahmen bezüglich der Natur der zwischen Protonen und Neutronen wirkenden Kräfte zu geben. (Die Kräfte zwischen zwei Protonen oder zwischen zwei Neutronen werden stets

---

[1]) HEISENBERG, W. Z. Phys. **77** (1932) 1 (vgl. S. 195 dieses Bandes); **78** (1932) 156.

[2]) Vgl. BARTLETT, W.: Phys. Rev. **42** (1932) 145 (Brief an den Herausgeber).

[3]) Vgl. CARLSON und J. R. OPPENHEIMER: Phys. Rev. **38** (1931) 1787.

[4]) BECK, G.: Z. Phys. **47** (1928) 407; **50** (1928) 548.

[5]) WIGNER, E. Proc. Hung. Acad. (1932) (zur Einsendung an Pergamon Press vorgesehen).

vernachlässigt.) HEISENBERG nahm an, daß diese Kräfte vom Austauschtyp sind, ähnlich denen des H_2^+-Moleküls. Wenn man jedoch annimmt, daß die Neutronen wie Elementarteilchen zu behandeln sind, muß man entweder eine bestimmte potentielle Energie $V(r)$ zwischen einem Proton und einem Neutron oder eine Dreiteilchenkraft annehmen. Die vorliegenden Berechnungen werden auf der Grundlage der ersten Annahme durchgeführt. Die andere Möglichkeit besteht darin, mit einer potentiellen Energie, die eine Funktion des gegenseitigen Abstandes von *drei* Teilchen ist, zu rechnen. Kräfte dieser Art[1]) müssen in der Hypothese *c*) für die leichten Neutronen vorausgesetzt werden, so daß es nicht unnatürlich scheint, sie auch für die schwereren Neutronen zuzulassen.

Der Effekt der ersten Sorte von Kräften wurde ausführlich von HEISENBERG diskutiert. Die Wirkung der Kräfte der zweiten Art kann auf ganz ähnliche Weise diskutiert werden. Eine interessante Eigenschaft der zweiten Art von Kräften besteht darin, daß es wahrscheinlich ist, wenn ein Kern mit n_p Protonen und n_h Neutronen stabil und n_p ungerade ist, es dann auch einen stabilen Kern mit $n_p + 1$ Protonen und n_h Neutronen gibt. Ebenfalls gibt es dann, wenn n_h ungerade ist, wahrscheinlich einen stabilen Kern mit n_p Protonen und $n_h + 1$ Neutronen. Der Grund dafür besteht darin, daß bei ungeradem n_p das nächste Proton dieselbe Wellenfunktion wie das „ungerade" Teilchen besitzen kann, während dies bei geradzahligem n_p im Widerspruch zum PAULI-Prinzip steht. Von O bis Cl sind alle auf diese Weise vorausgesagten Kerne bekannt. Unterhalb vom Sauerstoff fehlen jedoch einige Kerne, nämlich die mit den (n_p, n_h)-Werten (1, 2), (2, 1), (4, 3), (4, 6), (6, 5), (6, 8), (8, 7). Eine mögliche Ursache dafür, daß diese Kerne sich bisher dem Nachweis entzogen haben, soll zusammen mit einem

[1]) Ein Beispiel für solch ein Potential ist $cE^2(1 + e^{r/\varrho})^{-1}$, wobei c eine Konstante, r der Abstand des Neutrons von einem Proton und E die von den anderen Protonen erzeugte elektrische Feldstärke ist.

exakteren Beweis der oben erwähnten Regel in Abschnitt 3 gegeben werden; eine andere Erklärung ihres Aufbaues wurde von JONES[1]) vorgebracht.

Man kann weiterhin sehen, daß ebenso wie in der HEISENBERGschen Theorie die Energien der Kerne (n, n') und (n', n) gleich sind. Folglich wird unter allen Kernen mit der gleichen Masse $n + n'$ jener mit der Ladung $n_p = (n_p + n_h)/2$ der stabilste sein, da er die größte Zahl $(n_p + n_h)^2/4$ anziehender Terme besitzt. Die Bildung der auf ^{16}O folgenden Kerne kann man sich wie folgt vorstellen: Unter der Annahme, daß das Hinzufügen eines schweren Neutrons zu ^{16}O mit einem Energiegewinn verbunden ist, erhalten wir ^{17}O. Dann ist in Übereinstimmung mit der vorhergehenden Regel der Einfang eines anderen Neutrons möglich, wobei ^{18}O entsteht. Durch diesen Prozeß ist die Zahl der Neutronen im Kern so stark angestiegen, daß er ein weiteres Proton einfangen kann, was ^{19}F liefert, und danach ein anderes, was zu ^{20}Ne führt. Nun ist durch die angewachsene Zahl der Protonen der Einfang eines weiteren Neutrons möglich, wobei man ^{21}Ne erhält, mit einem weiteren ^{22}Ne, usw.

Außer der Schwierigkeit, die mit der scheinbaren Nichtexistenz der oben erwähnten Kerne zusammenhängt, erscheint es ziemlich überraschend, daß die Kerne zwischen O und Cl sich so stark an die Bedingung $n_p = n_h$ halten. Diese Schwierigkeit kann selbstverständlich vermieden werden, wenn man zwischen den Neutronen und zwischen den Protonen eine abstoßende Kraft bei kleinen Abständen voraussetzt.

Das auf S. 234 vorgeschlagene Dreiteilchenpotential ist ebenfalls (in mancher Hinsicht sogar besser als das gerade diskutierte) in der Lage, die qualitativen Merkmale der Reihe der existierenden Elemente zu erklären. Es scheint jedoch nicht leicht zu sein, einfache Annahmen in bezug auf die allgemeine Form eines solchen Potentials zu machen.

---

[1]) JONES, E. G., Nature [London] 130 (1932) 580.

2

Eine der bemerkenswerten Tatsachen über die Massendefekte der allerersten Elemente ist die sehr große Bindungsenergie des He-Kerns. Die Bindungsenergie des ^{2}H-Kerns beträgt nur[1]) das Dreifache der Ruheenergie mc^2 des Elektrons, die Bindungsenergie des He[2]) ist gleich 52 mc^2, wenn wir voraussetzen, daß die Masse des Neutrons gleich der Masse des Protons 1,00724 (bezogen auf die Masse des neutralen ^{16}O) ist. Die Massen des ^{2}H- und des He-Kerns wurden gleich 2,01297 bzw. 4,00108 gesetzt. Die Bindungsenergie von He ist rund 17mal größer als die von ^{2}H.

Das würde eher auf eine Anziehung zwischen den Neutronen oder Protonen hinweisen, was auf Grund der vorhergegangenen Diskussion sehr unwahrscheinlich ist. Der Zweck der folgenden Rechnung besteht darin, zu sehen, wie weit es möglich ist, den großen Massendefekt des He ohne eine solche Annahme zu erklären oder ihn sogar mit der Existenz von abstoßenden Kräften zwischen den verschiedenen Neutronen und zwischen den verschiedenen Protonen untereinander in Einklang zu bringen.

Zuerst betrachten wir den ^{2}H-Kern, Es gibt verschiedene Hinweise dafür, daß der erste Energiewert nur von der groben Form der Potentialkurve abhängt. Für den ^{2}H-Kern wurde deshalb zum Zwecke der Rechnung die potentielle Energie mit

$$V(r) = \frac{4 v_0}{(1 + e^{r/\varrho})\,(1 + e^{-r/\varrho})} \tag{1}$$

in mc^2-Einheiten angenommen, wobei v_0 und ϱ Konstanten sind. Die SCHRÖDINGER-Gleichung wird in diesem

---

[1]) BAINBRIDGE, K. T.: Phys. Rev. **42** (1932) 1; HARDY, J. D., BARKER, E. F., und DENNISON, D. U.: Phys. Rev. **42** (1932) 279.

[2]) ASTON, F. W.: Proc. Roy. Soc. [London] **A115** (1927) 502.

Fall

$$\left[-10\left(\frac{\partial^2}{\partial x^2}+\frac{\partial^2}{\partial y^2}+\frac{\partial^2}{\partial z^2}\right)+V\right]\psi(x,y,z)=\varepsilon\psi(x,y,z), \tag{2}$$

wobei x, y, z die Komponenten des Abstandes zwischen den beiden Teilchen sind und die Energien und Abstände immer in den Einheiten mc^2 bzw. e^2/mc^2 gemessen werden und wir der Einfachheit halber $h^2mc^2/4\pi^2M = 10$ gesetzt haben. Die Eigenwerte und -funktionen von (2) mit dem Potential (1) sind aus der Arbeit von ECKART[1]) bekannt. Das niedrigste Energieniveau ist

$$-\varepsilon=\frac{50}{8\varrho^2}+v_0-\frac{30}{8\varrho^2}\left(1+\frac{8}{5}v_0\varrho^2\right)^{1/2}, \tag{3}$$

während die entsprechende (unnormierte) Eigenfunktion

$$\psi=\frac{\varrho}{r}\frac{e^{r/\varrho}-1}{e^{r/\varrho}+1}\frac{1}{(1+e^{r/\varrho})^\nu(1+e^{-r/\varrho})^\nu} \tag{4}$$

mit $\nu = (-\varepsilon\varrho^2/10)^{1/2}$ ist. Die Funktion $V(r)$ ist graphisch in Abb. 6.1 (Kurve *1*) angegeben. Die Konstanten ϱ und v_0 müssen so gewählt werden, daß $\varepsilon = -3$ die beobachtete Bindungsenergie von ^{2}H liefert. Das ergibt eine Gleichung zwischen v_0, dem Potentialwert bei $r = 0$, und ϱ, der mittleren Breite der Potentialmulde, die in Abb. 6.2 (obere Kurve) angegeben ist. Um einen besseren Einblick in die Bedingungen, die das Verhalten der Eigenwerte und Eigenfunktionen bestimmen, zu haben, ist die Eigenfunktion (4) für $\varrho = 0{,}22$, $v_0 = 140$ durch die gestrichelte Kurve in Abb. 6.1 angegeben. Man sieht, daß sie sich über ein viel größeres Gebiet als $V(r)$ erstreckt, und demzufolge ist die mittlere potentielle Energie

---

[1]) ECKART, C.: Phys. Rev. 35 (1930) 1803.

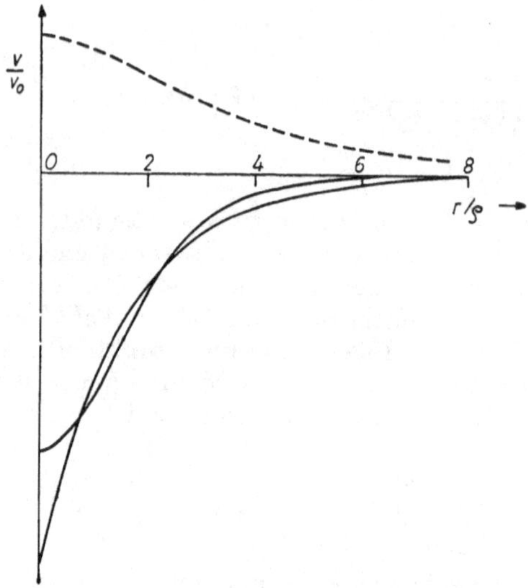

Abb. 6.1

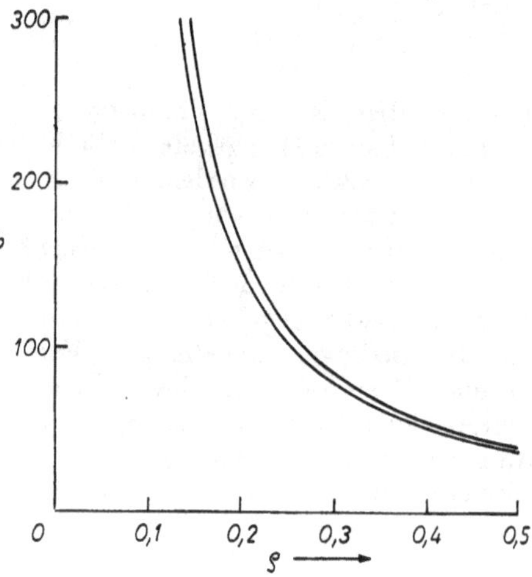

Abb. 6.2

viel kleiner als v_0. In Abb. 6.3 sind die mittlere negative potentielle Energie $-P$, die mittlere kinetische Energie K und die negative Gesamtenergie $-\varepsilon = 3$ über dem

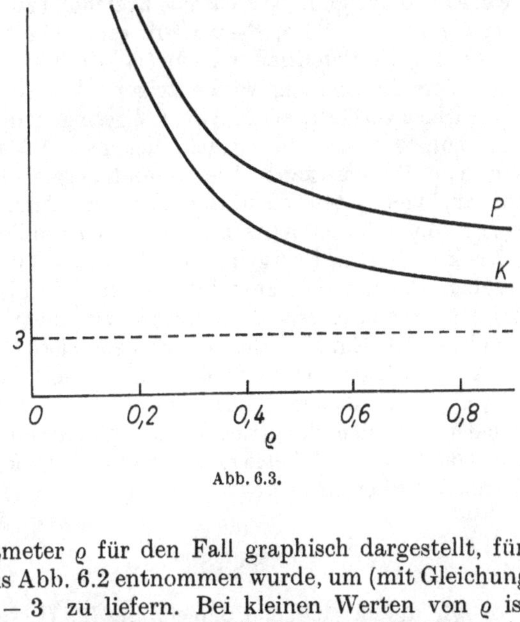

Abb. 6.3.

Parameter ϱ für den Fall graphisch dargestellt, für den v_0 aus Abb. 6.2 entnommen wurde, um (mit Gleichung (3)) $\varepsilon = -3$ zu liefern. Bei kleinen Werten von ϱ ist die negative mittlere potentielle Energie viel größer als $-\varepsilon$ und wird fast völlig von der kinetischen Energie kompensiert. Folglich ist der Wert von ε sehr empfindlich gegenüber kleinen Änderungen von v_0, weil letztere die mittlere potentielle Energie vergrößern, ohne die kinetische Energie zu beeinflussen.

Um eine Kontrolle über die relative Unabhängigkeit der (v_0, ϱ)-Kurve von der genauen Form der Potentialkurve zu haben, wurde eine andere zweiparametrige Funktionsfamilie $a\mathrm{e}^{-br}$ genommen (Kurve *2* in Abb. 6.1) und die Parameter $a = 1{,}4\, v_0$, $b = 0{,}63/\varrho$ so gewählt, daß dieses neue Potential dem Potential (1) so ähnlich wie möglich ist. Danach wurde der unterste Energiewert mit einer einfachen Variationsmethode (unter Benutzung von $\psi = e^{-\beta r}$) berechnet und dann a und b so angeglichen, daß der unterste Energiewert wieder -3 ist. Die untere Kurve in Abb. 6.2 zeigt die so erhaltene Beziehung zwischen $v_0 = a/1{,}4$ und $\varrho = 0{,}63/b$. Sie verläuft sehr nahe bei der Kurve, die für die Potentialfunktion (1) erhalten wurde. Eine genauere Berechnung würde zeigen, daß sie noch etwas niedriger verläuft, als in Abb. 6.2 gezeigt wurde.

Es ist nun klar, was die Ursache des großen Massendefektes von He sein kann. Die Gesamtenergie des He besteht aus vier potentiellen Energien (der Anziehung beider Protonen durch jedes der zwei Neutronen) und nur vier kinetischen Energien, im Gegensatz zu einer potentiellen Energie und zwei kinetischen Energien im ^{2}H. Im He werden erstere die letzteren viel mehr überwiegen als im ^{2}H. Ein ähnliches Phänomen existiert auch in den Atomspektren: Der unterste Energiewert des He ist viermal größer als der von H, weil das Verhältnis der potentiellen zu den kinetischen Energietermen 2 : 1 anstelle von 1 : 1 im H beträgt. Im Kern sind die Umstände noch stärker ausgeprägt.

3

Bevor wir die tatsächliche Berechnung für He durchführen, sei eine Bemerkung über die Existenz von ^{3}H eingefügt. Die SCHRÖDINGER-Gleichung $H\psi = E\psi$ für zwei Neutronen 1,2 und ein Proton 3 ist

$$\begin{aligned}
-10 \Bigg(& \frac{\partial^2}{\partial r_{23}^2} + \frac{2}{r_{23}} \frac{\partial}{\partial r_{23}} + \frac{\partial^2}{\partial r_{13}^2} + \frac{2}{r_{13}} \frac{\partial}{\partial r_{13}} + \frac{\partial^2}{\partial r_{12}^2} + \frac{2}{r_{12}} \frac{\partial}{\partial r_{12}} \\
& + \cos(213) \frac{\partial^2}{\partial r_{12} \partial r_{13}} + \cos(123) \frac{\partial^2}{\partial r_{12} \partial r_{23}} \\
& + \cos(132) \frac{\partial^2}{\partial r_{13} \partial r_{23}} \Bigg) \psi + \big(V(r_{13}) + V(r_{23})\big) \psi \\
& = E \psi(r_{23}, r_{13}, r_{12}), \qquad (5)
\end{aligned}$$

wobei (213) der Winkel mit der Spitze in 1 und den Schenkeln durch 2 und 3 ist. Wenn man annimmt, daß $\psi(r_{13})$ die Lösung der SCHRÖDINGER-Gleichung (2) für das Neutron 1 und das Proton 3 ist, so ist es vernünftig, den Lösungsansatz

$$\psi_0 = \psi(r_{13})\psi(r_{23}) \tag{6}$$

für (5) zu versuchen. Tatsächlich erhalten wir bei der Berechnung des Erwartungswertes für die Energie $E_0 = (\psi_0, H\psi_0)$ von ψ_0 den Wert -2ε. Folglich ist die Bindungsenergie des zweiten Neutrons zweifellos sogar größer als die des ersten.[1]) Das gilt unabhängig von der Potentialfunktion. Ähnliche Verhältnisse werden vorliegen, wenn wir die ungerade Zahl von Protonen oder Neutronen zu einer geraden Zahl ergänzen.

Um einen besseren Wert als -2ε für den Massendefekt von ^{3}H zu bekommen, möge die Variationsmethode von HASSÉ[2]) untersucht werden. Wir berechnen

$$(H - E_0)\psi_0 = -10\cos(132)\psi'(r_{13})\psi'(r_{23}) \tag{7}$$

und wählen α in

$$\psi_1 = \psi_0 + \alpha(H - E_0)\psi_0 \tag{8}$$

so, daß $(\psi_1, H\psi_1)$ seinen Minimalwert

$$E_1 = \frac{1}{2}E_0 + \frac{V'}{2V_2} - \left[\frac{1}{4}\left(\frac{V'}{V_2} - E_0\right)^2 + V_2\right]^{1/2} \tag{9}$$

annimmt, wobei $E_0 = (\psi_0, H\psi_0) = -2\varepsilon$, $V_2 = (\psi_0, (H - E_0)^2\psi_0)$ und $V' = (\psi_0, (H - E_0)^2 H\psi_0)$ sind. Im vorliegenden Fall erhalten wir $V_2 = (1/3)K^2$, wobei

---

[1]) Das trifft natürlich nicht für das dritte Neutron zu, da eine Wellenfunktion ähnlich (6) für mehr als zwei Neutronen als Folge des PAULI-Prinzips nicht zulässig ist. Tatsächlich besitzt das dritte Neutron keine positive Bindungsenergie, wenn ϱ nicht zu groß ist.

[2]) HASSÉ, H. R.: Proc. Cambridge Philos. Soc. **26** (1930) 542.

K die mittlere kinetische Energie in ^{2}H ist. Dieser Wert ist sehr groß und zeigt, daß ψ_0 von der korrekten Wellenfunktion zweifellos weit entfernt ist. In bezug auf E_1 erweist sich jedoch, da V' sogar größer als $(V_2)^{3/2}$ ist, daß es nicht weit entfernt vom Wert $E_0 = -2\varepsilon$ liegt. Es könnte deshalb sein, daß das zweite Neutron nur etwas (vielleicht zweimal) stärker als das erste gebunden ist. Die relative Häufigkeit von ^{3}H wird deshalb sogar viel geringer als die von ^{2}H sein, so wie gewöhnlich ein Isotop mit einer um 1 größeren Massenzahl als das andere sehr selten ist, wenn der Massendefekt so klein ist. Die Größe des Massendefektes und selbst die Existenz von ^{3}H werden selbstverständlich ungewiß, wenn wir abstoßende Kräfte zwischen den Neutronen voraussetzen.

4

Wir kommen nun zur Berechnung der Bindungsenergie des He-Kerns; 1 und 2 sind Neutronen, 3 und 4 Protonen. Wir können als erste Näherung für ψ den folgenden Ausdruck

$$\psi_1 = \frac{f(r_{13})f(r_{23})f(r_{14})f(r_{24})}{[\int f(r_{13})^2 f(r_{23})^2 \, d3]^{1/2}} \tag{10}$$

versuchen, wobei $\int \ldots d3$ eine Integration über alle Koordinaten des Teilchens 3 bedeutet und f eine noch unbekannte Funktion ist, die später als Lösung einer Gleichung ähnlich (2), nur mit unterschiedlichem V, genommen wird. Die Bedeutung von (10) besteht darin, daß die Wahrscheinlichkeit $\int \psi_1^2 \, d3$ einer bestimmten Position von 4 bei gegebener Lage von 1 und 2 gleich $f(r_{14})^2 f(r_{24})^2$ ist, in Analogie zu (6). In der Tat ist ψ symmetrisch gegenüber der Vertauschung des Paares 1, 2 mit dem Paar 3, 4.

Bei der Berechnung des Erwartungswertes der potentiellen Energie für ψ_1, gegeben durch (10), erhält man

$4\int f(r_{12})^2 V(r_{12})\, \mathrm{d}1\, \mathrm{d}2 = 4P_{\mathfrak{f}}$, viermal die mittlere potentielle Energie des Kernes ^{2}H im Zustand $\psi = f$. Für die kinetische Energie bekommt man jedoch

$$4K_{\mathfrak{f}} - 10\int \frac{\int \cos(314) f'(r_{14}) f(r_{14}) f'(r_{13}) f(r_{13}) f(r_{23})^2 f(r_{24})^2\, \mathrm{d}3\, \mathrm{d}4}{\int f(r_{13})^2 f(r_{23})^2\, \mathrm{d}3}\, \mathrm{d}1\, \mathrm{d}2,$$

wobei

$$K_{\mathfrak{f}} = 10\int f'(r_{23})^2\, \mathrm{d}1\, \mathrm{d}3 \tag{12}$$

die mittlere kinetische Energie des Protons und Neutrons in ^{2}H im Zustand $\psi = \mathrm{f}$ ist. Die kinetische Energie für (10) ist wegen (11) kleiner als $4K_{\mathfrak{f}}$, da das Integral in (11) positiv ist. Man sieht dies durch Ausschreiben von

$$\cos(314) = \cos(312)\cos(214) + \sin(312)\sin(314)\cos\alpha, \tag{13}$$

wobei α der Winkel zwischen den Ebenen durch 1, 3, 2 und durch 1, 3, 4 ist. Nach Einsetzen von (13) in (11) sieht man, daß das vom zweiten Teil von (13) herrührende Integral nach der Integration über α verschwindet und das Gesamtintegral

$$\int \frac{\left(\int \cos(312) f'(r_{13}) f(r_{13}) f(r_{23})^2\, \mathrm{d}3\right)^2}{\int f(r_{13})^2 f(r_{23})^2\, \mathrm{d}3}\, \mathrm{d}1\, \mathrm{d}2 \tag{14}$$

entsteht, was ersichtlich positiv ist. Dieses Integral wurde wie folgt abgeschätzt: Die Funktion $f(r)$ wurde durch $\alpha e^{-\beta r^2}$ bei unbestimmten α und β approximiert. Danach wurde (14) berechnet und mit dem im Ausdruck (12) für die kinetische Energie vorkommenden Integral verglichen. Es wurde gefunden – wie zu erwarten war –, daß das Verhältnis beider unabhängig von α und β und gleich 0,5 ist. Für $f = \alpha e^{-\beta r}$ ist das Verhältnis sogar

0,64, aber in der anschließenden Rechnung wurde 0,5 angenommen, um sicher zu gehen. Die Gesamtenergie für ψ_1 ist folglich

$$(\psi_1, H\psi_1) = 4P_{\mathfrak{f}} + 3{,}5K_{\mathfrak{f}} = 3{,}5(K_{\mathfrak{f}} + 1{,}14P_{\mathfrak{f}}). \quad (15)$$

Nun können wir f so wählen, daß (15) minimiert wird, was leicht durch die Annahme zu erreichen ist, daß f die Lösung einer Differentialgleichung ähnlich (2), nur mit dem mit 1,14 multiplizierten Potential ist. Die Gesamtenergie (15) ist dann gleich der 3,5fachen Bindungsenergie eines solchen imaginären Kerns, mit der 1,14fachen wirklichen Anziehung.

Wie oben gezeigt wurde, ist der Eigenwert von (2) unter diesen Bedingungen sehr empfindlich gegenüber einem kleinen Anwachsen des Potentials. Für $\varrho = 0{,}22$; $v_0 = 140$ erhalten wir auf diese Weise einen Massendefekt für He, der um das 7,85fache größer als der von ^{2}H ist.

In der vorliegenden Rechnung wurde eine weitere Verbesserung vorgenommen. Anstelle von ψ_1 wurde die symmetrisierte Funktion

$$\psi = \psi_1 + \psi_2 \quad (16)$$

mit

$$\psi_2 = \frac{f(r_{13}) f(r_{23}) f(r_{14}) f(r_{24})}{[\int f(r_{13})^2 f(r_{14})^2 \, d1]^{1/2}} \quad (10a)$$

als Wellenfunktion genommen. Dann entstand für den Erwartungswert der Energie

$$\frac{(\psi_1, H\psi_1) + (\psi_1, H\psi_2)}{1 + (\psi_1, \psi_2)} = \frac{A + B}{1 + S}. \quad (17)$$

A ist in Übereinstimmung mit (15) gleich $4P_{\mathfrak{f}} + 3{,}5K_{\mathfrak{f}}$. Um S und B zu berechnen, wurde die Funktion $f(r)$ wieder durch $\alpha e^{-\beta r^2}$ approximiert, was $S = 0{,}84$ und $B = 3{,}82\,P_{\mathfrak{f}} + 2{,}80\,K_{\mathfrak{f}}$ ergab, so daß wir insgesamt haben

$$E = 3{,}45\,(K_{\mathfrak{k}} + 1{,}24 P_{\mathfrak{k}}). \tag{18}$$

Bei Minimierung von (18) in derselben Weise erhalten wir für das Verhältnis des Massendefektes von He und ^{2}H den Wert 12, im Gegensatz zu dem beobachteten Wert von etwa 17. Das entspricht wieder $\varrho = 0{,}22$ oder einer Halbwertsbreite der Potentialmulde von etwa $0{,}38\,e^2/mc^2$. Für größere ϱ wird das Verhältnis kleiner, für kleinere ϱ größer. Eine andere Möglichkeit besteht darin, $\psi = (\psi_1 \psi_2)^{1/2}$ zu nehmen. Das ergibt mit einer ähnlichen Rechnung $E = 3{,}2\,(K_{\mathfrak{k}} + 1{,}25 P_{\mathfrak{k}})$ für $\varrho = 0{,}22$ oder ein Verhältnis von 11,5. Nun könnte man eine Linearkombination aus diesem ψ und dem aus (16) nehmen, die einen noch etwas kleineren, jedoch nicht sehr viel kleineren Wert ergibt, da diese beiden Wellenfunktionen nicht sehr voneinander abweichen.[1])

Es gibt jedoch noch eine andere Möglichkeit, die Wellenfunktion zu verbessern, nämlich durch das Ausnutzen der gemischten Differentialterme in (5), wie wir das für ^{3}H mit der Methode von Hassé getan haben. Dies würde für das betrachtete ϱ das Verhältnis wahrscheinlich sogar etwas über den experimentellen Wert anheben.

Es hat daher den Anschein, daß bei einer schmalen Potentialmulde die Anziehungskräfte zwischen dem Neutron und Proton sogar einen zu großen Massendefekt für He liefern, so daß man eine Abstoßung zwischen den verschiedenen Neutronen und zwischen den verschiedenen Protonen annehmen kann.

Abschließend kann man feststellen, daß, wenn sich die Grundlage der vorliegenden Rechnung als korrekt

---

[1]) Die beste Wellenfunktion, die ich finden konnte, war

$$\propto \exp\left[-\frac{1}{2}\beta\left(r_{13}^2 + r_{23}^2 + r_{14}^2 + r_{24}^2 + \frac{1}{2}\,r_{12}^2 + \frac{1}{2}\,r_{34}^2\right)\right];$$

sie lieferte ein Verhältnis von etwa 14.

erweisen sollte, die Differenz der Massendefekte von He und ^{2}H auf die große Empfindlichkeit der Gesamtenergie gegenüber einer virtuellen Vergrößerung des Potentials zurückgeführt werden kann, die dadurch zustande kommt, daß jedes Teilchen im He unter dem Einfluß von zwei anziehenden Teilchen, anstelle von einem im Falle des ^{2}H, steht. Der Grund für diese Empfindlichkeit liegt in der funktionalen Abhängigkeit des niedrigsten Energiewertes von einem multiplikativen Faktor v des Potentials, die wie folgt aussieht. Für sehr kleine v-Werte gibt es überhaupt keinen negativen Energiewert (vorausgesetzt, daß das Potential stärker als $1/r^2$ gegen Null geht). Erreicht v einen kritischen Wert ($5/\varrho^2$ für das Potential (1)), dann tritt ein diskreter Eigenwert bei der Energie Null auf, der mit einem weiteren Ansteigen von v immer größere negative Werte annimmt. In der Nähe des kritischen Wertes entspricht jedoch eine sehr große relative Änderung des Eigenwertes einer verhältnismäßig kleinen relativen Änderung von v. Eine charakteristische Eigenschaft der Lösung in der Umgebung des kritischen Wertes besteht darin, daß die mittlere kinetische Energie fast den gleichen Betrag, jedoch das umgekehrte Vorzeichen wie die potentielle Energie besitzt, d. h., die negative Gesamtenergie ist viel kleiner als die kinetische. Daß dies tatsächlich der Fall ist, kann einfach unter Verwendung der HEISENBERGschen Unschärferelation gezeigt werden.[1])

Im eindimensionalen Fall existiert selbstverständlich keine derartige Empfindlichkeit, da der kritische v-Wert hierbei gleich Null ist.[2])

---

[1]) HEISENBERG, W.: Z. Phys. **77** (1932) 1, berechnete auf diese Art die kinetische Energie des Elektrons im Neutron und schlußfolgerte aus der erhaltenen Zahl, daß es nicht den Gesetzen der Quantenmechanik gehorchen kann, da die mittlere kinetische Energie viel größer als der Massendefekt ist. Diese Überlegung kann selbstverständlich nicht auf die freien Elektronen in den höheren Kernen angewandt werden, Z. Phys. **50** (1928) 548, da die Massendefekte viel größer als der von HEISENBERG für das Neutron benutzte Wert sind; dasselbe gilt auch für die Kerndurchmesser.

[2]) PEIERLS, R.: Z. Phys. **58** (1929) 59.

7. Über die Streuung von Neutronen an Protonen*)

von

EUGEN P. WIGNER

Die Streuung von Neutronen an Protonen wird unter der Annahme berechnet, daß sich ihre Wechselwirkung durch ein Potential beschreiben läßt, das sich auf nur sehr kleine Entfernungen erstreckt. Dieses Potential wird mit dem Massendefekt des UREYschen Wasserstoffs in Zusammenhang gebracht.

§ 1

Die Streuung von Neutronen an Atomkernen wurde schon von MASSEY[1]) behandelt. Wenn diese Frage im folgenden erneut angegriffen wird, so sei dies damit entschuldigt, daß sich die MASSEYschen Untersuchungen in erster Reihe mit der Streuung an schweren Kernen beschäftigen, während im folgenden die Streuung an Protonen besprochen und mit dem Massendefekt des ^2H in Zusammenhang gebracht werden soll. Außerdem soll die Richtungsabhängigkeit der Streuintensität genauer besprochen werden.

Man kann die Streuung nach dem Verfahren von FAXÉN und HOLTSMARK[2]) folgendermaßen berechnen: Man zerlegt zunächst die einfallende ebene, monochromatische Welle in Wellen, bei denen der Gesamtdrehimpuls feste, scharfe Werte hat. Zu diesem Zweck benutzt man das Koordinatensystem, in dem der Schwerpunkt des ganzen Systems ruht, dann hängt die Wellen-

---

*) Z. Phys. **83** (1933) 253.

[1]) MASSEY, H. S. W.: Proc. Roy. Soc. [London] **A 138** (1932) 460.

[2]) FAXÉN, H., und J. HOLTSMARK: Z. Phys. **45** (1927) 307.

funktion nur von den Differenzen x, y, z der Koordinaten des Protons und Neutrons ab. Die einfallende Welle sei $e^{ipz/\hbar}$; die Wellenfunktion eines Zustandes mit dem Gesamtdrehimpuls l und einer Komponente des Drehimpulses parallel Z gleich Null, sei ψ_l. Dann schreibt man zunächst

$$e^{ipz/\hbar} = a_0\psi_0 + a_1\psi_1 + a_2\psi_2 + \cdots \tag{1}$$

Dabei ist

$$\psi_0 = r^{-1} \sin \frac{pr}{\hbar}; \quad \psi_1 = \frac{\partial \psi_0}{\partial z};$$

$$\psi_2 = \left(2 \frac{\partial^2}{\partial z^2} - \frac{\partial^2}{\partial x^2} - \frac{\partial^2}{\partial y^2}\right) \psi_0; \cdots$$

Die Koeffizienten a_l erhält man am einfachsten durch Vergleich des Wertes und der verschiedenen Differentialkoeffizienten nach z auf beiden Seiten von (1) im Anfangspunkt des Koordinatensystems; die ersten $l - 1$ Differentialkoeffizienten von ψ_l verschwinden in diesem Punkt. Man erhält so

$$e^{ipz/\hbar} = \frac{\sin(pr/\hbar)}{pr/\hbar} - \frac{3i\hbar}{p} \cos\vartheta \frac{\partial}{\partial r} \frac{\sin(pr/\hbar)}{pr/\hbar} + \cdots \tag{1a}$$

Dabei ist ϑ der Winkel zwischen der Z-Achse und der Richtung nach x, y, z. Die einzelnen Glieder in (1) sind Lösungen der potentialfreien SCHRÖDINGER-Gleichung $-\hbar^2 \Delta\psi_l = p^2\psi_l$, sie müssen ersetzt werden durch Lösungen φ_l der wirklichen SCHRÖDINGER-Gleichung ($\hbar$ ist die PLANCKsche Konstante, dividiert durch 2π)

$$-\hbar^2 \Delta\varphi_l = (p^2 - M V(r))\, \varphi_l, \tag{2}$$

wo M die Protonenmasse ist und p den Impuls der Teilchen im Schwerpunktsystem bedeutet, so daß die Relativgeschwindigkeit $2p/M$ ist. Das Ersetzen der ψ_l durch die φ_l geschieht durch Addition von Funktionen f_l zu den ψ_l, die denselben Drehimpuls wie die entsprechenden ψ_l

haben und deren Benehmen im Unendlichen gleich dem einer auslaufenden Welle ist, die also im Unendlichen proportional den Ausdrücken

$$r^{-1}\,e^{ipr/\hbar},\ \frac{\partial}{\partial z}\,r^{-1}\,e^{ipr/\hbar},\ \left(2\,\frac{\partial^2}{\partial z^2}-\frac{\partial^2}{\partial x^2}-\frac{\partial^2}{\partial y^2}\right)r^{-1}\,e^{ipr/\hbar},\ \ldots$$

sind. Die gestreute Welle ist dann $f_0 + f_1 + f_2 + \cdots$

Schon die Streuversuche von I. CURIE und JOLIOT[1]) lassen erkennen, daß die Streuung im wesentlichen kugelsymmetrisch ist und jedenfalls die Vorwärtsstreuung nicht so ausgesprochen bevorzugt ist, wie etwa bei der Streuung von α-Teilchen. Dieser allgemeine Charakter der Streuung wird auch durch die neueren Versuche von DUNNING und PEGRAM[2]) bestätigt. Daher liegt es nahe, anzunehmen, daß die gestreute Welle im wesentlichen aus dem kugelsymmetrischen f_0 allein besteht. Dem würde entsprechen, daß $\psi_1, \psi_2, \ldots$ schon beinahe Lösungen der SCHRÖDINGER-Gleichung (2) mit Potential sind, d. h. das Glied $M V \varphi_l$ in (2) für $l \neq 0$ klein ist. Das ist sicher der Fall, sobald der Abstand a, in dem V sehr klein wird, wesentlich kleiner als die Wellenlänge $\hbar/p$ ist. Dies führt dazu, die Halbwertsbreite des Potentials kleiner als e^2/mc^2 anzunehmen.[3])

§ 2

Nun sei die Rechnung durchgeführt, zunächst mit einem „kastenförmigen" Potential, das für $r < a$ gleich $-v$, für $r > a$ gleich Null ist. Die Wellenfunktion des *diskreten* stationären Zustandes ist für $r < a$ gleich $r^{-1}\sin(p_0 r/\hbar)$, für $r > a$ gleich $c\,r^{-1}\,e^{ip_1(r-a)/\hbar}$, wo p_1

---

[1]) CURIE, I., und F. JOLIOT: La projection des noyaux atomiques par un rayonnement très pénétrant. Paris 1932; DESTOUCHES, J. L.: Etat actuel de la théorie du neutron. Paris 1932.

[2]) DUNNING, J. R., und G. B. PEGRAM: Phys. Rev. **43** (1933) 497.

[3]) Vgl. auch WIGNER, E.: Phys. Rev. **43** (1933) 252 (vgl. S. 232 dieses Buches).

positiv imaginär, $-p_1^2/M = \varepsilon$ die Bindungsenergie [nach BAINBRIDGE[1]) ungefähr das Dreifache der Ruheenergie des Elektrons] und $p_0^2 = M(v - \varepsilon)$ ist. Die Forderung der Stetigkeit der Wellenfunktion und ihres Differentialquotienten ergibt in bekannter Weise (es ist $a/\hbar = a'$):

$$p_0 \cot p_0 a' = i p_1 = -\sqrt{M\varepsilon}\,, \tag{3}$$

d. h., es muß, damit überhaupt ein stationärer Zustand existiere,

$$\sqrt{M(v-\varepsilon)}\,a' > \frac{\pi}{2}$$

sein. Durch Reihenentwicklung erhält man (man setze $p_0 a' = \pi/2 + x$ und entwickle nach x):

$$\sqrt{M(v-\varepsilon)} = \frac{\pi}{2a'} + \frac{2\sqrt{M\varepsilon}}{\pi} - \frac{8M\varepsilon a'}{\pi^3} \cdots \tag{3a}$$

Diese Reihe konvergiert um so besser, je kleiner a' ist, für alle wirklich in Frage kommenden a' genügen die ersten zwei bis drei Glieder.

Nun berechnen wir f_0, den kugelsymmetrischen Teil der gestreuten Welle. Für $r < a$ ist wiederum $\varphi_0 = c r^{-1} \sin(p_i r/\hbar)$, für $r > a$ jedoch

$$\varphi_0 = \frac{\sin(p_a r/\hbar)}{p_a r/\hbar} + b r^{-1} e^{i p_a (r-a)/\hbar}\,, \tag{4}$$

wo p_a diesmal reell ist. Es ergibt sich

$$b = -\frac{\hbar}{p_a} \frac{p_i \cot(p_i a') \sin(p_a a') - p_a \cos(p_a a')}{p_i \cot(p_i a') - i p_a} \tag{4a}$$

---

[1]) BAINBRIDGE, K. T.: Phys. Rev. **42** (1932) 1; HARDY, J. D., E. F. BARKER und D. U. DENNISON: Phys. Rev. **42** (1932) 279.

oder mit Hilfe von $p_i^2 = p_a^2 + Mv$ und (3a) die Reihe

$$b = -\frac{\hbar}{i p_a + \sqrt{M\varepsilon}} - \frac{\hbar a'}{2} + \cdots \tag{4b}$$

Die erste Näherung der BORNschen Stoßtheorie würde für b ergeben[1]):

$$b = \frac{\hbar M v}{2 p_a^2} e^{i p_a a'} \left(a' - \frac{1}{2 p_a} \sin 2 p_a a' \right).$$

Sie ist also im vorliegenden Falle nicht ausreichend.

Es sei nun f_1 berechnet. Für $r < a$ gilt

$$\varphi_1 = c \cos\vartheta \frac{\partial}{\partial r} \frac{\sin(p_i r/\hbar)}{p_i r/\hbar},$$

für $r > a$ dagegen

$$\varphi_1 = -\frac{3 i \hbar}{p_a} \cos\vartheta \frac{\partial}{\partial r} \frac{\sin(p_a r/\hbar)}{p_a r/\hbar} + b \cos\vartheta \frac{\partial}{\partial r} \frac{e^{i p_a (r-a)/\hbar}}{i p_a r/\hbar}. \tag{5}$$

Die Stetigkeitsbedingungen für $r = a$ ergeben

$$b = \left(\frac{12}{\pi^2} - 1 \right) i \hbar p_a a'^2. \tag{5a}$$

Die Streuung der Neutronen mit dem Drehimpuls 1 fällt daher schon in die Größenordnung, die wir bei (4b) vernachlässigt haben. Wir führen (5) trotzdem weiter mit, um die Bedeutung einer Vorwärtsstreuung beurteilen zu können.

Die gesamte gestreute Welle ergibt sich mithin für $r \to \infty$

$$f_0 + f_1 + \cdots = r^{-1} e^{i p_a (r-a)/\hbar} \left(-\frac{\hbar}{\sqrt{M\varepsilon} + i p_a} - \frac{a}{2} + \frac{0{,}21\, i p_a a^2}{\hbar} \cos\vartheta \right). \tag{6}$$

[1]) Vgl. BRILLOUIN, L.: Die Quantenstatistik. Berlin 1931, S. 262.

Die Intensität der Streuung im Schwerpunktssystem in der Richtung ϑ ist daher

$$J_\vartheta = \left(\frac{\hbar\sqrt{M\varepsilon}}{M\varepsilon + p_a^2} + \frac{a}{2}\right)^2 + \left(\frac{p_a \hbar}{M\varepsilon + p_a^2} + \frac{0{,}21\, p_a a^2}{\hbar}\cos\vartheta\right)^2. \tag{6a}$$

Eine wesentliche Vorwärtsstreuung ist also dann zu erwarten, wenn erstens p_a nicht viel kleiner als $\sqrt{M\varepsilon}$ ist (diese Bedingung ist bei den meisten Versuchen erfüllt), außerdem muß aber $0{,}21\, a^2 (p_a^2 + M\varepsilon)/\hbar^2$ nicht viel kleiner als 1 sein. Die Asymmetrie der Streuung im Schwerpunktssystem ist daher nach ($6a$) direkt ein Maß für die Ausbreitung des Wechselwirkungspotentials zwischen Neutron und Proton. Eine bevorzugte Rückwärtsstreuung ist nur zu erwarten, wenn dieses Potential auch abstoßende Gebiete hat.

Um die absolute Größe des Wirkungsquerschnitts q von Proton und Neutron zu berechnen, müssen wir beachten, daß die Dichte beider Teilchenarten für die Wellenfunktion (1) gleich 1 ist, die Anzahl der Zusammenstöße pro Kubikzentimeter und Sekunde daher $2 q p_a/M$ (da die Relativgeschwindigkeit $2 p_a/M$ ist). Die Anzahl der aneinandergestreuten Paare mit dem Schwerpunkt im betrachteten Kubikzentimeter und dem gegenseitigen Abstand zwischen r und $r + 1$ ist daher gerade q. Durch Quadrieren von (6) und Integrieren in diesem Gebiet erhält man für diese Größe bis auf Glieder mit a^2

$$q = \frac{8\pi\hbar^2}{M}\,\frac{1 + a\,\sqrt{M\varepsilon}/\hbar}{E + 2\varepsilon}, \tag{7}$$

wo E die kinetische Energie $2 p_a^2/M$ des Neutrons bei ruhendem Proton ist.

Bei dem ECKARTschen Potential[1]) $V(r) = -4 v_0/(1 + e^{r/\varrho})(1 + e^{-r/\varrho})$ tritt an Stelle des Faktors $1 +$

[1]) ECKART, C.: Phys. Rev. **35** (1930) 1303.

$a\sqrt{M\varepsilon}/\hbar$ der Ausdruck $1 + 4\varrho\sqrt{M\varepsilon}/\hbar$. Das ECKARTsche schmiegt sich an das hier benutzte Kastenpotential mit $a = 2{,}5\,\varrho$ und $v = 0{,}61\,v_0$ am besten an. Die beiden Ausdrücke für die Streuung sind daher nicht allzu verschieden.

Die Messungen von MEITNER und PHILIPP[1]) ergeben bei Energien von $(0{,}5 \cdots 2) \cdot 10^6$ eV für die Neutronen einen Wirkungsradius, der größer als $8 \cdot 10^{-13}$ cm ist. Für $a = 0$ gibt (7) bei diesen Energien die Werte $8 \cdot 10^{-13}$ bzw. $10 \cdot 10^{-13}$ cm, bei größeren a noch größere. Die Werte, die man aus den Messungen von I. CURIE und JOLIOT[2]) ableiten kann, sind viel kleiner und stehen im Widerspruch zu (7). Die Messungen von DUNNING und PEGRAM entsprechen dagegen den MEITNER-PHILIPPschen.

§ 3

Am einfachsten wird das Bild, wenn man $a = 0$ annimmt, d. h. ein in einem unendlich schmalen Gebiet unendlich großes Potential. Dann wird der Stoßquerschnitt unabhängig davon, wie das Potential im einzelnen aussieht. Aus diesem Grunde und da die MEITNER-PHILIPPschen Versuche dieser Vorstellung vorläufig nicht widersprechen, seien ihre Konsequenzen etwas ausführlicher erörtert.

Die Wellenfunktion wird für jeden endlichen Abstand der Teilchen voneinander der Gleichung $-\hbar^2 \Delta\psi = i\hbar M\,\partial\psi/\partial t$ genügen, und die Existenz des Potentials wird sich nur in einem singulären Benehmen der Wellenfunktion äußern, wenn man die Teilchen einander nähert.[3]) Entwickelt man die Wellenfunktion nach Kugelfunk-

---

[1]) MEITNER, L., und K. PHILIPP: Naturwiss. **20** (1932) 929.

[2]) loc. cit.

[3]) Die Möglichkeit, gewisse Singularitäten in der Wellenfunktion zuzulassen und insbesondere die Notwendigkeit, bei gewissen singulären Potentialen ($1/r^n$ bei $n > 2$) solche Singularitäten anzunehmen, wurde in einer bisher nicht publizierten Arbeit von J. VON NEUMANN untersucht. Für die Möglichkeit, seine unpublizierte Arbeit zu studieren, sowie für andere mannigfache Anregungen sei Herrn VON NEUMANN auch an dieser Stelle bestens gedankt.

tionen der Richtung ϑ, φ der Verbindungslinie der Teilchen

$$\psi = \sum_{l=0}^{\infty} \sum_{m=-l}^{l} \varphi_{lm}(\xi, \eta, \zeta, r) P_{lm}(\vartheta, \varphi) \tag{8}$$

(ξ, η, ζ sind die Schwerpunktskoordinaten, r der Abstand der Teilchen voneinander), so werden die φ_{lm} mit $l \neq 0$ auch für $r = 0$ regulär sein (sogar verschwinden): je kleiner der Radius des Potentialberges ist, um so weniger wird er sich bei den φ_{lm} mit $l \neq 0$ bemerkbar machen. Dies geht für φ_{10} auch aus (5a) hervor: b verschwindet, wenn a zu Null geht.

In φ_0 tritt dagegen bei $r = 0$ eine Singularität auf. In (4) haben wir die stationären Zustände bestimmt, sie haben für $r > a$, also im vorliegenden Falle überall, die Form

$$\varphi_0 = \frac{\sin(pr/\hbar)}{pr/\hbar} + \frac{b}{r} e^{ipr/\hbar} = c\left(\frac{\sin(pr/\hbar)}{pr/\hbar} + b' \frac{\cos(pr/\hbar)}{r}\right). \tag{9}$$

Dabei ergibt sich b' aus (4b) zu

$$b' = \frac{b}{1 + ibp/\hbar} = -\frac{\hbar}{\sqrt{M\varepsilon}}, \tag{9a}$$

so daß der Koeffizient des Gliedes $1/r$ zum Koeffizienten des konstanten Gliedes in einem vom Energieparameter unabhängigen Verhältnis steht. Da sich jede Wellenfunktion als eine Linearkombination stationärer Zustände schreiben läßt, gilt dies für alle Wellenfunktionen. Man kann das Potential ganz weglassen und an seine Stelle diese Grenzbedingung einführen, $-\varepsilon$ ist dabei der einzige diskrete Eigenwert.

Ob diese Annahme über das Potential zur Beschreibung der Streuversuche geeignet ist (und ob man die Verhältnisse überhaupt durch ein Potential beschreiben kann), kann wohl nur an Hand weiterer Versuche entschieden werden. Es ist ja bekannt,[1]) daß man dieses Potential für das DIRACsche Elektron nicht mehr verallgemeinern kann.

---

[1]) Vgl. DESTOUCHES, J. L.: loc. cit.

8. Ein elektrisches Quadrupolmoment des Deuterons*)[1]

von

J. M. B. Kellogg, I. I. Rabi, N. F. Ramsey jr. und J. R. Zacharias

Die Molekülstrahl-Magnetresonanzmethode[2]), angewandt auf HD-Moleküle bei der Temperatur von flüssigem Stickstoff, liefert das magnetische Moment des Protons und des Deuterons. Bei der Anwendung dieser Methode auf H_2- und D_2-Moleküle zeigen sich eng benachbarte Gruppen von Resonanzminima, die in den Abbildungen 8.1 und 8.2 dargestellt sind. Die Resonanzmininna für H_2 stimmen nach Anzahl und Lage mit Voraussagen überein, die auf der Annahme magnetischer Spin-Spin-Wechselwirkungen der beiden Protonen

$$\frac{(\mu_1 \mu_2)}{r^3} - 3\,\frac{(\mu_1 \boldsymbol{r})\,(\mu_2 \boldsymbol{r})}{r^5}$$

und einer Spin-Bahn-Wechselwirkung der Protonen mit der Rotation des Moleküls $[2\mu_p \overline{H}(\boldsymbol{IJ})]$ beruhen. Alle hier benutzten Symbole haben ihre übliche Bedeutung, mit Ausnahme von $\overline{H}$, das die Spin-Bahn-Wechselwirkungskonstante repräsentiert. Der einzige in Betracht kommende Zustand des Moleküls ist der niedrigste Rotationszustand von Orthowasserstoff mit $J = 1$ und dem

---

*) Phys. Rev. **55** (1939) 318.

[1]) Veröffentlichung unterstützt durch den Ernest-Kempton-Adams-Fonds für physikalische Forschung der Columbia University.

[2]) Kellogg, J. M. B., I. I. Rabi, N. F. Ramsey und J. R. Zacharias: Bull. Amer. Phys. Soc. **13**, Nr. 7, Abs. 24 und 25.

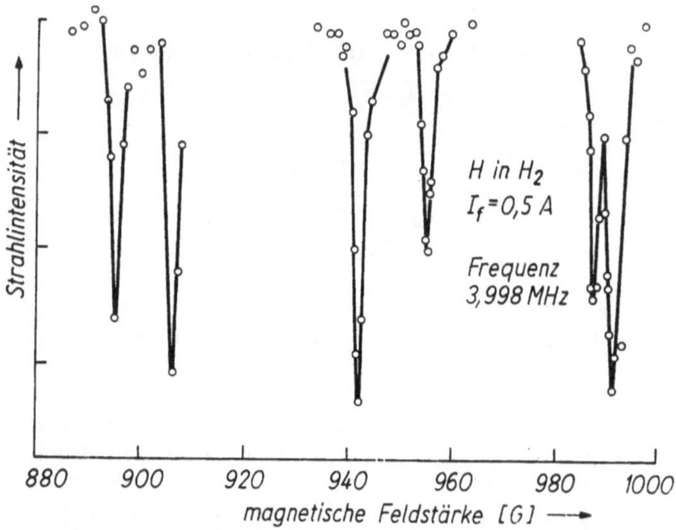

Abb. 8.1. Resonanzminima für H in H_2

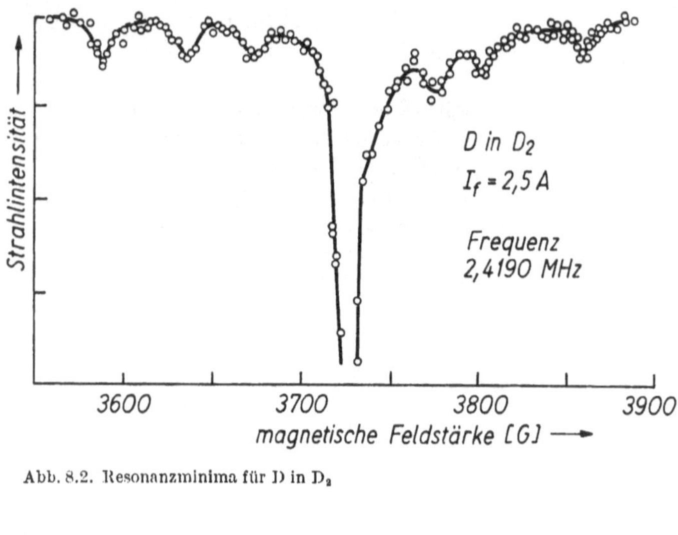

Abb. 8.2. Resonanzminima für D in D_2

Kernspin $I = 1$. Die neun Energieniveaus, die bei dieser Wechselwirkung und dem äußeren Magnetfeld auftreten, ergeben wegen $\Delta M = \pm 1$ sechs mögliche Übergänge für den Kernspin. Das Resonanzbild kann mit Hilfe des bekannten magnetischen Moments des Protons ($\mu_p = 2{,}78$) sowie mit dem bekannten Kernabstand und einem Wert $\overline{H} = 27$ G vollständig erklärt werden.

Im Falle von D_2 rührt das tiefe zentrale Minimum von den Zuständen mit $I = 2$ und $I = 0$ her. Die sechs kleineren Peaks stammen von den Zuständen mit $J = 1$ und $I = 1$. Die Zustände mit $J = 2$ sind bei diesen tiefen Temperaturen nicht häufig genug, um beobachtet werden zu können. Da der Kernabstand im D_2-Molekül der gleiche wie in H_2 und die Masse zweimal so groß ist, ist die Spin-Bahn-Wechselwirkungskonstante $\overline{H}$ halb so groß. Das magnetische Moment des Deuterons ($\mu_d = 0{,}853$) beträgt das 0,307fache von dem des Protons. Daher ist die magnetische Spin-Spin-Wechselwirkung entsprechend kleiner. Man erwartete, daß die Theorie der Resonanzminima für H_2 bei der Anwendung auf D_2 die Lage der Minima aus den oben gegebenen Konstanten liefern sollte. Die Verschiebungen der Minima gegenüber dem Zentrum sollten viel kleiner als jene bei H_2 sein. Das Experiment zeigt jedoch, daß die Verschiebungen 6mal größer als die vorausgesagten Werte sind.

Dieser Effekt kann dadurch erklärt werden, daß das Deuteron ein elektrisches Quadrupolmoment besitzt. Die Wechselwirkungsenergie, die zu den großen Verschiebungen Anlaß gibt, ist die des nuklearen Quadrupolmoments mit dem Gradienten des molekularen elektrischen Feldes. Diese Form der Wechselwirkung trägt genauso wie die Spin-Spin-Wechselwirkung zu den neun Energieniveaus bei und äußert sich daher in Form einer größeren Spin-Spin-Wechselwirkung.

Um zu beweisen, daß die großen Verschiebungen beim D_2 nuklearer und nicht molekularer Herkunft sind, wurden ähnliche Experimente am Proton und Deuteron im HD-Molekül durchgeführt. Die Gruppe der Resonanzminima für H war wie erwartet schmal, und die für D war wie beim D_2 beträchtlich verschoben. Außerdem ist die experimentell ermittelte Spin-Bahn-Wechselwirkungskonstante für D_2 entsprechend der Voraussage halb so groß wie die für H_2. Wir glauben daher, daß die vorhandene große Spin-Spin-Wechselwirkung weder magnetischen noch molekularen Ursprungs ist, sondern ein nuklearer Effekt sein muß, der sich wie ein Quadrupolmoment verhält.

Um die Größe dieses Quadrupolmoments zu erhalten, muß man das molekulare elektrische Feld kennen. Diesen Wert kann man aus den verschiedenen Wellenfunktionen, die für das Wasserstoffmolekül vorgeschlagen wurden, berechnen. Das Ergebnis einer solchen Rechnung von Dr. A. NORDSIECK mit WANG-Wellenfunktionen ergab mit unseren Daten ein Quadrupolmoment $Q = (3z^2 - r^2)_{\text{gemittelt}}$ von etwa $2 \cdot 10^{-27}$ cm². Die hauptsächliche Fehlerquelle liegt dabei in der Ungenauigkeit der Wellenfunktionen.

Über das Vorzeichen des Quadrupolmoments können aus unseren Messungen auf zweierlei Art ebenfalls Rückschlüsse gezogen werden. Nach den vorliegenden Anzeichen ist es positiv, d. h., die Ladungsverteilung ist in Richtung der Spinachse verlängert. Die vollständigen Details dieser Experimente werden später in dieser Zeitschrift veröffentlicht.

Wir sind Herrn Dr. NORDSIECK sehr verpflichtet, daß er uns die Ergebnisse seiner Rechnungen zur Verfügung gestellt hat, sowie Herrn Dr. BRICKWEDDE vom National Bureau of Standards für die Herstellung der in den Experimenten benutzten Probe aus reinem HD. Die Experimente wurden zum Teil durch einen Zuschuß von der Research Corporation unterstützt.

9. Über die Kernkräfte*)

von

B. Cassen und E. U. Condon

Die verschiedenen Arten von Austauschkräften, die in den Diskussionen der Kernstruktur verwendet werden, können alle auf einfache Weise durch einen Formalismus dargestellt werden, der jedem „schweren" Teilchen fünf Koordinaten zuordnet und das Pauli-Prinzip auf alle Teilchen des Systems anwendet. Die einfachste Annahme über das Wechselwirkungsgesetz besteht darin, die Proton-Proton- und Neutron-Neutron-Kräfte und ebenfalls die Proton-Neutron-Kräfte entsprechender Symmetrie als gleich groß anzusetzen. Dies steht im Einklang mit den gegenwärtigen empirischen Kenntnissen über diese Wechselwirkungen.

In diesem Artikel zeigen wir, wie die Anwendung einer Koordinate, die zwei Eigenwerte besitzt und angibt, ob ein Teilchen ein Proton oder ein Neutron ist, zusammen mit der Annahme des Pauli-Prinzips für alle Teilchen, eine einheitliche Beschreibung der verschiedenen Arten von Austauschkräften ergibt, die in der Theorie der Kernstruktur verwendet werden. Eine solche Koordinate wurde zuerst von Heisenberg[1]) eingeführt und spielt auch in der Theorie des β-Zerfalls von Fermi, Konopinski und Uhlenbeck[2]) eine Rolle.

Wir nehmen an, daß jedes schwere Teilchen (Proton oder Neutron) durch fünf Koordinaten beschrieben wird. Das sind drei für die Lage im Ortsraum, eine Spinkoordinate σ, die die Komponente seines Drehimpulses in bezug auf eine Richtung im Raum angibt, und eine fünfte

---

*) Phys. Rev. 50 (1936) 846.

1) Heisenberg: Z. Phys. 77 (1932) 1.

2) Fermi: Z. Phys. 88 (1934) 161; Konopinski und Uhlenbeck: Phys. Rev. 48 (1935) 7.

Koordinate τ, welche die Werte ± 1 besitzen kann. Wenn τ den Wert $+1$ hat, ist das Teilchen ein Proton, während der Wert -1 besagt, daß es ein Neutron ist.

Der Spindrehimpuls ist gleich dem mit $\hbar/2$ multiplizierten Vektor σ, der durch

$$\sigma = \begin{pmatrix} \boldsymbol{k} & \boldsymbol{i} - i\boldsymbol{j} \\ \boldsymbol{i} + i\boldsymbol{j} & -\boldsymbol{k} \end{pmatrix}$$

dargestellt wird, wobei sich die Zeilen und Spalten auf Zustände beziehen, die durch bestimmte Werte der z-Komponente von σ gekennzeichnet sind. Diese nichtrelativistische Beschreibung des Spins wurde von Pauli und von Darwin eingeführt.

In derselben Weise kann man τ rein formal als die z-Komponente eines Vektors betrachten. Die Analogie ist rein formal, weil sich die drei „Komponenten" von $\boldsymbol{\tau}$ nicht auf Richtungen im Ortsraum beziehen. Formal können wir schreiben

$$\tau = \begin{pmatrix} \boldsymbol{n} & \boldsymbol{l} - i\boldsymbol{m} \\ \boldsymbol{l} + i\boldsymbol{m} & -\boldsymbol{n} \end{pmatrix},$$

wobei sich die $\boldsymbol{l}$, $\boldsymbol{m}$ und $\boldsymbol{n}$ algebraisch ebenso verhalten wie die drei Einheitsvektoren $\boldsymbol{i}$, $\boldsymbol{j}$ und $\boldsymbol{k}$. Die dritte $\boldsymbol{\tau}$-Komponente kann als Isospinkoordinate und der gesamte Ausdruck $\boldsymbol{\tau}$ als Isospinvektor bezeichnet werden.[1])

Wir postulieren, daß die Wellenfunktion für ein Ensemble schwerer Teilchen antisymmetrisch in allen Teilchen bezüglich des Austausches aller fünf Teilchenkoordinaten sein muß. Wir wollen zeigen, daß dies einen brauchbaren Formalismus für die Behandlung von Problemen des Kerns liefert.

Betrachten wir zuerst eine beliebige Eigenschaft eines einzelnen schweren Teilchens, wie seine Masse, seine

[1]) Im Original benutzen die Autoren die Begriffe Charakterkoordinate bzw. Charaktervektor. Diese haben sich jedoch nicht durchgesetzt (*Anm. des Herausgebers der dtsch. Ausgabe*).

Ladung oder sein magnetisches Moment. Wenn A das arithmetische Mittel der zwei Werte für das Proton und Neutron und B die Hälfte der Differenz zwischen dem Protonen- und dem Neutronenwert ist, dann wird diese Größe in den Gleichungen als ein Ausdruck auftreten, der

$$(A + B\tau)$$

enthält. Zum Beispiel wird die elektrische Ladung als $e(1 + \tau)/2$ erscheinen, wobei e die Elektronenladung ist.

Als nächstes wollen wir das Skalarprodukt $(\boldsymbol{\tau}_1\boldsymbol{\tau}_2)$ der zu zwei Teilchen gehörenden Isospinvektoren betrachten. Es gilt

$$(\boldsymbol{\tau}_1 + \boldsymbol{\tau}_2)^2 = \boldsymbol{\tau}_1^2 + \boldsymbol{\tau}_2^2 + 2(\boldsymbol{\tau}_1\boldsymbol{\tau}_2),$$

da die Operatoren von zwei verschiedenen Teilchen kommutieren. Nun ist laut Definition $\boldsymbol{\tau}$ formal gleich dem Doppelten eines Drehimpulsvektors mit dem Betrag $^1/_2$. Folglich sind die möglichen Werte der Vektorsumme gleich zweimal 1 oder 0. Wenn wir den Betrag des resultierenden Vektors mit $2T$ bezeichnen, so gilt

$$4T(T + 1) = 3 + 3 + 2(\boldsymbol{\tau}_1\boldsymbol{\tau}_2).$$

Die erlaubten Werte von $(\boldsymbol{\tau}_1\boldsymbol{\tau}_2)$ sind daher gleich $+ 1$ und $- 3$. Der Wert $+ 1$ entspricht dem Fall paralleler Isospinvektoren und damit einer in τ_1 und τ_2 symmetrischen Wellenfunktion, während der Wert $- 3$ der Resultierenden Null der beiden Isospinvektoren und folglich einer in τ_1 und τ_2 antisymmetrischen Wellenfunktion entspricht.

Deshalb besitzt der Ausdruck

$$\frac{1}{2}\,(1 + \boldsymbol{\tau}_1\boldsymbol{\tau}_2)$$

die erlaubten Werte $+ 1$ und -1; der positive Wert gehört zur (in τ_1 und τ_2) symmetrischen Wellenfunktion, während der negative Wert zu einer Eigenfunktion gehört, die in diesen beiden Isospinkoordinaten antisymmetrisch ist.

Diese Ergebnisse sind natürlich völlig analog zu den wohlbekannten Ergebnissen für die Vektorsumme zweier Spinmomente und deren Zusammenhang mit den Symmetrieeigenschaften der Wellenfunktion in bezug auf den Austausch von σ_1 und σ_2.

Die Anwendbarkeit des PAULI-Prinzips auf ein dynamisches System erfordert, daß die HAMILTON-Funktion für das System eine symmetrische Funktion der Teilchenkoordinaten ist. Bei der Suche nach möglichen Wechselwirkungsgesetzen haben wir uns deshalb auf symmetrische Funktionen zu beschränken.

Bisher wurden vier Arten von Austauschkräften zur Beschreibung der Wechselwirkung zwischen schweren Teilchen vorgeschlagen, nämlich:

1. Das gewöhnliche (WIGNER-)Potential.[1]) Dieses ist die bekannte Form und stellt einfach eine Funktion des Abstandes zwischen den beiden Teilchen dar.

2. Das HEISENBERG-Potential.[2]) Dieses hat die Form einer Funktion des Abstandes, multipliziert mit einem Operator H. Der Operator ist so definiert, daß er bei Anwendung auf eine bezüglich des Austausches sowohl der Orts- als auch der Spinkoordinaten symmetrische Wellenfunktion der beiden Teilchen, deren Wechselwirkung betrachtet wird, den Wert $+1$ und für eine antisymmetrische Funktion den Wert -1 liefert.

3. Das BARTLETT-Potential.[3]) Dieses ist eine Funktion des Abstandes, multipliziert mit einem Operator B. Der Operator ist so definiert, daß er bei Anwendung auf eine allein in den Spinkoordinaten symmetrische Wellenfunktion den Wert $+1$ und für den antisymmetrischen Fall den Wert -1 besitzt.

4. Das MAJORANA-Potential.[4]) Dieses ist eine Funktion des Abstandes, multipliziert mit einem Operator M. Der

[1]) WIGNER: Phys. Rev. **43** (1933) 252 (siehe S. 232 dieses Buches).
[2]) HEISENBERG: Z. Phys. **77** (1932) 1 (siehe S. 195 dieses Buches).
[3]) BARTLETT: Phys. Rev. **49** (1936) 102.
[4]) MAJORANA: Z. Phys. **82** (1933) 137 (siehe S. 219) dieses Buches).

Operator ist so definiert, daß er bei Anwendung auf eine bezüglich des Austausches nur der Ortskoordinaten symmetrische Wellenfunktion den Wert $+1$ besitzt und den Wert -1 bei Anwendung auf eine in den Ortskoordinaten antisymmetrische Funktion liefert.

Der MAJORANA-Typ kann offensichtlich durch die beiden vorhergehenden dargestellt werden

$$M = HB = BH.$$

Da der Operator H sowohl den Ort als auch den Spin austauscht und der BARTLETT-Operator nur den Spin austauscht, ist das Produkt einem Ortswechsel äquivalent, da sich der doppelte Spinaustausch, der durch die kombinierte Wirkung von H und B hervorgerufen wird, heraushebt.

Wir zeigen jetzt, daß die vier Operatoren 1, H, B und M leicht durch die Spin- und Isospinvektoren $\boldsymbol{\sigma}$ und $\boldsymbol{\tau}$ der beiden Teilchen darstellbar sind. Das folgt aus der Forderung der vollständigen Antisymmetrie der Wellenfunktion in den fünf Koordinaten jedes Teilchens. Wir bezeichnen die verschiedenen Teilchen mit den Buchstaben $a, b, c, d, \ldots$ und betrachten eine allgemeine Wellenfunktion ψ, die eine Funktion aller fünf Koordinaten jedes Teilchens ist, ausführlicher

$$\psi = \psi(\boldsymbol{r}_a, \tau_a, \sigma_a; \boldsymbol{r}_b, \tau_b, \sigma_b; \boldsymbol{r}_c, \tau_c, \sigma_c; \ldots).$$

Dieser Ausdruck kann unabhängig von der funktionalen Form von ψ als

$$\psi = \frac{1}{2}\,[\psi(\boldsymbol{r}_a, \tau_a, \sigma_a; \boldsymbol{r}_b, \tau_b, \sigma_b; \ldots) + \psi(\boldsymbol{r}_b, \tau_a, \sigma_b;$$

$$+ \boldsymbol{r}_a, \tau_b, \sigma_a; \ldots)] + \frac{1}{2}\,[\psi(\boldsymbol{r}_a, \tau_a, \sigma_a; \boldsymbol{r}_b, \tau_b, \sigma_b; \ldots)$$

$$- \psi(\boldsymbol{r}_b, \tau_a, \sigma_b; \boldsymbol{r}_a, \tau_b, \sigma_a; \ldots)]$$

geschrieben werden, d. h. als Summe einer in den Orts- und Spinkoordinaten der Teilchen a und b symmetrischen Funktion und einer bezüglich derselben Koordinaten antisymmetrischen Funktion. Da wir fordern, daß ψ antisymmetrisch in allen fünf Koordinaten von a und b ist, wissen wir, daß der erste Ausdruck hierbei antisymmetrisch und der zweite Ausdruck symmetrisch in τ_a und τ_b sein muß. Folglich besitzt der Operator H den Wert -1 bei Symmetrie in τ_a und τ_b und $+1$ bei Antisymmetrie in τ_a und τ_b. Unter Verwendung der obigen Rechnung für $(\boldsymbol{\tau}_1\boldsymbol{\tau}_2)$ finden wir, daß sich der HEISENBERG-Austauschoperator gemäß

$$H_{ab} = -\frac{1}{2}(1 + \boldsymbol{\tau}_a\boldsymbol{\tau}_b)$$

durch die beiden Isospinvektoren darstellt.

Auf ähnliche Weise ist leicht zu sehen, daß

$$B_{ab} = +\frac{1}{2}(1 + \sigma_a\sigma_b)$$

ist und folglich, mit Rücksicht auf die Beziehung $M = HB$,

$$M_{ab} = -\frac{1}{4}(1 + \sigma_a\sigma_b)(1 + \boldsymbol{\tau}_a\boldsymbol{\tau}_b)$$

gilt, womit die Darstellung jedes der Austauschoperatoren durch symmetrische Funktionen der Koordinaten der beiden Teilchen vollständig ist.

Es bietet sich von selbst an, daß man das allgemeine Wechselwirkungsgesetz für die spezifischen Kernkräfte mit Hilfe dieser in so einfacher Weise ausgedrückten Austauschoperatoren in der Form

$$U = V + V_{\mathrm{h}}H + V_bB + V_{\mathrm{m}}M$$

schreiben kann. Hierbei können die vier V völlig verschiedene Funktionen des Abstandes sein. Es ist jedoch am einfachsten anzunehmen, daß die gesamte σ- und

τ-Abhängigkeit der Wechselwirkung in den Operatoren 1, H, B und M enthalten ist.

Dieses einfache Ergebnis wird natürlich nicht durch den Formalismus gefordert. Es ist lediglich die einfachste Form für die Austauschoperatoren. Der bloßen Forderung nach einer symmetrischen Funktion wäre Genüge getan, wenn man ein beliebiges oder alle V durch

$$A + B(\tau_1 + \tau_2) + C\tau_1\tau_2$$

ersetzen würde, wobei A, B und C Funktionen des Abstandes sind. In der Tat ist diese allgemeinere Form sogar für die Beschreibung der COULOMB-Wechselwirkung zwischen den Teilchen notwendig, die sich für zwei Teilchen als

$$\frac{1}{4}\frac{e^2}{r}(1 + \tau_1)(1 + \tau_2)$$

darstellt.

Der oben angeführte Ausdruck, der A, B und C enthält, hat den Wert $(A + 2B + C)$ für zwei Protonen, für ein Proton und ein Neutron $(A - C)$ und $(A - 2B + C)$ für zwei Neutronen. Wenn die Proton-Proton-Kräfte die gleichen wie die Neutron-Neutron-Kräfte sind, dann können wir schlußfolgern, daß $B = 0$ ist. Wenn die Kräfte zwischen gleichartigen Teilchen dieselben wie die Proton-Neutron-Kräfte in Zuständen der entsprechenden Symmetrie sind, so können wir den Schluß ziehen, daß $C = 0$ ist. Mit $B = C = 0$ fällt die Abhängigkeit von den Komponenten τ_1 und τ_2 heraus, und wir werden auf die einfachere Ausgangsform zurückgeführt.

Die Annahme, daß B und C gleich Null sind, scheint mit den Fakten über die Kernwechselwirkungen, soweit diese bekannt sind, in Einklang zu stehen.[1]) Sie bewirkt

[1]) Die Konsequenzen der Annahme, daß die verschiedenen spezifischen Kernkräfte für gleichartige und ungleichartige Teilchen die gleichen sind, werden im Detail in einem Artikel von FEENBERG und BREIT in Phys. Rev. **50** (1936) 850 betrachtet, den wir mit Vergnügen im Manuskript sahen, nachdem der vorliegende Artikel bereits eingesandt war.

dahingehend eine Vereinfachung, da es nur vier verschiedene Kraftgesetze gibt, die den vier möglichen Symmetriearten bezüglich σ und τ entsprechen. Diese vier Arten lassen sich in der gebräuchlicheren Bezeichnung durch die Angabe der Symmetrie bezüglich Ort und Spin beschreiben, da diese die Symmetrie bezüglich des Isospins bestimmt. Ein in den Spins symmetrischer Zustand wird als Triplett, ein antisymmetrischer als Singulett bezeichnet. Symmetrie gegenüber Ortsaustausch soll durch S und Antisymmetrie durch P gekennzeichnet werden, da dies im Zweikörperproblem die Standardbezeichnungen für Zustände mit den kleinsten Bahndrehimpulsen sind, die diese räumlichen Symmetrieeigenschaften besitzen. Hier verwenden wir S und P jedoch in einem allgemeineren Sinne.

Die verschiedenen Wechselwirkungsgesetze sind in Tab. 1 angegeben. Unter Verwendung der Werte der

Tab. 1

Symmetrie bezüglich Ort	Spin	Isospin	Bezeichnung	Realisierung
s	*s*	*a*	^{3}S	Proton-Neutron
s	*a*	*s*	^{1}S	Proton-Neutron Proton-Proton Neutron-Neutron
a	*s*	*s*	^{3}P	Proton-Neutron Proton-Proton Neutron-Neutron
a	*a*	*a*	^{1}P	Proton-Neutron

Operatoren 1, H, B und M können wir für die vier Wechselwirkungsgesetze schreiben:

$$U(^3\mathrm{S}) = V + V_\mathrm{h} + V_\mathrm{b} + V_\mathrm{m},$$
$$U(^1\mathrm{S}) = V - V_\mathrm{h} - V_\mathrm{b} + V_\mathrm{m},$$
$$U(^3\mathrm{P}) = V - V_\mathrm{h} + V_\mathrm{b} - V_\mathrm{m},$$
$$U(^1\mathrm{P}) = V + V_\mathrm{h} - V_\mathrm{b} - V_\mathrm{m}.$$

Hieraus lassen sich die Größen V leicht durch die vier empirisch vorkommenden Kombinationen ausdrücken.

Wir werden nur einige kurze Bemerkungen über die empirischen Fakten, soweit sie bekannt sind, machen, da diese unlängst von BETHE und BACHER[1]) besprochen wurden. Im Idealfall würde man gern alle acht Kraftgesetze (es sind acht, wenn wir die einfache formale Annahme des vorhergehenden Abschnittes fallenlassen) aus Untersuchungen entnehmen, die ausschließlich auf dem Zweikörperproblem basieren. Bis jetzt ist das jedoch nicht möglich. Die Lage in bezug auf das Zweikörperproblem ist folgende:

Proton — Neutron

$U(^3S)$: Normalzustand des Deuterons. Die beobachtete Bindungsenergie liefert eine Beziehung zwischen der Tiefe und Breite einer Potentialmulde.

Streuung von Neutronen an Protonen: Diese bezieht im Prinzip alle vier Gesetze ein, in Wirklichkeit spielen wegen der kurzen Reichweite der Kräfte für Neutronenenergien kleiner als einige 10 MeV nur die beiden S-Gesetze eine wesentliche Rolle. Der Wirkungsquerschnitt für die Streuung langsamer Neutronen weist nach WIGNER auf ein ^{1}S-Niveau des Deuterons in der Nähe des Nullpunktes der Bindungsenergie hin.

Photospaltung des Deuterons: Ein elektrischer Dipoleffekt schließt Übergänge vom gebundenen ^{3}S-Grundzustand in ^{3}P-Zustände des Kontinuums und folglich diese beiden Kraftgesetze ein. Außer bei BETHE und BACHER wird das Problem bei BREIT und CONDON diskutiert.[2]) Ein magnetischer Dipoleffekt bewirkt Übergänge vom ^{3}S-Grundzustand zum ^{1}S-Kontinuum. Dieser ist in der Nähe der photoelektrischen Schwelle wichtig.

---

[1]) BETHE und BACHER: Rev. Mod. 8 (1936) 82.

[2]) BREIT und CONDON: Phys. Rev. 49 (1936) 904; s. auch MORSE, FISK und SCHIFF: Phys. Rev. 50 (1936) 748.

Strahlungseinfang von Neutronen durch Protonen: Hier ist nach Fermi[1]) der bestimmende Effekt für langsame Neutronen vor allem die Wirkung einer magnetischen Dipolstrahlung beim Übergang vom ^1S-Kontinuum zum ^3S-Grundzustand.

Bei keinem dieser Effekte geht das ^1P-Gesetz wesentlich ein. Offenbar kann es nur bei der Streuung von Neutronen sehr hoher Energie an Protonen untersucht werden.

Proton — Proton

Hier ergibt sich eine geringe Aussage aus der wahrscheinlichen Nichtexistenz des ^2He. Die Kenntnisse stammen jedoch hauptsächlich aus neueren Untersuchungen von Tuve, Heydenburg und Hafstad, die von Breit, Condon und Present[2]) analysiert wurden. Die Analyse zeigt, daß bis zu 1 MeV die Abweichungen von der Coulomb-Streuung völlig durch das ^1S-Gesetz beschrieben werden können und liefert starke Anzeichen dafür, daß dieses mit dem ^1S-Gesetz beim Deuteron übereinstimmt.

Neutron — Neutron

Keine positiven Aussagen aus Zweikörperwechselwirkungen. Das Fehlen eines Bineutrons steht im Einklang mit der Annahme, daß das gleiche ^1S-Gesetz wie beim Neutron-Proton-System gilt, da man jetzt annimmt, daß das ^1S-Niveau virtuell ist (Details s. bei Breit et al.[2])).

Alle anderen Kenntnisse über die Kraftgesetze stammen aus Näherungsberechnungen der Bindungsenergien von Vielteilchenkernen, wie ausführlich bei Bethe und

[1]) Fermi: Phys. Rev. **48** (1935) 570.

[2]) Breit, Condon und Present: Phys. Rev. **50** (1936) 825.

Bacher besprochen wird. Diese stehen in Einklang mit der Annahme, daß zwischen den verschiedenen Teilchensorten die gleichen Wechselwirkungsgesetze gelten, sofern es sich um spezifische Kernkräfte handelt.

Diese Veröffentlichung entsprang einer Zusammenarbeit während des Sommer-Symposiums über theoretische Physik 1936 an der University of Michigan. Wir möchten Herrn Prof. H. M. Randall an dieser Stelle unsere tiefe Dankbarkeit für die Gelegenheit, in der anregenden Atmosphäre des Michigan Laboratory arbeiten zu können, aussprechen.

10. Erhaltung des Isospins in Kernreaktionen*)[1]

von

Robert K. Adair

Der Einfluß der Ladungsunabhängigkeit der Kernkräfte auf Kernreaktionsexperimente wird diskutiert. Es wird gezeigt, daß die Ladungsunabhängigkeit Beziehungen zwischen den Wirkungsquerschnitten einiger Reaktionen beinhaltet und im Verbot bestimmter anderer Reaktionen resultiert.

Es ist gut bekannt,[2,3]) daß die Wellenfunktion eines Systems von Nukleonen bezüglich bestimmter Ladungstransformationen invariant ist, wenn die Kräfte zwischen zwei Nukleonen von ihren Ladungszuständen unabhängig sind und nur von ihren Orts- und Spinkoordinaten abhängen. Diese Symmetrie wird gewöhnlich durch ein Bewegungsintegral, den Isospin, beschrieben. Wichtige Konsequenzen dieser Invarianz der Kernstruktur in bezug auf Drehungen im Isospinraum wurden von Wigner[4,5]) und anderen diskutiert.

Es gibt keinen sehr überzeugenden Hinweis, um die Ladungsunabhängigkeit der Kernkräfte zu begründen. Während die Ähnlichkeit der Energieniveaus von Spiegelkernen stark auf die Äquivalenz von Neutron-Neutron- und Proton-Proton-Kräften hinweist,[6]) gibt es noch nicht viele Informationen über die Gleichartigkeit der Neutron-

---

*) Phys. Rev. **87** (1952) 1041.

[1]) Die Arbeit wurde durch die AEC und die Wisconsin Alumni Research Foundation unterstützt.

[2]) Wigner, E.: Phys. Rev. **51** (1937) 106.

[3]) Kemmer, N.: Proc. Cambridge Philos. Soc. **34** (1938) 354.

[4]) Feenberg, E., und E. Wigner: Phys. Rev. **51** (1937) 95.

[5]) Wigner, E.: Phys. Rev. **56** (1939) 519.

[6]) Vgl. z. B. Johnson, V. R.: Phys. Rev. **86** (1952) 302.

Proton-Wechselwirkung und der Kräfte zwischen gleichartigen Nukleonen. Insbesondere wurden keine eindeutigen Schlußfolgerungen aus der Nukleon-Nukleon-Streuung abgeleitet. Obwohl die niederenergetischen Streuexperimente einer Beschreibung mit ladungsunabhängigen Kräften nicht widersprechen,[1] ist es nicht klar, ob dies für Messungen bei höheren Energien der Fall ist.[2]

Es scheint so, daß man in neueren Arbeiten in hohem Maße übersehen hat, daß Informationen über die Ladungsunabhängigkeit der Kernkräfte aus Untersuchungen mit Kernreaktionen gewonnen werden können. Die Ladungsunabhängigkeit hat in solchen Reaktionen beobachtbare Konsequenzen, insbesondere resultiert sie im Verbot bestimmter Übergänge, die bei alleiniger Berücksichtigung von Spin und Parität erlaubt sind.

Zum Zwecke dieser Diskussion sei die dritte Komponente T_3 des Isospins T eines Kerns wie üblich definiert als die Neutronenzahl minus der Protonenzahl im Kern, geteilt durch 2. Systeme, die den gleichen Isospin, aber verschiedene T_3-Komponenten besitzen, bilden einen Satz der Vielfachheit $2T + 1$, die sich in der Energie nur durch die COULOMB-Kräfte unterscheiden. Mit der Annahme, daß T eine gute Quantenzahl ist, kann diese für beliebige Kerne leicht durch eine Untersuchung der Kernbindungsenergien bestimmt werden.[3,4] Im allgemeinen hängt die Bindungsenergie leichter Kerne stark von T ab. Da es eine starke Konkurrenz zwischen niedrigliegenden Zuständen mit unterschiedlichen Werten T nur bei Kernen der Gruppe $4n - 2$ gibt, kommen die meisten der interessanten Anwendungen der Ladungssymmetrie-Auswahlregeln bei Reaktionen vor, an denen diese Systeme beteiligt sind. Ein typisches Beispiel eines solchen Systems ist die Triade ^{14}C, ^{14}N, ^{14}O. Die Iso-

---

[1] SCHWINGER, J. Phys. Rev. 78 (1950) 135.

[2] CHRISTIAN, R. S., und H. P. NOYES Phys. Rev 79 (1950) 85.

[3] FEENBERG, E., und M. PHILLIPS Phys. Rev. 51 (1937) 597.

[4] HORNYAK, LAURITSEN, MORRISON und FOWLER Rev Mod. Phys. 22 (1950) 291.

spinfunktion, die den Grundzustand von ^{14}N darstellt, kann als φ_0^0, für ^{14}C als φ_1^1 und für ^{14}O als φ_1^{-1} geschrieben werden, wobei die oberen Indizes die Werte der T_3-Komponente und die unteren den T-Wert darstellen. Der φ_1^0-Zustand wird ein angeregter Zustand von ^{14}N sein, dessen Energie gegenüber den ^{14}O- und ^{14}C-Grundzuständen durch die COULOMB-Kräfte und die Neutron-Proton-Massendifferenz verschoben ist. Dies scheint das 2,3-MeV-Niveau von ^{14}N zu sein.

Die Transformationseigenschaften des Isospins sind die gleichen wie die des Drehimpulses. Da die Annahme der Ladungsunabhängigkeit äquivalent zur Forderung der Erhaltung des Gesamtisospins ist und die Ladungserhaltung die Erhaltung der T_3-Komponente gewährleistet, sind die Isospinauswahlregeln identisch mit denen des Drehimpulses. Ein Beispiel für eine auf Grund der Isospinauswahlregeln verbotene Reaktion ist die $^{16}O(d, \alpha)$-Reaktion zum 2,3-MeV-Zustand von ^{14}N. Da die Isospins des ^{16}O, des Deuterons und des α-Teilchens sämtlich Null sind, während das ^{14}N-Niveau den Isospin Eins besitzt, wird der Übergang nicht erlaubt sein. Obgleich diese Reaktion von verschiedenen Gruppen[1,2,3]) unter verschiedenen Versuchsbedingungen untersucht wurde, ist sie nicht beobachtet worden.

Es gibt eine Reihe anderer Reaktionen, die auf Grund analoger Überlegungen verboten sein sollten. Die $^{12}C(d, \alpha)$-Reaktion zum 1,7-MeV-Zustand von ^{10}B sollte nicht beobachtbar sein, da dieses Niveau der φ_1^0-Zustand der Triade ^{10}Be, ^{10}B, ^{10}C mit dem Gesamtisospin Eins zu sein scheint. Die $^{12}C(d, \alpha)$-Reaktion ist bei Energien, die das 1,7-MeV-Niveau anregen würden, nicht untersucht worden. Aus ähnlichen Gründen sollte die $^{20}Ne(d, \alpha)$-Reaktion zu Zuständen im ^{18}F, die entsprechende Niveaus im ^{18}O besitzen, verboten sein, da diese Übergänge ebenfalls die

---

[1]) ASHMORE, A., und J. F. RAFFLE: Proc. Phys. Soc. **A 64** (1950) 754.

[2]) BURROWS, POWELL und ROTBLAT: Proc. Roy. Soc. **A 209** (1951) 478.

[3]) CRAIG, DONAHUE und JONES, in Vorbereitung; VAN DE GRAAFF, SPERDUTO, BUECHNER und ENGE: Phys. Rev. **86** (1952) 966.

Erhaltung des Isospins verletzen würden. MIDDLETON und TAI[1]) untersuchten die ^{20}Ne(d, α)-Reaktion und fanden eine herausragende Gruppe von α-Teilchen, die den ^{18}F-Kern in einem angeregten Zustand bei 1,05 MeV zurücklassen. Das ist nahe bei der Energie, bei der man das Isospin-Eins-Niveau erwartet, das dem Grundzustand von ^{18}O entspricht. Nach dem Schalenmodell besteht ^{18}F aus einer abgeschlossenen p-Schale plus einem Neutron und einem Proton. Es gibt in diesem Gebiet eine starke Konkurrenz zwischen $S_{1/2}$- und $D_{5/2}$-Zuständen. Da der β-Zerfall von ^{18}F in ^{18}O erlaubt ist, gehört der Grundzustand von ^{18}F wahrscheinlich zur Triplett$(S_{1/2})^2$-Konfiguration mit Spin Eins, Isospin Null. Die Spin-Null-Singulett$(S_{1/2})^2$-Konfiguration mit dem Isospin Eins, die dem Grundzustand von ^{18}O entspricht, wird etwas höher liegen und kann sich dicht bei dem untersten $(D_{5/2})^2$-Niveau (wahrscheinlich mit $J = 5$ und $T = 0$) befinden. Es erscheint deshalb möglich, daß diese Reaktion die Ladungsunabhängigkeit nicht verletzt, sondern daß der 1,05-MeV-Zustand, der durch diese Reaktion erreicht wird, ein Niveau mit dem Isospin Null ist, das energetisch sehr nahe bei dem Niveau mit dem Isospin Eins liegt, das dem Grundzustand von ^{18}O entspricht.

Die unelastische Streuung von Deuteronen und α-Teilchen an ^{6}Li, ^{10}B und ^{14}N wird durch Ladungsunabhängigkeits-Auswahlregeln beeinflußt werden. Da die Grundzustände dieser Kerne und das Deuteron oder das α-Teilchen alle den Isospin Null besitzen, sollten die niedrigliegenden Isospin-Eins-Niveaus dieser Kerne in diesen Reaktionen nicht merklich angeregt werden.

Es muß betont werden, daß Reaktionsexperimente keinen empfindlichen Test der Ladungsunabhängigkeit darstellen, da die Übergangswahrscheinlichkeit vom Quadrat des Matrixelements abhängt. Der Querschnitt einer Reaktion, die zu einem Zustand führt, der aus einer Mischung von 10% einer Wellenfunktion, für die der

---

[1]) MIDDLETON, R., und C. T. TAI Proc. Phys. Soc. **A64** (1951) 801.

Übergang erlaubt ist, und von 90% einer Wellenfunktion, für die der Übergang verboten ist, besteht, würde in der Größenordnung von nur 1% des Querschnitts einer vollständig erlaubten Reaktion liegen. Umgekehrt sollten die Auswahlregeln auch dann noch ziemlich gut gelten, wenn die Kernkräfte nur annähernd ladungsunabhängig sind. Es ist deshalb notwendig, ziemlich kleine obere Grenzen der Querschnitte für verbotene Reaktionen festzusetzen, um die Abhängigkeit der Kernkräfte von der Kernladung sehr genau einzuschränken. COULOMB-Kräfte werden Zustände mit verschiedenem Isospin koppeln, ihr Einfluß auf die Wellenfunktion leichter Kerne ist aber wahrscheinlich gering. Man kann dann jedoch nicht erwarten, in den spezifischen Kernkräften Unterschiede von der Größe der COULOMB-Kräfte nachzuweisen.[1])

Es ist manchmal experimentell leichter, einen kleinen Grenzwert für Niveaubreiten als für Wirkungsquerschnitte festzulegen. Ist die elastische Streuung der am wahrscheinlichsten stattfindende Prozeß, so ist der Streuquerschnitt bei Resonanz vernünftig groß und praktisch unabhängig von der Größe des Reaktionsmatrixelements. Die Breite des Niveaus ist proportional zum Quadrat des Matrixelements. In ^{10}B existieren Niveaus[2]) zwischen 4,5 und 6,5 MeV über dem Grundzustand, die bei der Emission schwerer Teilchen nur in Isospin-Null-Kombinationen von ^{6}Li plus ein α-Teilchen oder ^{8}Be plus ein Deuteron zerfallen können. Wenn die spezifischen Kernkräfte ladungsunabhängig sind, so werden solche Übergänge von Isospin-Eins-Zuständen nur infolge des Unterschieds in den Neutron- und Protonwellenfunktionen

---

[1]) *Anm. bei der Korrektur*: Ich möchte Dr. N. M. KROLL für den Hinweis danken, daß Auswahlregeln in selbstkonjugierten Kernen mit der weniger strengen Bedingung der Ladungssymmetrie der Kernkräfte erhalten werden. (Vgl. in diesem Zusammenhang auch TRAINOR, LYNNE E. H.: Phys. Rev. **85** (1952) 962.) Der Beweis für Ladungsunabhängigkeit in Reaktionen, bei denen diese Systeme beteiligt sind, hängt dann ab von der gemeinsamen Existenz von Auswahlregeln, die die Isospin-Eins-Zustände beeinflussen, und der Existenz und Energieäquivalenz isobarer Komponenten des Ladungstripletts.

[2]) FAY AJZENBERG: Phys. Rev. **82** (1951) 43.

vorkommen, der durch COULOMB-Kräfte hervorgerufen wird. Dieser Effekt sollte klein sein, und Isospin-Eins-Zustände sollten sehr kleine Breiten besitzen. Es dürfte möglich sein, durch die Streuung von α-Teilchen an ^{6}Li solche Zustände zu beobachten und ihre Breiten zu messen.

Isospin-Eins-Zustände von ^{6}Li können in ähnlicher Weise durch Streuung von Deuteronen an Helium untersucht werden. Der unterste Isospin-Eins-Zustand ist energetisch erreichbar, er besitzt aber, wie FOWLER[1]) gezeigt hat, wahrscheinlich den Spin Null und gerade Parität und kann deshalb nicht in ein Deuteron und ein α-Teilchen zerfallen. Es sollte jedoch ein ^{6}Li-Niveau gerader Parität, mit dem Isospin Eins, wahrscheinlich dem Drehimpuls Zwei, etwa 6 MeV über dem Grundzustand existieren, das dem ersten angeregten Zustand von ^{6}He entspricht. Für diesen Zustand ist wegen der Ladungserhaltung ein Aufspalten in ein Deuteron und ein α-Teilchen verboten, und er sollte eine sehr kleine Breite besitzen. Für diesen Zustand ist es energetisch möglich, in ^{5}He plus ein Proton aufzuspalten. Wenn diese Breite viel größer als die Streubreite ist, dann wird die Resonanz gedämpft und beim Beschuß von α-Teilchen mit Deuteronen nicht leicht beobachtbar sein.

Die Wirkungen der Auswahlregeln, die aus der Ladungsunabhängigkeit folgen, sollten bei anderen Wechselwirkungen, die Compoundkernzustände einbeziehen, erkennbar sein. Die Resonanzstreuung von Protonen[2]) an ^{9}Be bei 1,087 MeV Einfallsenergie wurde mit der Bildung eines Compoundzustandes vom Spin Null und ungerader Parität im Compoundkern ^{10}B interpretiert.[3]) Obwohl niedrigliegende Niveaus sowohl durch α-Teilchen- als auch durch Deuteronemission zerfallen, scheint sich dieser Zustand nicht so zu verhalten, obgleich diese Übergänge durch Drehimpulsauswahlregeln nicht benachteiligt sind. Dieses

---

[1]) Zitiert bei DAY, R. B., und R. L. WALKER: Phys. Rev. 85 (1952) 582.

[2]) THOMAS, RUBIN, FOWLER und LAURITSEN: Phys. Rev. 75 (1949) 1612.

[3]) COHEN, R.: Thesis Calif. Inst. of Technology 1949.

Verhalten könnte durch die Annahme erklärt werden, daß der Isospin des Zustands Eins ist, da in diesem Fall Übergänge zu den Isospin-Null-Kombinationen von ^{6}Li und einem α-Teilchen oder zu ^{8}Be und einem Deuteron verboten wären.

Wenn die Kräfte zwischen Nukleonen unabhängig von ihrer Ladung sind, so werden zwischen den Übergangswahrscheinlichkeiten von Prozessen, die zu Zuständen mit unterschiedlicher Ladung führen, aber zum gleichen Isospinmultiplett gehören, Beziehungen bestehen. Ein Beispiel dafür sind die ^{9}Be(d, p)- und ^{9}B(d, n)-Reaktionen zum Grundzustand von ^{10}Be bzw. zum 1,7-MeV-Zustand von ^{10}B. Diese Zustände sind die $\varphi_1{}^1$- und φ_1^0-Komponenten eines Ladungsmultipletts. Wenn wir die Ladungswellenfunktion des Anfangszustandes des Systems ^{9}Be plus Deuteron mit $I_{1/2}^{1/2}$ und die Kernisospinfunktionen mit $\tau_{1/2}^{1/2}$ für das Neutron und mit $\tau_{1/2}^{-1/2}$ für das Proton bezeichnen, können wir I nach φ und τ entwickeln:

$$I_{1/2}^{1/2} = \frac{1}{\sqrt{3}} \left(2^{1/2} \varphi_1^1 \tau_{1/2}^{-1/2} - \varphi_1^0 \tau_{1/2}^{1/2}\right).$$

Das Verhältnis der Wahrscheinlichkeiten der Übergänge zu ^{10}Be und ^{10}B wird dann $(I_{1/2}^{1/2} | \varphi_1^1 \tau_{1/2}^{-1/2})^2 / (I_{1/2}^{1/2} | \varphi_1^0 \tau_{1/2}^{1/2})^2$ sein, was gleich zwei, multipliziert mit dem relativen Phasenraumvolumen, über das die Endsysteme verfügen, ist. Die Unsicherheiten in der Größe der COULOMB-Effekte sind genügend groß, so daß dieser Reaktionstyp wahrscheinlich nicht als ein empfindlicher Nachweis der Ladungsunabhängigkeit benutzt werden kann. Die Beziehungen zwischen den Wirkungsquerschnitten können jedoch von Nutzen sein, um zu bestimmen, welche angeregten Zustände in Systemen wie ^{14}N, ^{10}B und ^{18}F den Niveaus mit dem Isospin Eins entsprechen, die man in ihren isobaren Nachbarkernen findet.

Ich möchte Herrn Prof. J. M. LUTTINGER, der auf die mögliche Bedeutung der Ladungsunabhängigkeit in Kernreaktionen hinwies, für sein Interesse an dieser Diskussion danken.

11. Einfluß der Ladungssymmetrie auf Kernreaktionen*)[1]

von

NORMAN M. KROLL und LESLIE L. FOLDY

Im Fall eines ladungssymmetrischen HAMILTON-Operators des Kerns kommutiert der Operator der Ladungsparität, der Neutronen in Protonen und Protonen in Neutronen verwandelt, mit dem HAMILTON-Operator und ist daher eine Erhaltungsgröße. Da der Ladungsparitätsoperator mit der „dritten" Komponente des Gesamtisopins antikommutiert, ist die Ladungsparität für Kerne mit $T_3 = 0$ (selbstkonjugierte Kerne) eine gute Quantenzahl, und beim Fehlen einer Entartung haben die Eigenzustände solcher Kerne entweder ungerade oder gerade Ladungsparität. Das führt bei Kernreaktionen, an denen im Anfangs- und Endzustand selbstkonjugierte Kerne beteiligt sind, zu starken Auswahlregeln, die man sinnvoll zur Erklärung neuerer experimenteller Resultate in solchen Reaktionen heranziehen kann. Da Zustände mit geradzahligem Gesamtisospin gerade Ladungsparität und Zustände mit ungeradem Gesamtisospin ungerade Parität besitzen, fallen die von der Ladungssymmetrie herrührenden Auswahlregeln häufig mit denen der Ladungsunabhängigkeit zusammen. In diesen Fällen ist ein definitiver Test der Hypothese der Ladungsunabhängigkeit mit Hilfe dieser Auswahlregeln nicht möglich. Einige andere Anwendungen des Prinzips der Ladungssymmetrie werden diskutiert.

Die Energiedifferenzen zwischen den Grundzuständen und die allgemeine Ähnlichkeit der Energieniveaus der verschiedenen Spiegelkerne geben starke Hinweise darauf, daß die Neutron-Neutron- und Proton-Proton-Kräfte,

---

*) Phys. Rev. 88 (1952) 1177.

[1]) Diese Untersuchung wurde durch die AEC unterstützt und während des Sommers 1952 durchgeführt, als die Autoren am Brookhaven National Laboratory als Gastwissenschaftler tätig waren.

abgesehen von elektromagnetischen Wechselwirkungen, äquivalent sind. Das Anliegen dieses Artikels besteht darin, zu zeigen, daß die Annahme einer solchen Ladungssymmetrie der Kernkräfte bestimmte starke Auswahlregeln[1]) beinhaltet, die für eine kleine, aber experimentell interessante Gruppe von Kernreaktionen gelten.

Diese Auswahlregeln treten bei selbstkonjugierten Systemen, d. h. Systemen mit gleicher Zahl von Neutronen und Protonen, auf. Für solche Systeme ist der HAMILTON-Operator unter der Annahme der Ladungssymmetrie invariant gegenüber dem Austausch der Raum- und Spinkoordinaten der Neutronen und Protonen. Es ist deshalb möglich, einen Operator P zu definieren, der diesen Austausch bewirkt und der zweckmäßigerweise als Ladungsparitätsoperator[2]) bezeichnet werden kann. Es ist klar, daß P ein Bewegungsintegral mit den Eigenwerten 1 und — 1 ist. Die Wellenfunktionen des Systems können stets so gewählt werden, daß sie gleichzeitig Eigenfunktionen des HAMILTON-Operators und der Ladungsparität sind und daher als ladungsgerade oder ladungsungerade bezeichnet werden können. Natürlich kann im entarteten Fall, wenn zwei Zustände mit ent-

[1]) Die Auswahlregeln, auf die wir uns beziehen, wären streng gültig, gäbe es nicht die Neutron-Proton-Massendifferenz sowie die Tatsache, daß die elektromagnetischen Wechselwirkungen zwischen Nukleonen nicht ladungssymmetrisch sind. Diese Beschränkung der Allgemeingültigkeit der Hypothese der Ladungssymmetrie setzt praktische Grenzen für alle abgeleiteten Folgerungen der Hypothese. Die Tatsache, daß die nichtsymmetrischen Wechselwirkungen im allgemeinen schwach im Vergleich zu spezifischen Kernwechselwirkungen in den interessierenden Fällen ist, bedeutet jedoch, daß die erhaltenen Auswahlregeln sehr wirksam sind.

[2]) Der früheste Hinweis auf die Existenz einer guten Quantenzahl für selbstkonjugierte Kerne, die mit dem Ladungsparitätsoperator verknüpft ist, scheint in einer Arbeit von FEENBERG, E., und E. P. WIGNER: Phys. Rev. **51** (1937) 95 vorzukommen. Das Konzept der Ladungsparität wurde unlängst von TRAINOR, L.: Phys. Rev. **85** (1952) 962 im Zusammenhang mit der Anwendung der Ladungsparität auf das Problem der elektrischen Dipolstrahlung selbstkonjugierter Kerne diskutiert. Es hat hier das Verbot von elektrischer Dipolstrahlung in einem Übergang zwischen zwei Zuständen mit der gleichen Ladungsparität zur Folge.

gegengesetzter Ladungsparität die gleiche Energie haben, ein Zustand des Systems mit dieser Energie aus einer Überlagerung von ladungsgeraden und ladungsungeraden Zuständen bestehen.

Eine formale Darlegung des oben beschriebenen Konzepts läßt sich bequem mit Hilfe des Isospinformalismus erhalten. Der Operator P kann als eine Drehung im Isospinraum von 180° um die Achse 1 dargestellt werden. Das bedeutet, für ein System von A Teilchen ist der Gesamtisospin $\boldsymbol{T}$ gegeben durch

$$\boldsymbol{T} = \sum_{j=1}^{A} \boldsymbol{\tau}^{(j)}$$

Eine Drehung von 180° um die 1-Achse ist dann gegeben durch

$$P = e^{i\pi T_1/2} = \prod_{j=1}^{A} e^{i\pi\tau_1^{(j)}/2} = i^A \prod_{j=1}^{A} \tau_1^{(j)},$$

da $e^{i\pi\tau_1^{(j)}/2} = i\pi\tau_1^{(j)}$ ist.

Die Ladungssymmetrie des HAMILTON-Operators bedeutet, daß dieser eine symmetrische Funktion der A Teilchen ist, deren Isospinabhängigkeit durch die Größen $(\boldsymbol{\tau}^{(i)}\boldsymbol{\tau}^{(i)})$ und $\tau_3^{(i)}\tau_3^{(j)}$ ausgedrückt werden kann. Da $[(\boldsymbol{\tau}^{(i)}\boldsymbol{\tau}^{(j)}), P] = [\tau_3^{(i)}\tau_3^{(j)}, P] = 0$ gilt, ist es klar, daß P mit dem HAMILTON-Operator kommutiert und eine Erhaltungsgröße ist. Diese Eigenschaft ist jedoch nicht nur auf selbstkonjugierte Systeme beschränkt. Andererseits sind nichttriviale Anwendungen des Konzepts tatsächlich nur bei diesen Systemen möglich. Das entspringt der Tatsache, daß $[P, T_3] = 2PT_3$ gilt, d. h., daß P und T_3

---

[1]) Diese Form des HAMILTON-Operators schließt (außer der Gleichheit von nn- und pp-Kräften) die Behauptung ein, daß die Wechselwirkungsenergie zwischen Neutronen und Protonen die Raum- und Spinkoordinaten der Neutronen und Protonen in symmetrischer Weise enthält. Es ist klar, daß die üblicherweise behaupteten Folgerungen der Ladungssymmetrie bezüglich der Spiegelkerne nur dann gültig sind, wenn diese zusätzliche Annahme mit einbezogen wird.

antikommutieren. Daher kann sich ein System nur für Zustände mit $T_3 = 0$ gleichzeitig in einem Eigenzustand von P und T_3 befinden, was dem Fall gleicher Anzahl von Neutronen und Protonen entspricht. Die physikalische Bedeutung des oben Gesagten ist offensichtlich. P transformiert einfach Protonen in Neutronen und Neutronen in Protonen. Da $T_3 = (N - Z)/2$ ist, führt die Anwendung von P auf einen Eigenzustand von T_3 mit dem Eigenwert t_3 diesen einfach in einen Eigenzustand von T_3 mit dem Eigenwert $- t_3$ über.

Wir bemerken, daß $P^2 = (-1)^A$ gilt, so daß für geradzahlige A der Operator P die Eigenwerte $+1$ und -1 besitzt. Eine weitere Eigenschaft von P, die für die folgende Diskussion von Interesse ist, besteht in der Tatsache, daß $[\boldsymbol{T}^2, P] = 0$ gilt, so daß $\boldsymbol{T}^2$ und P simultane Eigenzustände besitzen. Ferner muß ein $(T_3 = 0)$-Eigenzustand von $\boldsymbol{T}^2$ mit dem Eigenwert $t(t+1)$ tatsächlich ein Eigenzustand der Ladungsparität und ungerade oder gerade sein, wenn t ungerade oder gerade ist. Dieses Ergebnis folgt aus der Tatsache, daß sich die Eigenfunktionen von $\boldsymbol{T}^2$, die einem gegebenen t entsprechen, bei einer Drehung im Isospinraum wie die Kugelfunktion der Ordnung t bei der homologen Drehung im Koordinatenraum transformieren müssen.

Das Konzept der Ladungsparität findet hauptsächlich Anwendung bei Kernreaktionen, in denen sowohl die Ausgangs- als auch die Endkerne jeweils selbstkonjugiert sind. Gerade in diesen Fällen werden die Anfangs- und Endzustände des Systems Eigenzustände der Ladungsparität sein. Da P eine Erhaltungsgröße ist, müssen die Anfangs- und Endzustände beide ladungsgerade oder -ungerade sein. Als ein spezifisches Beispiel könnte man die $^{16}O(d, \alpha)^{14}N$-Reaktion betrachten, die unlängst von verschiedenen Forschungsgruppen untersucht wurde.[1]) In diesem Fall findet man hervorstechende

---

[1]) ASHMORE und RAFFLE: Proc. Phys. Soc A64 (1950) 754, BURROWS, POWELL und ROTBLAT, Proc. Roy Soc. [London], A209 (1951) 478; VAN DE GRAAFF, SPERDUTO, BEUCHNER und ENGE Phys. Rev. 86 (1952) 966.

Gruppen von α-Teilchen, die dem Grundzustand und verschiedenen angeregten Zuständen von ^{14}N entsprechen, aber keine Gruppe, die dem angeregten Zustand bei 2,3 MeV entspricht. Eine sinnvolle Deutung dieses Resultats besteht einfach darin, daß dieser spezielle Zustand die entgegengesetzte Ladungsparität wie die beobachteten Zustände hat.[1]) Es ist nahezu sicher, daß der Grundzustand von ^{14}N gerade Ladungsparität besitzt, während man einen niedrig liegenden ladungsungeraden Zustand erwarten würde, wenn die Kernkräfte nur annähernd ladungsunabhängig sind.

Um die Bedeutung des Umstandes, daß sich sowohl die Inzidenz- als auch die Produktkerne in ladungskonjugierten Zuständen befinden, klar zu machen, könnte man erwähnen, daß eine Reaktion wie $^{16}O(d, p)^{17}O^*$ niemals durch die Erhaltung der Ladungsparität verboten wird, trotz der Tatsache, daß der Anfangszustand ladungsgerade ist. Die Forderung, daß der Endzustand ebenfalls ladungsgerade ist, bedeutet einfach, daß die Reaktionen $^{16}O(d, p)^{17}O^*$ und $^{16}O(d, n)^{17}F^*$ mit gleicher Wahrscheinlichkeit auftreten, wobei die Endzustände von $^{17}O^*$ und $^{17}F^*$ Spiegelzustände sind.

Andererseits kann die Beobachtung von Kernresonanzen, die mit der Bildung eines Compoundkerns zusammenhängen, durch Betrachtungen der Ladungsparität beeinflußt werden, wenn nur die Produktkerne oder nur die Anfangskerne selbstkonjugiert sind. Zum Beispiel besagt die Beobachtung einer Resonanz in der Reaktion $^{12}C(d, p)^{13}C$, die von der Bildung eines an-

---

[1]) *Anm. bei der Korrektur*: E. FEENBERG (priv. Mitteilung) hat darauf hingewiesen, daß die negativen Ergebnisse, die die Gruppe von VAN DE GRAAFF et al. mit 2,1-MeV-Deuteronen erhalten hat, möglicherweise vollständig der Wirkung der COULOMB-Barriere auf die auslaufenden α-Teilchen zugeschrieben werden können, in Verbindung mit der Erhaltung des Drehimpulses und der räumlichen Parität, die mit der wahrscheinlichen Zuordnung des Spins Null und positiver räumlicher Parität für den ^{14}N-Zustand zusammenhängt. Diese Effekte scheinen jedoch in den anderen Experimenten, wobei Deuteronen mit höherer Energie benutzt wurden, unwesentlich zu sein.

geregten Zustandes von ^{14}N herrührt, daß der Zustand von ^{14}N ladungsgerade ist, obwohl in diesem Fall die Endkerne nicht selbstkonjugiert sind.

Die Existenz der Ladungsparität steht in bestimmten interessanten Beziehungen zum Problem der Ladungsunabhängigkeit der Kernkräfte. Wie von ADAIR[1]) gezeigt wurde, hat die Annahme der Ladungsunabhängigkeit ebenfalls Auswahlregeln für Kernreaktionen zur Folge, die jene aus der Ladungssymmetrie folgenden Regeln einschließen, jedoch bedeutend weiter reichen. Das folgt aus der Tatsache, daß der Gesamtisospin ebenso wie die Ladungsparität erhalten bleiben muß. Unglücklicherweise wird die Rolle des Isospins in vielen Reaktionen durch das Zusammenfallen seiner Voraussagen mit denen der Ladungsparität verdeckt. Es wurde beispielsweise vorgeschlagen, daß der 2,3-MeV-Zustand in ^{14}N Bestandteil eines Isospinmultipletts mit $T = 1$ ist, während der Grundzustand $T = 0$ besitzt. Es ist wichtig zu erkennen, daß diese Zustände dann nicht dieselbe Ladungsparität haben können. Daraus folgt, daß es schwierig ist, geeignete Reaktionen, an denen diese Zustände ($T = 0$ und $T = 1$) beteiligt sind, zu finden, die durch die Erhaltung der Ladungsparität erlaubt und durch Isospinerhaltung verboten sind. Somit liefert die beobachtete Unterdrückung der vorhin erwähnten Reaktion $^{16}O(d, \alpha)^{14}N^*$ keine direkte Information über die Stärke der np-Kräfte im Vergleich zu den nn- und pp-Kräften.[2])

Eine andere Anwendung des Ladungsparitätsoperators besteht in der Bestimmung der Terme, die einem spe-

[1]) R. K. ADAIR: Phys. Rev. **87** (1952) 1044 (siehe S. 270 dieses Buches). Die Verfasser möchten die Tatsache würdigen, daß ihre Gedanken zur Grundaussage dieses Artikels durch ADAIRS Arbeit angeregt wurden, und V. F. WEISSKOPF dafür danken, daß er sie auf diese Arbeit aufmerksam gemacht hat.

[2]) Wenn man andererseits annimmt, daß die Kernkräfte näherungsweise ladungsunabhängig sind, dann trägt dieses Ergebnis zur Identifizierung des Symmetriecharakters des Zustandes bei. Die Energie des Zustandes ist dann völlig konsistent mit der Ladungsunabhängigkeit.

ziellen Zustand eines Kerns beigemischt sein können. Wir betrachten den Fall eines Neutrons und eines Protons, die sich wie im Falle des ^{6}Li beide in derselben p-Schale eines Kerns befinden. Die Terme mit dem Gesamtdrehimpuls Eins, die man aus dieser Konfiguration konstruieren kann, sind $^3S_1$, $^3D_1$, $^1P_1$ und $^3P_1$. Diese Terme werden nicht alle gemischt werden (außer wiederum im Falle einer Entartung), da die ersten drei von ihnen gerade Ladungsparität und der letzte ungerade Ladungsparität besitzen.

Unsere letzte Anwendung der Ladungsparität bezieht sich auf das Problem des β-Zerfalls[1]) von ^{14}O in den angeregten Zustand von ^{14}N bei 2,3 MeV. Eine eindeutige Identifizierung des angeregten Zustandes als Bestandteil des gleichen Isospintripletts, dem der Grundzustand von ^{14}O (unter der Annahme der Ladungsunabhängigkeit) angehört, würde die Zuordnung dieses Zustandes zum Drehimpuls $I = 0$ bestätigen und damit eine Abschätzung der mit Fermi-Auswahlregeln verknüpften Kopplungskonstante beim β-Zerfall ermöglichen. Blatt[2]) hat unlängst darauf hingewiesen, daß Adairs Interpretation des vorhin erwähnten $^{16}\mathrm{O}(d, \alpha)^{14}\mathrm{N}^*$-Resultats diese Idenfizierung tatsächlich bestätigen würde. Weiterhin besagt die Tatsache, daß der Übergang supererlaubt ist, daß das Matrixelement seinen Maximalwert (zwei) annimmt.[3]) Die Bedeutung der Ladungsparität rührt von dem Umstand her, daß sie die Abhängigkeit dieser Schlußfolgerungen von der Annahme der Ladungsunabhängigkeit abschwächt und daher die gezogenen Schlüsse bekräftigt. Wenn man die Abweichung von der Ladungsunabhängigkeit als eine Störung betrachtet, so findet man, daß es keine nah benachbarten Zustände im ^{14}N gibt, mit denen der $(T = 1)$-Zustand gemischt werden kann. Genauer gesagt, das Energieniveauschema von ^{14}O zeigt einen Ab-

---

[1]) Sherr, Muether und White: Phys. Rev. 75 (1949) 282.

[2]) Blatt, J.: priv. Mitteilung.

[3]) Trigg, G. L.: Phys. Rev. 86 (1952) 506.

stand von etwa 6 MeV zwischen dem Grundzustand und dem ersten angeregten Zustand. Die Zustände in der Umgebung des ($T = 1$)-Zustandes von ^{14}N müssen daher alle ($T = 0$)-Zustände sein. Wenn man nun die Wirkung einer Abweichung von der Ladungsunabhängigkeit auf den ($T = 1$)-Zustand von ^{14}N betrachtet, so ist klar, daß der Charakter positiver Ladungsparität der ($T = 0$)-Zustände eine Mischung (die anderenfalls groß sein könnte) dieser Zustände mit dem ($T = 1$)-Zustand verhindert. Somit wird die Erwartung, daß das Matrixelement des Übergangs $^{14}O \rightarrow {}^{14}N^*$ Zwei beträgt, nur wenig beeinflußt.

Es ist uns ein Vergnügen, Herrn Prof. V. F. WEISSKOPF für anregende und fruchtbare Diskussionen zu danken.

12. Über die Wechselwirkung von Elementarteilchen*)

von

HIDEKI YUKAWA

§ 1. Einleitung

Beim gegenwärtigen Stand der Quantentheorie ist wenig über die Natur der Wechselwirkung zwischen Elementarteilchen bekannt. HEISENBERG hat die „Platzwechsel"-Kraft zwischen dem Neutron und dem Proton als für die Kernstruktur bedeutsam angesehen.[1])

Unlängst behandelte FERMI das Problem des β-Zerfalls auf der Grundlage der „Neutrino"-Hypothese.[2]) Nach dieser Theorie können das Neutron und das Proton durch Emission und Absorption eines Elektron-Neutrino-Paares wechselwirken. Leider ist die unter solchen Annahmen berechnete Wechselwirkungsenergie viel zu klein, um die Bindungsenergien von Neutronen und Protonen im Kern erklären zu können.[3])

Um diesen Mangel zu beheben, erscheint es als natürlich, die Theorie von HEISENBERG und FERMI wie folgt zu modifizieren: Der Übergang eines schweren Teilchens

---

*) Proc. Math. Soc. Japan **17** (1935) 48.

[1]) HEISENBERG, W.: Z. Phys. **77** (1932) 1; **78** (1932) 156; **80** (1933) 587 (vgl. die Seiten 195 und 211 dieses Buches). Wir werden die erste dieser drei Arbeiten mit I bezeichnen.

[2]) FERMI, E.: Z. Phys. **88** (1934) 161.

[3]) TAMM, I.: Nature [London] **133** (1934) 981; IWANENKO, D.: Nature [London] **133** (1934) 981.

vom Neutronen- zum Protonenzustand ist nicht immer von einer Emission leichter Teilchen, d. h. eines Neutrinos und eines Elektrons, begleitet, sondern die bei dem Übergang freigesetzte Energie wird manchmal von einem anderen schweren Teilchen übernommen, das seinerseits vom Proton- in den Neutronenzustand übergeführt wird. Wenn die Wahrscheinlichkeit für das Auftreten des letztgenannten Prozesses viel größer als die des ersteren ist, dann wird die Wechselwirkung zwischen dem Neutron und dem Proton viel größer als im FERMI-Prozeß sein, während die Wahrscheinlichkeit für die Emission leichter Teilchen nicht wesentlich beeinflußt wird.

Man kann nun eine solche Wechselwirkung zwischen den Elementarteilchen mit Hilfe eines Kraftfeldes beschreiben, so wie die Wechselwirkung zwischen den geladenen Teilchen durch das elektromagnetische Feld beschrieben wird. Die obigen Betrachtungen zeigen, daß die Wechselwirkung von schweren Teilchen mit diesem Feld viel stärker als die der leichten Teilchen mit ihm ist.

In der Quantentheorie sollte dieses Feld durch eine neue Art von Quant begleitet sein, so wie das elektromagnetische Feld von dem Photon begleitet wird.

In der vorliegenden Arbeit werden die mögliche Natur dieses Feldes und des damit verknüpften Quants kurz diskutiert; ebenso wird ihre Beziehung zur Kernstruktur untersucht.

Außer einer solchen Austauschkraft und den gewöhnlichen elektrischen und magnetischen Kräften können noch andere Kräfte zwischen den Elementarteilchen wirksam sein, aber wir lassen die letzteren im Moment außer Betracht.

Ein ausführlicher Bericht wird in der nächsten Veröffentlichung gegeben.

§ 2. Das die Wechselwirkung beschreibende Feld

In Analogie zum skalaren Potential des elektromagnetischen Feldes führen wir eine Funktion $U(x,y,z,t)$ zur Beschreibung des Feldes zwischen dem Neutron und dem Proton ein. Diese Funktion wird einer Gleichung genügen, die der Wellengleichung für das elektromagnetische Potential ähnlich ist.

Nun besitzt die Gleichung

$$\left(\nabla^2 - \frac{1}{c^2}\frac{\partial^2}{\partial t^2}\right) U = 0 \tag{1}$$

nur eine statische Lösung mit Zentralsymmetrie $1/r$, abgesehen von additiven und multiplikativen Konstanten. Das Potential der Kraft zwischen dem Neutron und dem Proton sollte jedoch nicht vom COULOMB-Typ sein, sondern mit der Entfernung rascher abnehmen. Es kann z. B. durch

$$\pm g^2 \frac{e^{-\lambda r}}{r} \tag{2}$$

ausgedrückt werden, wobei g eine Konstante mit der Dimension der elektrischen Ladung, d. h. $\mathrm{cm}^{3/2}\,\mathrm{s}^{-1}\,\mathrm{g}^{1/2}$, ist und λ die Dimension cm^{-1} hat.

Da diese Funktion eine statische zentralsymmetrische Lösung der Wellengleichung

$$\left(\nabla^2 - \frac{1}{c^2}\frac{\partial^2}{\partial t^2} - \lambda^2\right) U = 0 \tag{3}$$

ist, wollen wir diese Gleichung als die korrekte Gleichung für U im Vakuum annehmen. Bei Anwesenheit der schweren Teilchen wechselwirkt das U-Feld mit ihnen und bewirkt den Übergang vom Neutronen- zum Protonenzustand.

Führt man nun die Matrizen[1])

$$\tau_1 = \begin{pmatrix} 0 & 1 \\ 1 & 0 \end{pmatrix}, \quad \tau_2 = \begin{pmatrix} 0 & -i \\ i & 0 \end{pmatrix}, \quad \tau_3 = \begin{pmatrix} 1 & 0 \\ 0 & -1 \end{pmatrix}$$

ein und bezeichnet den Neutronen- und den Protonenzustand durch $\tau_3 = 1$ bzw. $\tau_3 = -1$, so ist die Wellengleichung gegeben durch

$$\left\{\nabla^2 - \frac{1}{c^2}\frac{\partial^2}{\partial t^2} - \lambda^2\right\} U = -4\pi g \tilde{\Psi} \frac{\tau_1 - i\tau_2}{2} \Psi. \quad (4)$$

Hierin bezeichnet Ψ die Wellenfunktion des schweren Teilchens, die eine Funktion der Zeit, des Ortes, des Spins und der Größe τ_3 ist, welche die Werte 1 oder -1 annimmt.

Weiterhin wird die konjugiert komplexe Funktion $\tilde{U}(x,y,z,t)$ eingeführt, die der Gleichung

$$\left\{\nabla^2 - \frac{1}{c^2}\frac{\partial^2}{\partial t^2} - \lambda^2\right\} \tilde{U} = -4\pi g \tilde{\Psi} \frac{\tau_1 + i\tau_2}{2} \Psi \quad (5)$$

genügt und dem inversen Übergang vom Proton- zum Neutronzustand entspricht.

Eine ähnliche Gleichung wird für die Vektorfunktion gelten, die das Analogon zum Vektorpotential des elektromagnetischen Feldes ist. Wir vernachlässigen diese jedoch im Moment, da es keine korrekte relativistische Theorie für die schweren Teilchen gibt. Deshalb wird für das schwere Teilchen eine einfache, nichtrelativistische Wellengleichung unter Vernachlässigung des Spins wie folgt benutzt:

$$\left\{\frac{\hbar^2}{4}\left(\frac{1+\tau_3}{M_n} + \frac{1-\tau_3}{M_p}\right)\nabla^2 + i\hbar\frac{\partial}{\partial t} - \frac{1+\tau_3}{2}M_n c^2 - \frac{1-\tau_3}{2}M_p c^2 - g\left(\tilde{U}\frac{\tau_1 - i\tau_2}{2} + U\frac{\tau_1 + i\tau_2}{2}\right)\right\}\Psi = 0. \quad (6)$$

[1]) HEISENBERG, W.: loc. cit. I.

Hierbei ist $\hbar$ die PLANCKsche Konstante, dividiert durch 2π, und M_n, M_p sind die Massen des Neutrons bzw. des Protons. Der Grund für die Wahl des negativen Vorzeichens bei g wird später erwähnt werden.

Die Gleichung (6) entspricht dem HAMILTON-Operator

$$H = \left(\frac{1+\tau_3}{4M_n} + \frac{1-\tau_3}{4M_p}\right)\boldsymbol{p}^2 + \frac{1+\tau_3}{2} M_n c^2 + \frac{1-\tau_3}{2} M_p c^2 + g\left(\tilde{U}\,\frac{\tau_1 - i\tau_2}{2} + U\,\frac{\tau_1 + i\tau_2}{2}\right), \tag{7}$$

wobei $\boldsymbol{p}$ der Impuls des Teilchens ist. Wenn wir $M_n c^2 - M_p c^2 = D$ und $M_n + M_p = 2M$ setzen, wird Gleichung (7) näherungsweise

$$H = \frac{\boldsymbol{p}^2}{2M} + \frac{g}{2}\{\tilde{U}(\tau_1 - i\tau_2) + U(\tau_1 + i\tau_2)\} + \frac{D}{2}\tau_3. \tag{8}$$

Dabei wurde der konstante Term Mc^2 weggelassen.

Wir betrachten nun zwei schwere Teilchen an den Punkten (x_1, y_1, z_1) und (x_2, y_2, z_2) und nehmen an, daß ihre Relativgeschwindigkeit klein ist. Die Felder am Ort (x_1, y_1, z_1), die von dem Teilchen bei (x_2, y_2, z_2) herrühren, sind nach (4) und (5)

$$\left.\begin{aligned} U(x_1, y_1, z_1) &= \frac{g}{r_{12}}\, e^{-\lambda r_{12}}\, \frac{1}{2}\left(\tau_1^2 - i\tau_2^2\right), \\ \tilde{U}(x_1, y_1, z_1) &= \frac{g}{r_{12}}\, e^{-\lambda r_{12}}\, \frac{1}{2}\left(\tau_1^2 + i\tau_2^2\right). \end{aligned}\right\} \tag{9}$$

Die Matrizen $(\tau_1^1, \tau_2^1, \tau_3^1)$ und $(\tau_1^2, \tau_2^2, \tau_3^2)$ beziehen sich auf das erste bzw. zweite Teilchen, und r_{12} ist der Abstand zwischen ihnen.

Der HAMILTON-Operator für das System bei Abwesenheit äußerer Felder ist daher gegeben durch

$$\begin{aligned} H &= \frac{\boldsymbol{p}_1^2}{2M} + \frac{\boldsymbol{p}_2^2}{2M} + \frac{g^2}{4}\{(\tau_1^1 - i\tau_2^1)(\tau_1^2 + i\tau_2^2) \\ &\quad + (\tau_1^1 + i\tau_2^1)(\tau_1^2 - i\tau_2^2)\}\frac{e^{-\lambda r_{12}}}{r_{12}} \\ &= \frac{\boldsymbol{p}_1^2}{2M} + \frac{\boldsymbol{p}_2^2}{2M} \\ &\quad + \frac{g^2}{2}(\tau_1^1\tau_1^2 + \tau_2^1\tau_2^2)\frac{e^{-\lambda r_{12}}}{r_{12}} \\ &\quad + (\tau_3^1 + \tau_3^2)D; \end{aligned} \tag{10}$$

$\boldsymbol{p}_1, \boldsymbol{p}_2$ sind die Impulse der Teilchen.

Dieser HAMILTON-Operator ist HEISENBERGS HAMILTON-Operator (1)[1]) äquivalent, wenn wir für das „Platzwechselintegral"

$$J(r) = -g^2\frac{e^{-\lambda r}}{r} \tag{11}$$

setzen, abgesehen davon, daß die Wechselwirkung zwischen den Neutronen und die elektrostatische Abstoßung zwischen den Protonen nicht berücksichtigt wurden. HEISENBERG wählte das positive Vorzeichen für $J(r)$, so daß der Spin des Grundzustandes von H^2 gleich Null war, während in unserem Fall infolge des negativen Zeichens vor g^2 der Zustand niedrigster Energie den Spin 1 besitzt, was vom Experiment gefordert wird (s. Teil 1, S. 120, 125).

Die beiden Konstanten g und λ in den obigen Gleichungen sollten durch Vergleich mit dem Experiment bestimmt werden. Wir können z. B. mit Hilfe des HAMILTON-Operators (10) für die schweren Teilchen den Massendefekt des Deuterons und die Wahrscheinlichkeit für die Streuung eines Neutrons an einem Proton berechnen,

---

[1]) HEISENBERG, W.: loc. cit. I.

vorausgesetzt, daß die Relativgeschwindigkeit klein im Vergleich zur Lichtgeschwindigkeit ist.[1])

Eine grobe Abschätzung zeigt, daß die berechneten Werte mit den experimentellen Ergebnissen übereinstimmen, wenn wir für λ einen Wert zwischen $10^{12}\,\mathrm{cm}^{-1}$ und $10^{13}\,\mathrm{cm}^{-1}$ und für g einen Wert, der einige Male größer als die Elementarladung e ist, wählen, obwohl in den obigen Betrachtungen keine direkte Beziehung zwischen g und e angedeutet wurde.

§ 3. Die Natur der das Feld begleitenden Quanten

Das oben betrachtete U-Feld sollte entsprechend der allgemeinen Methode der Quantenmechanik quantisiert werden. Da Neutron und Proton beide der FERMI-Statistik gehorchen, sollten die Quanten, die das U-Feld begleiten, der BOSE-Statistik genügen, und die Quantisierung kann in ähnlicher Weise wie beim elektromagnetischen Feld durchgeführt werden.

Das Gesetz der Erhaltung der elektrischen Ladung erfordert, daß das Quant die Ladung $+e$ oder $-e$ haben sollte. Die Feldgröße U entspricht dem Operator, der die Zahl der negativ geladenen Quanten um Eins erhöht und die Zahl positiv geladener Quanten um eine Einheit verringert. Die zu U komplex konjugierte Größe $\tilde{U}$ entspricht dem inversen Operator.

Mit den Bezeichnungen

$$p_x = -i\hbar\frac{\partial}{\partial x}, \ldots, \quad W = i\hbar\frac{\partial}{\partial t}, \quad m_U c = \lambda\hbar$$

kann man die Wellengleichung für U im freien Raum in

---

[1]) Diese Rechnungen wurden früher nach der HEISENBERGschen Theorie von Herrn TOMONAGA gemacht, dem der Autor vieles verdankt. In unserem Fall ist eine kleine Abänderung erforderlich. In der nächsten Arbeit wird darüber ausführlich berichtet.

der Form

$$\left\{p_x^2 + p_y^2 + p_z^2 - \frac{W^2}{c^2} + m_U c^2\right\} U = 0 \tag{12}$$

schreiben, so daß das dem Feld zugeordnete Quant die Ruhmasse $m_U = \lambda \hbar / c$ besitzt. Nehmen wir $\lambda = 5 \cdot 10^{12}$ cm^{-1} an, so erhalten wir für m_U einen Wert, der $2 \cdot 10^2$mal so groß wie die Elektronenmasse ist. Da ein solches Quant mit großer Masse und positiver oder negativer Ladung niemals im Experiment gefunden wurde, scheint die obige Theorie abwegig zu sein. Wir können aber zeigen, daß ein solches Quant bei einer gewöhnlichen Kernumwandlung nicht in den äußeren Raum emittiert werden kann.

Wir wollen als Beispiel den Übergang von einem Neutronenzustand mit der Energie W_n zu einem Protonenzustand der Energie W_p betrachten, wobei beide Größen W die Ruhenergien mit enthalten. Diese Zustände können durch die Wellenfunktionen

$$\Psi_n(x,y,z,t,1) = u(x,y,z)\, e^{-iW_n t/\hbar}, \quad \Psi_n(x,y,z,t,-1) = 0$$

und

$$\Psi_p(x,y,z,t,1) = 0, \quad \Psi_p(x,y,z,t,-1) = v(x,y,z)\, e^{-iW_p t/\hbar}$$

ausgedrückt werden, so daß auf der rechten Seite der Gleichung (4) der Term

$$-4\pi g \tilde{v} u\, e^{-it(W_n - W_p)/\hbar}$$

erscheint.

Setzt man $U = U'(x,y,z)\, e^{i\omega t}$, so erhalten wir aus (4)

$$\left\{\nabla^2 - \left(\lambda^2 - \frac{\omega^2}{c^2}\right)\right\} U' = -4\pi g \tilde{v} u, \tag{13}$$

wobei $\omega = (W_n - W_p)/\hbar$ ist. Durch Integration finden wir eine Lösung

$$U'(\boldsymbol{r}) = g \iiint \frac{e^{-\mu|r-r'|}}{|\boldsymbol{r} - \boldsymbol{r}'|} \tilde{v}(\boldsymbol{r}') u(\boldsymbol{r}') \, dv' \qquad (14)$$

mit $\mu = (\lambda^2 - \omega^2/c^2)^{1/2}$.

Für $\lambda > |\omega|/c$ oder $m_U c^2 > |W_n - W_p|$ ist μ reell, und HEISENBERGS Funktion $J(r)$ hat die Form $-g^2 e^{-\mu r}/r$, in der μ jedoch von $|W_n - W_p|$ abhängt und monoton abnimmt, wenn diese Größe gegen $m_U c^2$ strebt. Das bedeutet, daß die Reichweite der Wechselwirkung zwischen einem Neutron und einem Proton mit wachsendem $|W_n - W_p|$ zunimmt.

Nun kann man die (elastische oder unelastische) Streuung eines Neutrons an einem Kern als Ergebnis des folgenden zweifachen Prozesses betrachten: Das Neutron fällt in ein Protonenniveau des Kerns, und ein darin befindliches Proton springt in einen Neutronenzustand positiver kinetischer Energie, wobei die Gesamtenergie in diesem Prozeß erhalten wird. Das obige Argument zeigt dann, daß die Wahrscheinlichkeit für die Streuung in manchen Fällen mit der Geschwindigkeit des Neutrons zunehmen kann.

Nach dem Experiment von BONNER[1]) wächst der Stoßquerschnitt des Neutrons beim Blei tatsächlich mit der Geschwindigkeit, während er im Fall des Kohlenstoffs und Wasserstoffs abnimmt, wobei die Abnahme beim ersteren langsamer erfolgt als bei letzterem. Die Ursache dieses Effekts ist nicht klar, aber die obigen Betrachtungen widersprechen ihm zumindest nicht. Wenn die Bindungsenergie des Protons im Kern mit $m_U c^2$ vergleichbar wird, dann wächst die Reichweite der Wechselwirkung des Neutrons mit dem Proton mit zunehmender Geschwindigkeit des Neutrons beträchtlich. In diesem Fall wird der Querschnitt langsamer abnehmen als im Fall des Wasserstoffs, d. h. eines freien Protons. Nun hat

---

[1]) BONNER, T. W.: Phys. Rev. **45** (1934) 606.

die Bindungsenergie des Protons in ^{12}C, die aus der Differenz der Massen von ^{12}C und ^{11}B abgeschätzt wird, den Wert

$$12{,}0036 - 11{,}0110 = 0{,}9926.$$

Das entspricht einer Bindungsenergie von 0,0152 (in Masseneinheiten) und ist gleich dem 30fachen der Elektronenmasse. Im Fall des Kohlenstoffs können wir daher den von BONNER beobachteten Effekt erwarten. Diese Argumente sind nur als Versuch anzusehen, andere Erklärungen sind natürlich nicht ausgeschlossen.

Für $\lambda < |\omega|/c$ oder $m_U c^2 < |W_n - W_p|$ wird μ rein imaginär, und U beschreibt eine ungedämpfte Kugelwelle. Das besagt, daß beim Übergang des schweren Teilchens vom Neutronen- in den Protonenzustand ein Quant mit einer Energie größer als $m_U c^2$ in den Außenraum emittiert werden kann, vorausgesetzt, daß $|W_n - W_p| > m_U c^2$ gilt.

Die Geschwindigkeit der U-Wellen ist größer und die Gruppengeschwindigkeit kleiner als die Lichtgeschwindigkeit, so wie im Fall der Elektronenwelle.

Der Grund, warum solche massive Quanten, falls sie überhaupt existieren, noch nicht entdeckt wurden, mag der Tatsache zugeschrieben werden, daß die Masse m_U so groß ist, daß die Bedingung $|W_n - W_p| > m_U c^2$ bei einer gewöhnlichen Kernumwandlung nicht erfüllt ist.

§ 4. Theorie des β-Zerfalls

Bisher haben wir nur die Wechselwirkung der U-Quanten mit schweren Teilchen betrachtet. Nach unserer Theorie kann nun das Quant, das beim Übergang eines schweren Teilchens von einem Neutronen- zu einem Protonenzustand emittiert wird, von einem leichten Teilchen absorbiert werden, das dann infolge der Energieabsorption aus einem Neutrinozustand negativer Energie in einen Elektronenzustand positiver Energie angehoben wird. Somit werden ein Antineutrino und ein Elektron gleichzeitig vom Kern ausgesandt. Das Dazwischentreten eines schweren Quants ändert die Wahrscheinlichkeit des β-Zerfalls nicht wesentlich, wie eine Rechnung zeigt, die auf der Grundlage der Hypothese einer direkten Kopplung eines schweren und eines leichten Teilchens durchgeführt wurde, ebenso wie in der Theorie der inneren Konversion der γ-Strahlung das Endergebnis durch die Einmischung des Photons nicht geändert wird.[1]) Unsere Theorie weicht daher nicht wesentlich von FERMIS Theorie ab.

FERMI zog in Betracht, daß ein Elektron und ein Neutrino gleichzeitig von dem radioaktiven Kern emittiert werden, das ist aber formal äquivalent der Annahme, daß ein leichtes Teilchen aus einem Neutrinozustand negativer Energie in einen Elektronenzustand mit positiver Energie übergeht. Daher sollte auf der rechten Seite der Gleichung (5) für $\tilde{U}$ ein Term

$$- 4\pi g' \sum_{k=1}^{4} \tilde{\psi}_k \varphi_k \tag{15}$$

hinzugefügt werden; ψ_k, φ_k $(k = 1,2,3,4)$ sind die Eigenfunktionen des Elektrons und des Neutrinos, und g' ist eine neue Konstante mit derselben Dimension wie g.

Nun ist die Eigenfunktion des Neutrinozustandes, dessen Energie und Impuls gerade die entgegengesetzten Werte wie der Zustand φ_k haben, gegeben durch $\varphi'_k = - \delta_{kl}\tilde{\varphi}_l$, und umgekehrt gilt $\varphi_k = \delta_{kl}\tilde{\varphi}'_l$, wobei

$$\delta = \begin{pmatrix} 0 & -1 & 0 & 0 \\ 1 & 0 & 0 & 0 \\ 0 & 0 & 0 & 1 \\ 0 & 0 & -1 & 0 \end{pmatrix}$$

---

[1]) TAYLOR, H. A., und N. F. MOTT: Proc. Roy. Soc. [London] **A 138** (1932) 665.

ist, so daß (15) übergeht in

$$-4\pi g' \sum_{k,l=1}^{4} \tilde{\psi}_k \delta_{kl} \tilde{\varphi}'_l . \tag{16}$$

Aus den Gleichungen (13) und (15) erhalten wir für das Matrixelement der Wechselwirkungsenergie des schweren und des leichten Teilchens den Ausdruck

$$g g' \int \ldots \int \tilde{v}(\boldsymbol{r}_1) u(\boldsymbol{r}_1) \sum_{k=1}^{4} \psi_k(\boldsymbol{r}_2) \varphi_k(\boldsymbol{r}_2) \frac{e^{-\lambda r_{12}}}{r_{12}} d v_1 \, d v_2 , \tag{17}$$

der folgendem Zweifachprozeß entspricht: Ein schweres Teilchen fällt von dem Neutronenzustand mit der Eigenfunktion $u(\boldsymbol{r})$ in den Protonenzustand mit der Eigenfunktion $v(\boldsymbol{r})$, und gleichzeitig springt ein leichtes Teilchen aus dem Neutrinozustand $\varphi_k(\boldsymbol{r})$ mit negativer Energie in den Elektronenzustand $\psi_k(\boldsymbol{r})$ mit positiver Energie. In (17) wurde λ anstelle von μ gesetzt, weil die Differenz der Energien des Neutron- und des Protonzustandes, die gleich der Summe der oberen Grenze des Energiespektrums der β-Strahlen und der Ruhenergien des Elektrons und des Neutrinos ist, stets klein im Vergleich zu $m_U c^2$ ist.

Da λ viel größer als die Wellenzahlen des Elektronen- und des Neutrinozustandes ist, kann man die Funktion $e^{-\lambda r_{12}}/r_{12}$ bei den Integrationen über x_2, y_2, z_2 näherungsweise als eine δ-Funktion, multipliziert mit $4\pi/\lambda^2$, betrachten. Der Faktor $4\pi/\lambda^2$ kommt von

$$\iiint \frac{e^{-\lambda r_{12}}}{r_{12}} \, d v_2 = \frac{4\pi}{\lambda^2} .$$

Daher wird Gleichung (17)

$$\frac{4\pi g g'}{\lambda^2} \iiint \tilde{v}(\boldsymbol{r}) u(\boldsymbol{r}) \sum_k \tilde{\psi}_k(\boldsymbol{r}) \, \varphi_k(\boldsymbol{r}) \, d v \tag{18}$$

oder mit Hilfe von (16)

$$\frac{4\pi g g'}{\lambda^2}\iiint \tilde{\boldsymbol{\nu}}(\boldsymbol{r})\,u(\boldsymbol{r})\sum_{k,l}\tilde{\psi}(\boldsymbol{r})\,\delta'_{kl}\tilde{\varphi}'_l(\boldsymbol{r})\,\mathrm{d}v, \tag{19}$$

was mit dem Ausdruck (21) von FERMI für die Emission eines Neutrinos und eines Elektrons in Zuständen positiver Energie $\varphi'_k(\boldsymbol{r})$ und $\psi_k(\boldsymbol{r})$ übereinstimmt, abgesehen davon, daß der Faktor $4\pi g g'/\lambda^2$ für FERMIS g substituiert wurde.

Das Ergebnis ist daher in dieser Näherung das gleiche wie in FERMIS Theorie, wenn wir

$$\frac{4\pi g g'}{\lambda^2} = 4 \cdot 10^{-50}\ \mathrm{cm}^3\ \mathrm{erg}$$

setzen, woraus man die Konstante g' bestimmen kann. Wählt man z. B. $\lambda = 5 \cdot 10^{12}$ und $g = 2 \cdot 10^{-9}$, so erhalten wir $g' \approx 4 \cdot 10^{-17}$, was etwa um den Faktor 10^{-8} kleiner als g ist.

Das bedeutet, daß die Wechselwirkung zwischen dem Neutrino und dem Elektron viel schwächer als die zwischen dem Neutron und dem Proton ist, so daß das Neutrino viel durchdringender als das Neutron und folglich schwieriger zu beobachten ist. Der Unterschied zwischen g und g' kann von dem Unterschied der Massen von schweren und leichten Teilchen herrühren.

§ 5. Zusammenfassung

Die Wechselwirkungen von Elementarteilchen werden durch Annahme eines hypothetischen Quants beschrieben, das eine Elementarladung und eine endliche Ruhemasse besitzt und der BOSE-Statistik genügt. Die Wechselwirkung eines solchen Quants mit einem schweren Teilchen sollte viel stärker als die mit einem leichten Teilchen sein, um sowohl die starke Wechselwirkung des Neutrons und des Protons als auch die kleine Wahrscheinlichkeit fur den β-Zerfall zu liefern.

Solche Quanten werden, falls sie überhaupt existieren und der Materie nahe genug kommen, um absorbiert zu werden, ihre Ladung und Energie auf die letztere übertragen. Wenn die Quanten mit negativer Ladung im Überschuß vorkommen, so wird die Materie auf ein negatives Potential aufgeladen.

Diese Argumente, die natürlich rein spekulativen Charakter haben, stimmen mit der Ansicht überein, daß die hochenergetischen positiv geladenen Teilchen in der kosmischen Strahlung durch das elektrostatische Feld der Erde erzeugt werden, die auf ein negatives Potential aufgeladen ist.[1])

Die massiven Quanten können auch mit den durch kosmische Strahlung erzeugten Schauern in Beziehung stehen

Abschließend möchte der Verfasser Herrn Dr Y. NISHINA und Herrn Prof S. KIKUCHI für die Unterstützung während des Fortgangs dieser Arbeit seinen herzlichen Dank aussprechen.

---

[1]) HUXLEY, G H Nature [London] **134** (1934) 418 und 571, JOHNSON Phys. Rev **45** (1934) 569.

13. Die Reichweite der Kernkräfte in Yukawas Theorie*)

von

G. C. WICK

Vor vier Jahren gelangte YUKAWA bei einem Versuch, eine relativistische Theorie der Wechselwirkung schwerer Teilchen in Atomkernen zu formulieren, zu der Voraussage der Existenz geladener Teilchen, deren Masse zwischen denen des Elektrons und des Protons liegt.[1])

Angesichts des großen Interesses und der Hoffnungen, die durch die eindrucksvolle Entdeckung von Teilchen genau der gewünschten Masse in der kosmischen Strahlung, die man natürlich mit YUKAWAS Teilchen zu identifizieren sucht, geweckt wurden, mag es wünschenswert sein, eine möglichst einfache Ableitung der grundlegenden Beziehung

$$\varrho = \frac{h}{mc} \tag{1}$$

zu besitzen, die YUKAWA zu seiner bemerkenswerten Voraussage geführt hat. Hierbei bedeuten ϱ die Reichweite der Kernkräfte, h die PLANCKsche Konstante, m die Masse des „schweren Elektrons" und c die Lichtgeschwindigkeit.

Es mag daher vielleicht von Interesse sein, darauf hinzuweisen, daß die Bedeutung der Relation (1) einfach durch ein auf HEISENBERGS Unbestimmtheitsprinzip

---

*) Nature [London] **142** (1938) 994.

[1]) YUKAWA, H.: Proc. Phys.-Math. Soc. Japan **17** (1935) 48 (siehe S. 285 dieses Buches); vgl. auch FRÖHLICH, H., W. HEITLER und N. KEMMER: Proc. Roy. Soc. [London] **A 166** (1938) 154 und mehrere dort zitierte Arbeiten.

beruhendes Argument veranschaulicht werden kann, in enger Analogie zu BOHRS Diskussion der GAMOWschen Formel sowie anderen verwandten Problemen.

Das Argument lautet wie folgt: In YUKAWAS Theorie wird die Wechselwirkung zwischen den schweren Teilchen durch die mittelschweren Teilchen mit Hilfe einfacher Emissions- und Absorptionsprozesse übertragen (etwa in derselben Weise, wie man die relativistische Wechselwirkung zwischen zwei Elektronen durch Emission und Absorption von Lichtquanten beschreiben kann); diese sind natürlich keine tatsächlichen Emissions- und Absorptionsvorgänge, was dem Energieprinzip widersprechen würde; sie werden deshalb als virtuelle Übergänge bezeichnet. Wir wollen nun etwas genauer untersuchen, wie es dazu kommt, daß das Energieprinzip berücksichtigt wird. Man könnte versuchen zu zeigen, daß dies nicht der Fall ist, indem man irgendeine Vorrichtung verwendet, die das schwere Elektron während seiner Bewegung von einem schweren Teilchen zum anderen „sehen" kann. In diesem Fall kann das Energieprinzip, wie üblich, nur dann gerettet werden, wenn der unkontrollierbare Energieaustausch während der Wirkung der Vorrichtung so groß ist, um den tatsächlich beobachteten Energieüberschuß zu decken, der zumindest mc^2 beträgt. Nun ist die Zeit t, die das YUKAWA-Teilchen zu seiner Bewegung von einem schweren Teilchen zum anderen braucht, mindestens gleich r/c, wenn r der Abstand zwischen den schweren Teilchen ist. Die Wirkungszeit der Anordnung muß andererseits kleiner als t sein (anderenfalls wird das System als Ganzes reagieren, und die Vorrichtung wird nicht imstande sein, die Anwesenheit des einzelnen YUKAWA-Teilchens zu entdecken), sie braucht aber nicht wesentlich kleiner als diese Größe zu sein. Wir sehen daher, daß die Unbestimmtheit der Energie höchstens

$$\Delta E \sim \frac{hc}{r}$$

betragen wird. Die Bedingung

$$\Delta E > mc^2$$

gibt tatsächlich die Entfernung (1) als den Grenzwert, bis zu dem sich virtuelle Übergänge bemerkbar machen können, ohne dem Energieprinzip zu widersprechen. Dazu ist zu bemerken, daß es bei Annahme einer Geschwindigkeit des intermediären Teilchens kleiner als c nur möglich ist, die Unbestimmtheit der Energie weiter zu verringern, so daß die Betrachtung relativistischer Geschwindigkeiten tatsächlich die optimalen Bedingungen oder den oberen Grenzwert ergibt, bis zu dem sich die Wechselwirkung erstrecken kann.

Es ist mir eine große Freude, Herrn Prof. N. BOHR für sein freundliches Interesse und der Fondazione Volta des C. d. R. für einen Zuschuß, der meinen Aufenthalt in Kopenhagen ermöglicht hat, meinen Dank auszusprechen.

14. Zerfall negativer Mesonen in der Materie*)

von

E. Fermi, E. Teller und V. Weisskopf

In einem kürzlich durchgeführten Experiment beobachteten Conversi, Pancini und Piccioni[1]) nacheinander das Verhalten positiver und negativer Mesonen, die in Eisen oder Graphit zur Ruhe kommen. Sie fanden, daß die Zerfallselektronen bei Eisen nur für positive Mesonen beobachtet werden. Das war in der Tat zu erwarten,[2]) da negative Mesonen nach der Abbremsung den Kern erreichen und durch Kernwechselwirkungen verschwinden können. Benutzt man andererseits Graphit zum Stoppen der Mesonen, so beobachtet man verzögerte Zerfallselektronen mit etwa der gleichen Häufigkeit für positive und negative Mesonen. Das steht in scharfem Widerspruch zu den derzeitigen Erwartungen und scheint anzudeuten, daß die Wechselwirkung von Mesonen mit Nukleonen entsprechend den herkömmlichen Modellen um viele Größenordnungen schwächer ist, als man meist annimmt. Das Verschwinden eines negativen Mesons kann zerlegt werden in einen Prozeß der Annäherung des Mesons an den Kern und den Einfangprozeß infolge der Wechselwirkung kurzer Reichweite zwischen dem Meson und den Nukleonen.

Das Abbremsen der Mesonen bis zu einer Energie von etwa 2000 eV vollzieht sich entsprechend der herkömmlichen Theorie. Bei der Abschätzung des Energieverlustes bei niedrigeren Energien haben wir den Energieaustausch

*) Phys. Rev. 71 (1947) 314.

[1]) Conversi, M., E. Pancini und O. Piccioni Phys. Rev. 71 (1947) 209.

[2]) Tomonaga, S., und G. Araki Phys. Rev. 58 (1940) 90.

mit Elektronen und mit Strahlung berücksichtigt. Wir betrachten die Elektronen als ein entartetes Gas mit einer Maximalgeschwindigkeit v_0 und nehmen an, daß die Geschwindigkeit V des Mesons klein gegen v_0 ist. Die Energieabgabe an die Elektronen pro Zeiteinheit ist dann von der Größenordnung $e^4 m^2 T/(\hbar^3 \mu)$. Hier bedeuten m und μ die Massen der Elektronen bzw. der Mesonen, und T ist die kinetische Energie des Mesons. Diese Formel erlaubt selbst dann Energieverluste, wenn die Gesamtenergie negativ (das Meson in einem Atom gebunden) ist. Sie ist gültig, solange sich das Meson außerhalb der K-Schale bewegt. Bei kleineren Abständen ist die Formel etwas abzuändern, und bei den niedrigsten Energien wird der Energieverlust durch Strahlung dominieren. Das Meson erreicht seine tiefste Bahn um den Kern bei den meisten Festkörpern in weniger als 10^{-12} s. Diese Bahn ist 200mal kleiner als der Radius der K-Schale und beträgt für Kohlenstoff etwa das 10fache und für Eisen etwa das Doppelte des Kernradius. Nach dem Erreichen dieser Bahn kann das Meson im Fall des Kohlenstoffs mit einer Wahrscheinlichkeit von $^1/_{1000}$ und im Fall des Eisens mit einer Wahrscheinlichkeit $^1/_{10}$ innerhalb des Kerns angetroffen werden.

Nach den herkömmlichen Mesonentheorien wird man anzunehmen haben, daß sich der Einfang nun nach einem der folgenden Schemata vollzieht:

$$p + \mu^- = n + h\nu,$$
$$\mathrm{X} + \mu^- = n + \mathrm{Y};$$

p und n bezeichnen Protonen und Neutronen, μ die Masse des Mesons; $h\nu$ ist ein Lichtquant, und X und Y stehen für die Anfangs- und Endkerne in dem Einfangprozeß. Die erste Rechnung für diese Prozesse mit einer speziellen Form der Mesonenwechselwirkung stammt von Kobayasi und Okayama sowie Sakata und Tanikawa.[1])

[1]) Kobayasi und Okayama: Proc. Phys.-Math. Soc. Japan **21** (1939) 1; Sakata und Tanikawa: Proc. Phys.-Math. Soc. Japan **21** (1939) 58.

Die Resultate hängen bis zu einem gewissen Grad von dem Spin des Mesons und der angenommenen Form der Wechselwirkung ab. Man erhält z. B. im Falle pseudoskalarer Mesonen mit einer durch

$$\sum_i \frac{\hbar}{\mu c} (4\pi)^{1/2} g \tau_i \int (\psi^* \sigma \psi) \operatorname{grad} \varphi_i \, d\,0$$

gegebenen Wechselwirkungsenergie für die Zeit des Einfangs eines bereits in seiner niedrigsten Bahn befindlichen Mesons nach Prozeß (1) die Werte 10^{-18} s und 10^{-20} s in Kohlenstoff bzw. Eisen. (ψ ist die Wellenfunktion der Nukleonen, φ_i die der Mesonen, μ ist die Mesonenmasse, der Index i bezieht sich auf die Ladung, und τ ist der Isospinoperator.) Der Prozeß (2) führt wahrscheinlich zu einer 10mal kleineren Lebensdauer. Das ist vernachlässigbar im Vergleich zur Lebensdauer eines negativen Mesons von $2 \cdot 10^{-6}$ s.

Das experimentelle Ergebnis[1]) führt zu der Schlußfolgerung, daß die Zeit des Einfangs aus der tiefsten Bahn bei Kohlenstoff nicht kleiner als die Zeit des natürlichen Zerfalls, d. h. etwa 10^{-6} s, ist. Das weicht um einen Faktor 10^{12} von der vorhergehenden Abschätzung ab. Durch eine andere Wahl für den Spin des Mesons oder die Form der Wechselwirkung läßt sich diese Abweichung auf 10^{10} verringern.

Wenn die experimentellen Resultate korrekt sind, so würden sie eine sehr drastische Änderung in der Form der Mesonenwechselwirkungen erforderlich machen. Das Ergebnis ist auch für die Erzeugung einzelner Mesonen durch künstliche Quellen bedeutsam. In der Tat ist die Erzeugung eines Mesons durch Röntgenstrahlen oder schnelle Protonen die Umkehrung der Prozesse (1) und (2). Wenn die Wechselwirkung entsprechend diesen beiden Prozessen viel schwächer als erwartet ist, dann

---

[1]) Conversi et al.: loc. cit.

würde man auf das gleiche für die umgekehrten Prozesse schließen. Man könnte daher in Zweifel geraten, ob man bei Einschußenergien, die nur wenig oberhalb der Schwelle für die Einmesonerzeugung liegen, eine reichliche Zahl künstlicher Mesonen erzeugen kann. Die Voraussagen bezüglich der Erzeugung von Mesonenpaaren durch elektromagnetische Strahlung werden durch diese Argumente selbstverständlich nicht beeinflußt.

Sachverzeichnis

Der Autor

- stellt die Entwicklung des Wissens über die Kernkräfte in ihren Grundzügen dar
- bespricht die Eigenschaften der Atomkerne, ihrer Bausteine sowie deren Entdeckung
- erläutert die wichtigsten Eigenschaften der Nucleonenwechselwirkung und ihre Bestimmung aus experimentellen Daten
- diskutiert verschiedene Varianten von Mesonentheorien der Kernkräfte
- läßt im zweiten Teil des Buches die bedeutendsten Forscher mit ihren Originalarbeiten zu Wort kommen

WISSENSCHAFTLICHE TASCHENBÜCHER

FSC
www.fsc.org
MIX
Papier | Fördert
gute Waldnutzung
FSC® C083411

Zeitfracht Medien GmbH
Ferdinand-Jühlke-Straße 7
99095 Erfurt, Deutschland
produktsicherheit@kolibri360.de